패션상품과 인터넷 유통

Fashion Merchandise and Internet Distribution

패션상품과 인터넷 유통

이 은 진 · 나 윤 규 공저

KSI 한국학술정보㈜

과거의 한 시점을 돌이켜 보면, 그때 상상했던 미래가 지금의 현실이 되고 있음을 깊이 실감한다. 집에서 편하게, 원하는 시간 언제라도 쇼핑할 수 있는 세상, 힘들게 다리품을 팔지 않아도 가상공간 속에서 '나'라는 가상의 실체가 직접 옷을 입어보는 느낌으로 쇼핑할 수 있는 세상, 상상 속에서 날개를 펼쳤던 세상이 현실로 다가온 것이다. 이 꿈이 실현될 수 있으리라는 믿음으로 인터넷 도입 초기에 겁 없이 인터넷 패션사업에 뛰어들었고, 숱한 실무경험을 연구의 기초로 삼으려던 노력의 결실이 이 한 권의 책으로 탄생하였다.

인터넷이 상업적으로 이용되고 소비자의 구매태도 및 행동이 급속도로 변하면서 이제 인터넷은 효과적인 마케팅 도구임과 동시에 새로운 유통채널로 각광받고 있다. 한정된 내수시장에서 치열한 경쟁도구를 이루던 패션기업은 인터넷을 통하여 국내만이 아니라 해외시장을 개척할 수 있고, 패션 브랜드를 런칭하려는 업자나 창업을 원하는 사람들에게 인터넷은 큰 장벽 없이 뛰어들 수 있는 유통경로로 인식되고 있다.

그러나 인터넷이 패션 산업의 전반적인 측면에 영향을 미쳐 업계나 학계, 일반인의 관심이 급증하고 있음에도 불구하고, 인터넷에서의 패션상품에 관한 내용을 언급하거나 패션상품의 인터넷 유통을 체계적으로 다룬 책은 찾아보기 힘들다. 따라서 이 책은 인터넷과 마케팅 이론을 기본으로 패션상품의 인터넷 유통은 물론, 패션 관련 인터넷 쇼핑몰 및 인터넷 패션 소비자의 특성을 학문적, 산업적 측면에서 기술하는 데 중점을 두었다.

이런 관점에서 전체 3부 6장으로 구성되며, 제Ⅰ부는 인터넷의 개념 이해에서부터 인터넷의 성장과 차세대 인터넷을 다루고, 전통적인 마케팅과 인터넷 마케팅을 비교하면서 전략적인 관점에서 인터넷 마케팅에 접근하였다. 이를 통해 패션 실무자나 연구자, 전공자들이 인터넷이 지닌 고유의 특성을 이해하고, 인터넷 마케팅을 패션상품에 적용시키는 방안을 모색하는 데 중점을 두었다. 또한 패션상품의 인터넷 마케팅 성공 사례를 분석함으로써 인터넷 창업의 지침을 제공하고자 하였다.

제Ⅱ부는 패션상품의 유통에 대한 기본적인 이론을 바탕으로 인터넷에서의 패션상품 동향을 알아보고 이와 관련된 선행연구를 분석하며, 패션상품의 인터넷 유통전략 및 구현, 그리고 인터넷에서의 패션상품 현황 및 전망에 대하여 살펴보았다. 여기서는 논리적인 이론 전개와 최근 자료를 근거로 한 구체적인 방안 제시로 패션상품의 인터넷 유통이 어떤 경로를 통하여 어떻게 이루어지고 있는지를 심도 깊게 분석하였다. 이와 함께 다양한 사례 연구를 실시함으로써 패션상품의 인터넷 유통을 현실감 있게 거론하고, 인터넷 유통에서 패션상품이 왜 중요한지를 언급하였다.

제Ⅲ부는 패션상품과 관련된 인터넷 쇼핑몰을 분류하고, 인터넷 패션 소비자의 라이프스타일 및 구매특성을 이해하는 데 중점을 두었다. 구체적으로 인터넷 쇼핑몰에 대한 개념 정의 및 패션상품 관련 인터넷 쇼핑몰을 분류한 다음, 고객만족을 이끄는 인터넷 쇼핑몰의 요건을 제안하고 인터넷 패션 쇼핑몰의 리스트를 작성하였다. 한편으로, 인터넷 패션 소비자의 라이프스타일 및 구매특성을 알아보고, 인터넷 패션 소비자 관련 선행연구를 심층 분석함으로써 기업과 소비자 관점에서 인터넷 쇼핑몰을 거론하였다.

인터넷에서의 패션 마케팅과 소비자행동에 대한 파악은 오프라인과 구별되는 것이 아니라 서로 상호보완 관계에 있으며, 이제는 인터넷 소비자의 마음을 움직이고자 하는 패션 기업의 마케팅 노력이 사업의 성패를 좌우할 정도다. 이러한 시점에서 본 책은 인터넷 패션상품의 유통과정과 현황을 파악하고 상품가치를 높일 수 있는 방안을 모색한 것에 의의가 있다. 또한 패션상품과 관련하여 인터넷 쇼핑몰을 분류하거나 이론적인 정립을 시도한 경우가 없었기 때문에 학계와 산업계에 다소나마 도움이 되기를 바라며, 일반인이나 패션 창업자들이 읽기에도 어려움이 없도록 쉽고 흥미롭게 서술하는 데 최선의 노력을 기울였다.

패션상품의 인터넷 유통에 관한 책이 나오기까지 많은 분들의 격려와 도움이 있었다. 먼저 책의 저술 기회를 제공한 한국학술재단과, 저자로서 함께 책을 엮어가며 아낌없는 충고와 성실을 보였던 나윤규 선생님에게 감사를 전한다. 책의 전체적인 기획과 내용 정리에 도움을 주신 김종욱 님, 책의 완성을 진심으로 기뻐한 박성희, 백인선 선생님, 그리고 한국학술진흥재단의 담당자 님과 한국학술정보(주)의 강태우 님께 감사드린다.

밤을 지새우며 원고와 사진을 정리하고 재검토하던 저자들의 노력이 한 권의 책으로 빛을 발하길 진심으로 바란다.

2007년 5월 저자 씀

이 저서는 2006년도 정부(교육인적자원부)의 재원으로 한국학술진흥재단의 지원을 받아 수행된 연구임(KRF-2006-353-C00071).

|차 례|

제 III 부 인터넷 쇼핑몰과 패션 소비자

"우리 모두가 생활하는 곳이며, 동시에 세상의 모든 부(富)가 만들어지는 미지의 장소를 상상해 보라. 이는 인터넷이 비약적으로 성장하던 1990년대 말에 사람들이 펼쳤던 환상의 나래이다. 윌리엄 노크는 장소가 상실된 세상과 사회를 이끄는 것은 기술의 융화라 하였고, 어떤 이는 사이버 공간이 물리적 세계에서 장소가 없는 영토이며 평행우주의 첫 사례라고 말하였다. 디지털화는 공간을 비물질화하지 않고 현실을 가상공간으로 바꾸지는 않지만, 디지털화로 인하여 세계 각지에서 미래의 고부가가치 장소들이 형태를 갖추어 가고 있다."

– 엘빈 토플러

제Ⅰ부

인 터 넷 과 마 케 팅

제1장 인터넷의 성장

인터넷을 신유통구조로 수용하는 기업이나 창업을 꿈꾸는 사람들, 그들에게 있어 인터넷이 '노다지 땅'으로만 여겨지지 않는다. 그러나 인터넷은 가상 커뮤니티를 통하여 휴먼 테크 (human technology)를 실현하고, 시끌벅적한 장터를 전 세계로 연결시키는 도구임에 틀림없다. 장터 안에 사람과 물건이 있고 거래가 있듯이 인터넷 세상도 사람과 제품, 여러 형태의 거래와 비즈니스로 넘쳐난다. 본 장에서는 인터넷에 대한 이해를 높이고자 인터넷의 개념과 특징, 성장의 환경적 요소, 그리고 차세대 인터넷에 대하여 살펴본다.

1. 인터넷의 개념 및 특성

1) 인터넷의 개념정의

인터넷은 원래 네트워크를 서로 접속하는 기술 또는 그 기술에 의해 접속된 네트워크를 가리키는 용어였으나, 네트워크가 전 세계에 보급되면서 인터넷 프로토콜을 통한 네트워크를 가리키는 고유명사로 쓰이고 있다. 백과사전에 의하면 '알파넷에서 시작된 세계 최대의 컴퓨터 통신망'으로 정의되며, 전 세계의 서로 다른 기종의 컴퓨터들이 통일된 프로토콜을 사용하여 자유롭게 통신을 주고받을 수 있는 통신망을 일컫는다. 인터넷과 유사한 용어로 웹이 있는데, 웹은 http(hypertext transfer protocol)라는 프로토콜에서 사용되는 www(world wide web)를 말한다. 프로토콜이란 컴퓨터 간에 통신할 수 있는 규약으로서, http는 파일전송규약인 ftp(file transfer protocol)나 이메일을 보낼 때 사용하는 smtp(simple mail transfer protocol)와는 서로 연동이 되지 않는다.

http를 기반으로 사용하는 웹은 일반인들이 가장 많이 접하는 것으로, 네이버 검색엔진을 이용할 경우 'www.naver.com'을 기입하여 네이버에 접속하는 것이 그 예이다. 사람들은 웹

을 통하여 문자뿐 아니라 간단한 파일 전송, 소리, 영상 등을 보여줄 수 있고 유저(user)들 간의 대화도 가능하다. 반면 인터넷은 서로 간에 통신을 할 수 있는 모든 기능을 총괄하는 의미를 지님으로써 웹은 물론 ftp, telnet, 전자 메일 등을 모두 포함하는 개념이라 할 수 있 다. 〈그림 1-1〉은 인터넷과 웹의 개념적 차이를 나타낸 것이다.

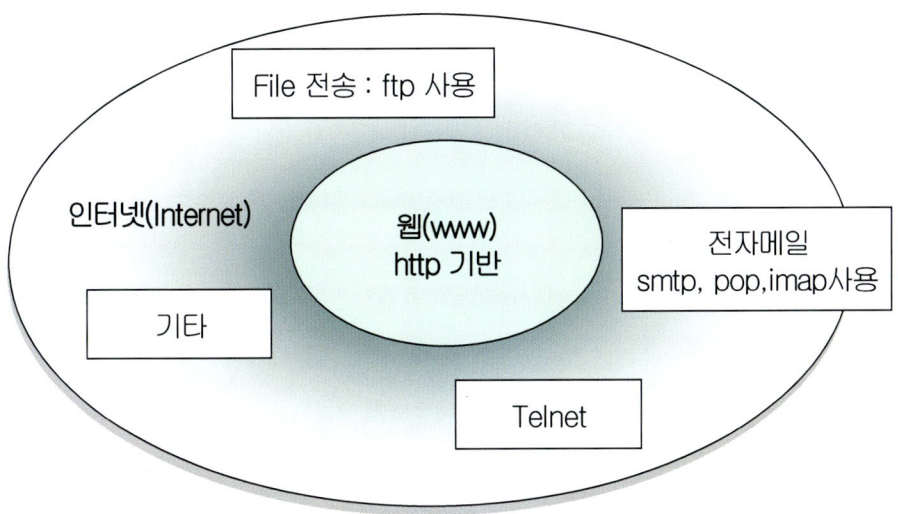

* 출처 : http://www.ibsconsult.co.kr/mj_box/pds/marketing_02-1.doc

〈그림 1-1〉 인터넷과 웹의 개념

인터넷의 출현은 매체와 인간 간의 커뮤니케이션 방법에 획기적인 변화를 초래하였다. TV, 신문, 잡지 등과 같은 기존의 대중매체의 경우 〈그림 1-2〉와 같이 기업이 매체를 통하여 다 수의 수용자에게 특정 내용을 전달하는 일 대 다수의 커뮤니케이션 경로를 거친다. 이때 인 쇄 혹은 전파인가 하는 매체의 종류에 따라 문자, 이미지, 그래픽 등의 정적 정보와 오디오, 비디오, 애니메이션 등의 동적 표현을 적절하게 구사하며, 기업과 수용자 간의 상호작용은 이 루어지지 않는다.

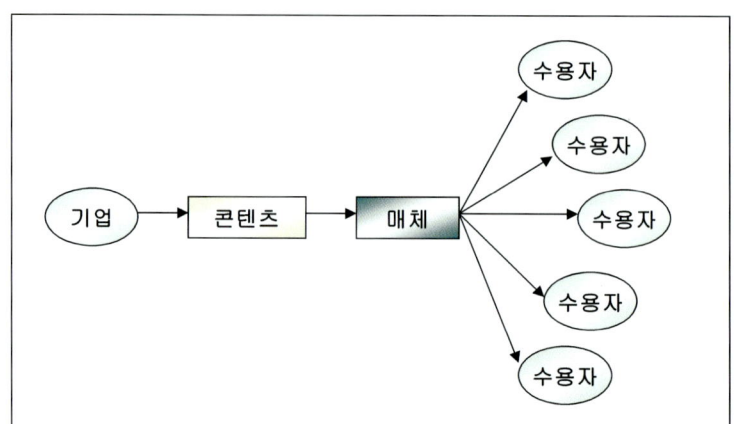

* 출처: 이두희, 한영주(1997). 인터넷 마케팅. 서울: 영진출판사, p.25.

〈그림 1-2〉 일 대 다수의 대중매체 커뮤니케이션 모형

그러나 컴퓨터 통신이 중재하는 커뮤니케이션 모형(〈그림 1-3〉)에서는 수용자 간의 일대
일 커뮤니케이션과 상호작용이 가능하여 다수 대 다수의 커뮤니케이션으로 그 범위가 확장될
수 있다. 이는 상호작용이 가능하다는 점에서 대중매체 커뮤니케이션과 차별되나, 매체가 전
송인과 수신인 사이를 연결하는 수단으로서만 중요하고 매체의 성격에 따라 전달 내용에 상
당한 제한을 받을 수 있다.

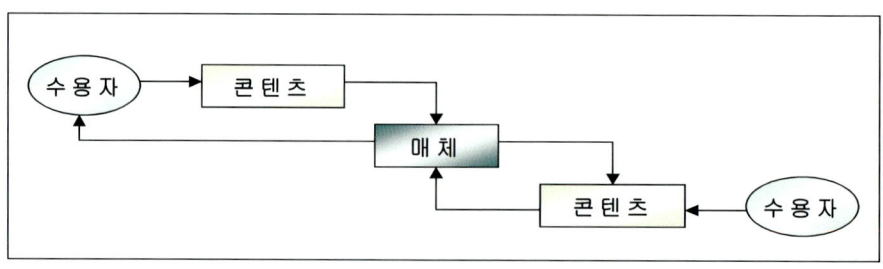

* 출처: 이두희, 한영주(1997). 인터넷 마케팅. 서울: 영진출판사, p.26.

〈그림 1-3〉 일대일의 컴퓨터 통신 중재 커뮤니케이션 모형

〈그림 1-4〉는 컴퓨터에 의한 멀티미디어가 중재하는 커뮤니케이션 모형이다. 여기서 매체
는 컴퓨터 네트워크이고 내용물(contents)은 멀티미디어로서, 컴퓨터 네트워크는 다수 대 다
수의 원활한 커뮤니케이션이 가능한 상호작용성을 지닌다. 이러한 커뮤니케이션 관계에서 소

비자는 매체와 상호작용하고(예, 검색을 이용한 웹 서핑), 기업은 기업끼리 상호작용할 수 있다(예, B2B 전자상거래). 또 기업이 매체에 내용을 제공하거나(예, 기업의 웹 서버 구축), 소비자가 상품 관련 정보를 매체에 제공할 수도 있다(예, 상품 정보를 담은 개인 블로그 구축). 따라서 멀티미디어가 중재하는 커뮤니케이션 환경에서는 기업과 소비자가 매체를 통하여 매체와 함께 상호작용하는 것이 가장 큰 특징이다.

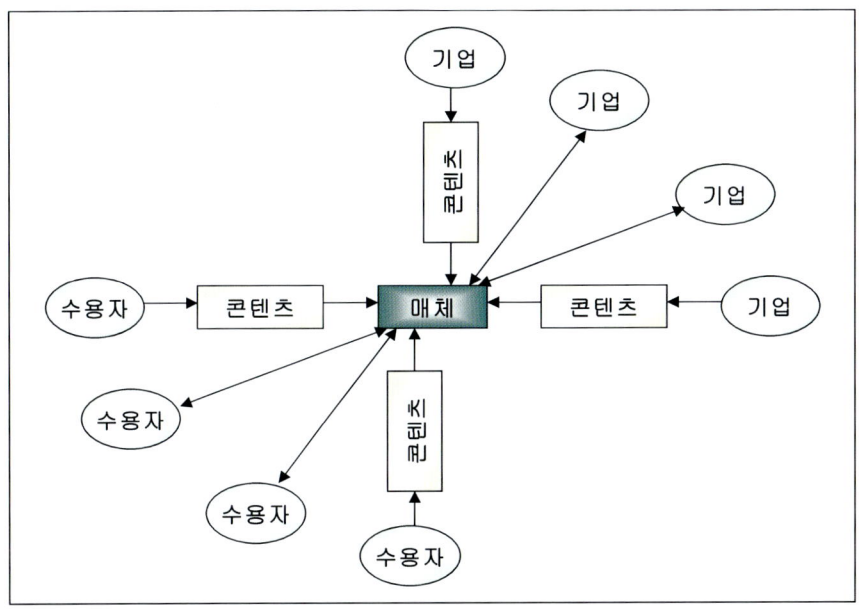

* 출처: 이두희, 한영주(1997). 인터넷 마케팅. 서울: 영진출판사, p.27.

〈그림 1-4〉 다수 대 다수의 멀티미디어 중재 커뮤니케이션 모형

Reardon과 Rogers(1988)는 뉴 미디어가 자연스럽게 상호작용하지만, 개인 대 개인 매체인지 대중매체인지 구별하기 어렵다고 하면서 매체 성격에 따른 맵을 제안하였다. 〈그림 1-5〉에서 알 수 있듯이 전통적인 대중매체는 좌측 상단(전파 매체) 혹은 좌측 하단(인쇄 매체)에 위치하여 대중적인 성격이 강하지만, 뉴 미디어는 양측 사이에 넓게 위치하고 있어 대중적인 성격과 개인적인 성격을 동시에 지니고 있다. 이 지각도는 뉴미디어까지 포함한 35개 매체의 객관적인 성격을 분류한 다음 비선형 기본 요소 분석(NPCA, Non-linear Principal Component Analysis)을 통하여 얻은 점수를 나타낸 것이다. 여기서 주목할 점은 월드 와이드 웹이 축의 한 가운데에 위치하여 모든 형태의 커뮤니케이션이 가능하다.

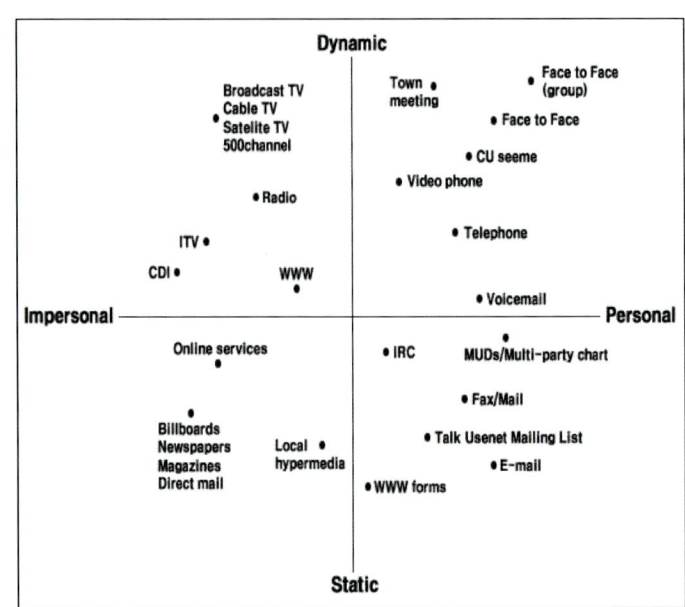

* 출처 : Reardon, K. K. &, Rogers, E. M. (1988). Interpersonal Versus Mass Communication : A False Dichotomy. Human Communication Research, 15(2), p.287.

〈그림 1-5〉 매체 성격 지각도

예를 들어, 좌측 상단의 전파매체는 제공할 수 있는 정보 형태가 다양한 반면 노출시간과 정보의 양이 제한되는 데 비하여, 좌측 하단의 인쇄 매체는 노출 시간이 상대적으로 길고 많은 양의 정보를 제공할 수 있지만 정보의 형태가 다양하지 않다. 그러나 월드 와이드 웹은 정보의 종류가 다양하고 정보의 양이 많으면서도 단시간 노출과 장시간 노출을 모두 고려할 수 있다. 이와 같은 특성을 지닌 인터넷의 성장으로 인하여 정보 수집이 용이해지고 전자 메일, 인터넷 전화, 화상 채팅 등 커뮤니케이션 수단이 변화되었으며, 전자상거래의 발전으로 시장과 쇼핑, 비즈니스의 개념이 크게 바뀌고 있다.

2) 인터넷의 특성

인터넷이 매체 및 마케팅 도구로서 각광받기 시작한 것은 웹의 등장에 기인한다. 웹은 텍스트 위주의 정보에서 소리, 영상, 동영상 등의 멀티미디어 정보까지 통합적인 자료교환을 목적으로 만들어졌기 때문에 인터넷이 제공하지 못했던 정보를 제공함으로써 정보탐색의 흥미와 즐

거움을 준다. 그로 인하여 인터넷 이용자의 급증을 초래한 웹의 특성은 첫째, 일관된 사용자 인터페이스를 들 수 있다. 기존의 인터넷 사용 도구의 단점은 사용하기가 어렵고 불편하며, 각종 인터넷 이용 도구마다 그 사용법이 다르다는 것이다. 반면에 웹은 인터넷상에서 제공되는 많은 서비스의 통합된 접속도구의 역할을 하여 기존 프로토콜과 서비스를 제공한다.

둘째는 하이퍼텍스트(hyper text)이다. 이는 정보의 구성방식이 노드(node)와 링크(link)로 되어 있어 하이라이트된 글자나 그림에다 마우스를 클릭하면 더 자세한 정보로 이동하므로 사용자 편의성을 높이는 정보탐색 방법이다. 셋째, 누구든지 원하는 정보에 접근 가능하고 자신의 정보를 전 세계의 인터넷 이용자에게 제공할 수 있는 개방성이다. 예를 들어, 인터넷 창업과 관련된 정보를 웹 사이트에서 제공받아 이 정보를 자신의 홈페이지에 게재할 수 있다.

넷째, 인터넷상에서 생겨나는 가상의 조직체나 공동체에 능동적 참여를 꾀할 수 있다. 웹 이전의 인터넷은 사용자들에게 단지 방대한 데이터의 창고 역할을 하여, 정보 제공자(연구소, 학교, 기업 등)가 서비스를 하면 자신들은 단지 사용하기만 하는 것으로 여겨졌다. 그러나 웹의 보급으로 자신의 홈페이지를 가질 수 있게 됨으로써 홈페이지에 자신의 정보뿐 아니라 다른 여러 정보를 공유할 수 있게 되었다. 마지막으로 웹은 인터넷에 존재하는 일반 텍스트 형태의 문서, 그림, 음성, 그리고 동화상 등의 각종 자료들을 인터넷 주소(URL)를 이용해서 하나의 문서 형태로 통합적으로 관리, 제공해주는 역할을 한다.

웹을 포함한 인터넷이 단순히 정보검색 도구로만 사용된다면 아무리 정보기술이 발달하고 인터넷 이용자가 많아질지라도 매력적인 마케팅 수단이 될 수 없다. 그러나 1992년 인터넷 상업화 허용 이후 국내외적으로 많은 기업이나 개인이 인터넷을 통한 마케팅 활동을 하고 있다. 인터넷에 대한 관심의 증가와 함께 인터넷의 특징을 살리는 다양한 방법이 창출되고 있는데, 인터넷을 마케팅에 활용할 경우의 장점을 살펴보면 다음과 같다(이두희, 한영주, 1997; Terry et al., 2001).

🌱 시간과 공간상의 이점

인터넷을 활용하면 공간적인 제한이 없어 기업의 경우 지역과 국경을 초월한 마케팅 활동을 펼치고, 제품을 전시할 공간이 따로 필요하지 않아 비용 절감이 가능함으로써 가격 경쟁력을 가질 수 있다. 또한 소비자 입장에서는 시간상의 제약 없이 집에서 다양한 제품을 검색할 수 있기 때문에 쇼핑의 편의성을 제공해준다. 이러한 시간 및 공간상의 이점으로 인하여 인터넷을 통한 글로벌 마케팅이 활성화되고 있다.

🌱 고객 접근 및 관리의 용이성

마케팅에서는 고객 창출이나 유지, 제품에 대한 효과적인 홍보 및 고객의 만족, 불만족을 즉각 반영하는 피드백이 매우 중요하다. 인터넷 전자우편을 활용할 경우 기업과 고객 간에 상호의견 교환이 가능하고, 새로운 제품에 대한 홍보 및 사후 관리가 용이하다. 인터넷은 제품을 알리고자 하는 고객층에 대한 정보를 손쉽게 구할 수 있으며, 지역별, 연령별, 직업별 등의 세분화된 자료를 바탕으로 일대일 마케팅을 전개할 수 있다.

🌱 쌍방향 커뮤니케이션

TV, 신문 등과 같은 기존 매체는 소비자에게 일방적으로 전달될 뿐 아니라 그들의 선호도나 욕구 등에 대한 정확한 파악이 힘들다. 그러나 인터넷은 소비자의 시장에 대한 신뢰도, 선호도 및 욕구 등에 대한 정확한 분석이 가능하고, 소비자는 제품에 대한 불만이나 의견, 시장경향 등을 전자우편, 게시판 등을 통해 전달하여 개별 답변을 받을 수 있다.

🌱 정보 전달 및 홍보 효과

인터넷은 적은 비용으로 무제한의 정보제공을 할 수 있는 효과적인 마케팅 도구로서, 소비자에게 전달하고자 하는 내용을 자세하고 체계적으로 설명하여 제품이나 기업에 대한 이미지를 창조해 갈 수 있다. 또한 충분한 양의 제품 정보를 많은 소비자에게 한꺼번에 전달함으로써 홍보 효과가 매우 크다.

🌱 새로운 기업 및 제품 이미지 창출

인터넷 기업의 경우 기존의 기업이 가지지 못한 기업 및 상품 이미지를 단시간에 재창조하고 있다. 이는 소비자가 인터넷만을 통해 인식하는 기업 이미지, 상품의 가치 등을 기존의 것과 별개로 받아들이는 데 원인이 있다. 게다가 웹 사이트만으로는 기업의 규모를 파악하기 힘들므로 개인기업 혹은 중소기업일지라도 산뜻한 디자인, 충실한 내용 전달 등으

로 대기업과 동등한 입장에서 경쟁할 수 있다.

이와 같은 특징을 지닌 인터넷은 정보화 사회와 글로벌 시대의 획기적인 발전 계기가 되고 있다. 전송방식의 개발과 검색 기술, 전송된 데이터를 보여주는 브라우징 기술의 발달 및 브라우저의 무상 보급 등으로 인터넷 사용자의 증가는 물론 인터넷을 통한 전자상거래의 수도 갈수록 늘고 있다.

인터넷의 역사

인터넷의 역사는 1969년 미 국방성에서 계획한 '알파넷(ARPANet, Advanced Research Projects Agency Network)'이라는 군사적인 목적의 네트워크에서 시작된다. 이는 미국 국방부 산하 첨단 연구 프로젝트국(ARPA)과 스탠포드, 캘리포니아, UCLA, 유타 등 4개 대학이 개발한 통신망으로, 전쟁이 일어나면 전쟁 수행에 중요한 컴퓨터와 정보를 보호하기 위하여 자원을 분산시킴으로써 피해를 최소화할 목적으로 개발된 것이다.

미소냉전종식후 TCP/IP(Transmission Control Protocol/Internet Protocol)라는 약속된 통신규약만 사용하면 누구나 통신망에 접속하게 되면서 ARPANet이 급격히 팽창하였고, ARPANet은 1983년 군사전용 네트워크인 밀넷(MILNet)과 연구를 위한 알파넷(ARPA-Net)으로 분리되었다. 1986년 미국과학재단이 ARPANet을 흡수하여 미국의 전체 통신망을 대표하는 기관으로 자리 잡았으며, 이후 여섯 곳의 슈퍼컴퓨터를 연결하는 NSFNet을 개발하여 인터넷 기간망을 지원하였다. NSFNet은 모든 대학교 연구소와 학술 단체, 일반 영리 법인이 접속되어 미국의 국가 연구망으로 발전하였고, 일반 사용자들의 정보 공유를 위한 BITNet, USENet 등이 생겨났다.

1990년대 초반까지만 해도 인터넷은 소수의 전문가 그룹이나 대학, 연구소의 전유물이었으나, 1992년 월드 와이드 웹(WWW) 서비스가 시작되고 일반인들도 손쉽게 사용하게 되면서 인터넷에 연결된 컴퓨터의 수가 기하급수적으로 늘고 있다. 인터넷에 연결된 컴퓨터는 1983년을 기준으로 약 562대였으나 1년 후 1,024대로 늘어났고, 1996년 1천만 대, 1998년 3천7백만 대를 넘어 2000년 초에는 약 7천2백만 대를, 2003년에는 1억7천만 대, 2004년 7월에는 2억8천5백만 대를 돌파하는 놀라운 성장세를 보이고 있다.

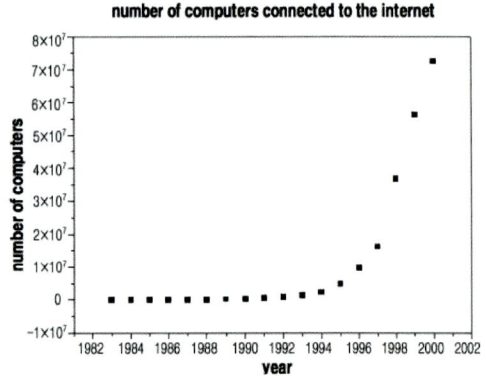

인터넷 연결 컴퓨터 수

국내 인터넷의 시초는 1982년에 서울대학교와 KIET(한국전자통신연구원의 전신) 간에 연결된 시스템 개발 네트워크(SDN, System Development Network)라 할 수 있다. 이후 1983년 미국과 유럽의 UUCP(USENet, CSNet)에 dial-up 연결하여 사용하였고, 1987년 구성된 교육연구망이 1988년에 BITNet으로 연결되면서 교육과 연구를 목적으로 사용되었다.

본격적인 도입은 1990년 HANA/SDN이 인터넷에 56Kbps로 연결되면서부터였고, 1994년 한국통신, 데이콤에서 인터넷상용서비스(ISP, Internet Service Provider)를 실시하였으며, 1996년 전자상거래를 위한 '커머스넷 코리아' 컨소시엄이 구성되었다. 인터넷 초기 이용자라면 모두 아는 Goldbank Syndrome(광고를 클릭하면 돈을 주는 'pay back' 프로그램)이 일어났던 시기는 1999년이며, 1999년 말 이용자 수 1천만 시대에 돌입하면서 인터넷이 일상화되기 시작하였다.

2. 인터넷 성장의 환경적 요소

인터넷은 업무 및 개인상의 용도에서 가장 선호되는 통신매체로 자리매김하였을 뿐 아니라 기업 비즈니스의 미래지향적인 마케팅 도구임과 동시에 새로운 유통채널로 각광 받고 있다. 여기서는 국가 정보나 연구를 위하여 사용되던 인터넷이 개인에서 기업, 나아가 사회의 문화·경제 활동의 이슈로 급성장한 환경적 요인을 살펴본다.

1) 인터넷 이용자의 증가

전 세계의 인터넷 사용인구는 〈표 1-1〉에서처럼 2005년 기준 96,427만 명 정도로 미국 18,500만 명, 중국 11,100만 명, 일본 6,416만 명, 인도 6,000만 명 등의 순으로 인터넷 사용자가 많다. 인구 100명 당 인터넷 이용자 수(2004년 기준)는 아이슬란드가 77명으로 가장 많았고, 그다음이 스웨덴 75명, 한국 66명, 오스트레일리아 65명, 미국 63명, 영국 63명 등의 순이었다("2005년 통계로 본 세계속의 한국", 2006).

〈표 1-1〉 국가별 인터넷 이용자 수(2005년)

(단위: 천 명)

국 가	미 국	중 국	일 본	인 도	영 국	독 일	한 국	이탈리아	프랑스	브라질
이용자 수	185,000	111,000	64,160	60,000	37,600	37,500	33,010	27,900	26,154	22,000

한국은 2000년 1천9백4만 명에서 2002년 2천6백2십7만 명, 2005년 3천3백1만 명, 2006년 6월에는 3천3백5십8만 명에 달하였고, 인터넷 이용률은 2000년 44.7%, 2002년 59.4%, 2005년 72.8%로 70% 이상이 인터넷을 이용하고 있다(〈그림 1-6〉).

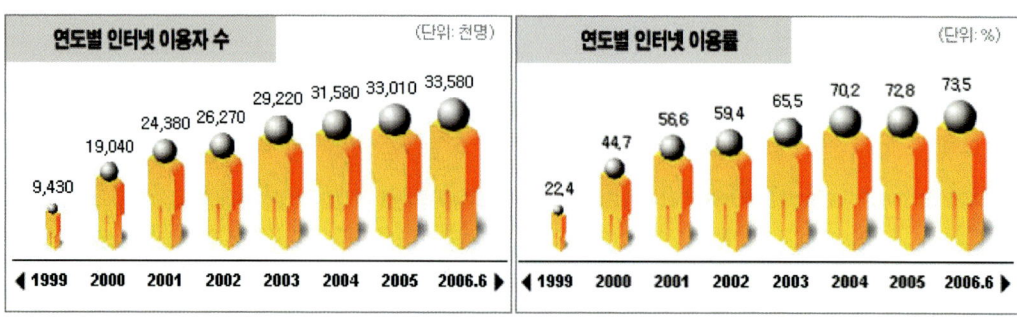

* 출처: http://isis.nic.co.kr

〈그림 1-6〉 인터넷 이용자 수 및 이용률(한국)

인터넷 이용자의 증가는 전자상거래의 폭발적인 성장을 촉발하여 거래 규모만 해도 2001
년 118조 8,900억 원에서 2003년 235조 250억 원으로 급성장하였다. 2004년 3/4분기 전자상
거래 시장은 〈표 1-2〉에서처럼 79조 492억 원으로 전년 동기 대비 36.5% 증가하였으며, 기
업 간(B2B) 전자상거래가 72조 3,490억 원(36.3%), 기업/정부 간(B2G)은 5조 3,780억 원
(47.4%), 기업/소비자 간(B2C)은 1조 5,490억 원(6.1%)이었다.

〈표 1-2〉 전자상거래 유형별 거래규모

(단위: 십억 원, %)

구 분	2002년 연간	2003년				2003년 연간	2004년			전년동기대비 증감률
		1/4	2/4	3/4	4/4		1/4	2/4	3/4	
B2B	155,708	47,347	50,339	50,028	59,139	206,854	61,395	67,651	72,349	36.3
B2C	5,043	1,467	1,462	1,517	1,648	6,095	1,628	1,540	1,549	6.1
B2G	16,631	4,030	5,249	4,195	8,159	21,634	6,210	8,279	5,378	47.4
기타	427	118	96	92	136	442	164	191	217	86.9
합계	177,809	52,963	57,147	55,832	50,334	235,025	69,397	77,661	79,492	36.5

* 주: 1. 기타는 해외수출 거래 포함
    2. B2B 거래액은 전자상거래 기업 통계조사결과에서 나타난 B2B 거래액과 인터넷쇼핑몰 조사
    에서 나타난 B2B부문 거래액의 합산
* 출처: 통계청(2004). 전자상거래 기업 통계조사/사이버쇼핑몰 조사.

이 중 거래 규모액이 가장 큰 B2B 전자상거래 시장은 2000년대 들어 본격적인 성장세를 보인 것이다. 특히 대기업이 납품기업으로부터 원부자재, 부품 등 생산자재 구매 시 컴퓨터 통신망을 이용하여 발주와 중개자 중심의 거래인 MRO(기업소모성자재) 및 산업용자재 등의 전자상거래 활성화로 증가세가 지속되고 있으며, 기존에 단순히 원가절감 및 구매편의를 제공하던 차원에 머물렀던 B2B 사업모델에 백엔드(back-end) 시스템인 인터넷 자동구매 (e-procurement)나 공급망관리(SCM, supply chain management) 등이 결합되면서 참여 기업의 '비즈니스 프로세스 혁신'이라는 고도화된 단계로 발전되고 있다.

B2C 거래는 인터넷 이용인구 증가로 1999년부터 2002년까지 연평균 200%의 성장률을 기록하였으나, 2003년부터 경기침체에 따른 소비심리의 둔화로 거래액 및 사업체 수의 증가율이 소폭 둔화되었다. 그러나 저가 메리트의 부상으로 소매업종 내에서는 비교적 높은 신장률을 보이면서 전체 소매유통업시장에서 차지하는 인터넷 쇼핑시장 비중이 2003년 5%에서 2010년 8%까지 증가할 전망이다. 품목별로는 여행/예약, 아동/유아용품, 스포츠/레저용품, 의류/패션 등이 빠르게 성장하고(〈표 1-3〉), 인터넷 쇼핑의 저렴한 가격과 풍부한 상품정보, 다양한 품목 등에 기인하여 인터넷 쇼핑채널로의 소비자 전환이 이루어지며, 인터넷 쇼핑시장에 대한 소비자 충성도가 높아 인터넷 쇼핑 이용률은 지속적으로 증가할 것이다(홍동표 외, 2004).

〈표 1-3〉 품목별 인터넷 시장규모

(단위: 십억)

품 목 \ 년 도	2001	2002	2003	2004	2005	2006	2007	2008	2009	2010	연평균성장률 (2004-2010)
여행/예약	215	371	524	739	922	1,146	1,451	1,826	2,287	2,846	27.5%
아동/유아용품	85	135	192	256	304	360	436	525	630	752	21.6%
의류/패션상품	176	537	730	862	1009	1,175	1,379	1,609	1,870	2,162	16.8%
화장품/향수	80	278	466	584	661	746	848	960	1,084	1,219	14.8%
가전/통신기기	704	1,114	1,291	1,381	1,493	1,610	1,746	1,886	2,032	2,182	7.8%
스포츠용품	204	550	612	630	675	722	774	830	889	951	6.5%
서적/음반	238	384	444	461	484	509	536	563	591	620	4.9%
생활/사무용품	277	772	883	894	934	976	1,024	1,073	1,124	1,177	4.2%
컴퓨터/소프트웨어	921	953	987	991	1,024	1,057	1,094	1,131	1,167	1,202	2.9%

* 출처: KISDI(2004). p.19.

2) 매체 환경의 변화

오늘날 우리는 급변하는 미디어 환경 속에서 살고 있다. 1920년대에 라디오가 도입되고 1950년대에 TV가 보급된 이후 새로운 미디어의 도입에 따라 정치, 경제, 사회 및 문화적 변화의 주도적인 역할을 하며 미디어는 인간 생활 전반에 걸쳐 지대한 영향을 미쳐 왔다. 이후 뉴미디어라 불리는 다채널 케이블 TV, 위성방송 등이 등장했으며, 인터넷이라는 쌍방향 커뮤니케이션 전자매체의 등장으로 미디어의 영향력은 더욱 증대되고 있다(정인식, 2004).

매스미디어(mass media)란 신문, 라디오, 텔레비전, 잡지, 영화 등 최고도의 기계기술 수단을 구사하고 정보를 대량 생산하여, 불특정 다수의 사람들에게 대량 전달하는 기구 및 전달 시스템을 말한다. 매스미디어의 주요한 활동은 외계(外界)를 감시하고 외계의 반응에 사회의 모든 부분을 협력시키며, 한 세대에서 차세대로 사회의 유산을 남기거나 오락적 기능을 하는 것이다(Lasswell, 1948; Wright, 1966). 이와 함께 주위 환경과 사회, 세계에 대한 정보를 제공하고 호기심과 관심을 충족시키며, 개인의 가치관 강화나 자기 자신에 대한 통찰력의 습득, 타인과의 동일시 및 소속감의 습득, 기분전환, 여가시간의 활용 등과 같은 기능을 지닌다(차배근, 1997). 수용자의 시각에서 미디어의 기능을 요약하면 〈표 1-4〉와 같다.

이러한 매스미디어의 특성은 첫째, 매스미디어를 통해 전달되는 정보가 직업적으로 전문성을 지닌 전달자들에 의해 작성된 것이고, 둘째, 시간과 공간의 장벽을 극복하여 정보를 전달하며, 셋째, 매스미디어의 수용자가 다양한 계층의 불특정 다수, 즉 대중(mass)을 의미한다는 것이다. 여기서 대중의 개념은 매스미디어의 영향력이 증가되는 상황에서 정립된 개념이므로 논란의 여지가 있지만, 서로 연관되지 않은 현대 사회의 다양한 사람들에게 총괄적으로 영향을 끼치며 정보가 일방적으로 대중에게 전달된다.

〈표 1-4〉 수용자의 시각에서 본 미디어의 기능

구 분	내 용
정보제공기능	• 주위환경, 사회, 세계에서의 事象과 條件들의 파악 • 실제 문제나 의견, 의사결정 등에 관한 지침습득 • 호기심과 일반적 관심의 충족, 학습 및 지식의 습득
개인의 정체성 정립기능	• 개인적 가치관의 강화, 자기 자신에 대한 통찰성의 습득 • 가치 있는 타인들 간의 동일시, 행동 모형의 발견
사회적 결합과 상호작용기능	• 사회적 감정이입을 통한 타인에 대한 통찰력 습득 • 소속감의 습득 및 대화, 사회적 상호작용의 발견 • 가족, 친구, 사회와의 접촉을 실현
오락적 기능	• 문제로부터의 도피 및 기분전환, 긴장해소 • 문화적 혹은 심미적 쾌락의 습득 • 여가시간의 활용 및 감정의 완화

* 출처: 차배근(1997). 매스커뮤니케이션 효과이론. 서울: 나남출판. p.36.

미디어의 영역에서 인터넷은 매체의 발달과정에서 예측되었던 것이 아니라 갑작스럽게 나타난 것이다. 인터넷은 상용화된 지 불과 2년 만에 단편적인 정보의 전달과 수집에만 이용되던 초창기의 좁은 이용범위를 벗어나 업무용뿐 아니라 개인의 중요한 커뮤니케이션의 수단으로 이용되고 정치, 경제, 문화 등 사회 전반에 걸쳐 변화의 주요 동인으로 등장하였다. 이제 인터넷은 단순히 자료검색의 효율성을 높이고 시간과 공간을 극복하여 정보를 전달할 수 있는 특성 이외에 훨씬 다양하고 복잡한 의미를 지니고 있다. 인터넷의 핵심적인 구성원리는 개방형 네트워크(OSI, open system internet)로서, 원하는 경우에 누구나 접속할 수 있는 접속점을 제공한다. 또 다른 특성은 클라이언트 서버 시스템(client/server system)인데, 이는 인터넷 사용자가 어떤 정보를 요구하면 그 정보를 지니고 있는 서버에서 정보를 제공하는 것이다.

인터넷은 커뮤니케이션 행위의 일방향성을 쌍방향성으로 바꿔놓은 중요한 요인이다(김정기, 박동숙, 1999). 광고의 측면에서 TV와 같은 전파매체가 일방향적으로 무조건 노출되는 광고를 전달한다면, 인터넷에서는 이용자들이 원하는 광고를 선택해서 볼 수 있다. 또한 인쇄매체였던 잡지, 신문 등이 인터넷상의 전자잡지로 발간되거나(〈그림 1-7〉) 전파매체였던 TV를 인터넷에서도 볼 수 있게 됨으로써 매체의 혼합현상이 나타나 새로운 차원에서 매스미디어의 역할이 요구된다.

* 출처: http://www.vogue.co.kr

〈그림 1-7〉 패션잡지와 전자잡지

인터넷 미디어는 인쇄물을 읽는 습관을 지니고 있지 않으며 컴퓨터, 비디오 게임에 익숙한 젊은 층을 독자로 확보하면서 거대한 저장능력을 기반으로 빠르고 편리하게 정보를 검색하는 툴을 제공한다. 뿐만 아니라 인쇄 및 배급에 소요되는 막대한 비용과 시간을 절약하고, 실시간으로 정보를 전달하며, 시간적 제약 및 공간적, 지리적 한계를 붕괴시키면서 동영상, 음성, 화상 등 다양한 멀티미디어 형태의 정보제공이 가능하다. 인터넷 미디어의 특성은 다음의 7가지로 축약할 수 있다(박성호, 2002; 윤준수, 1998).

🌱 개인 통신망을 매개로 하는 대중 커뮤니케이션

인터넷 미디어는 컴퓨터와 전화망이 결합된 인터넷 망을 이용하는 대중 커뮤니케이션 매체이다. 지상파 TV에 비하여 시간, 장소에서는 자유로울 수 있지만 전송 용량이 부족할 경우 화상, 영상 콘텐츠를 받아볼 수 없다는 한계점이 있다.

🌱 정보 공유가 가능한 쌍방향 커뮤니케이션

인터넷은 사용자와 정보 제공자 간의 정보 교환은 물론 사용자 간의 정보를 통한 상호작용의 기회를 직·간접적으로 제공한다. 또한 인간의 자연스러운 사고 작용을 따라 막대한 양의 정보 은행에서 사용자가 필요한 정보를 조직, 재생하도록 비순차적으로 정보를 연결시키는 하이퍼링크 기능을 갖추고 있어 정보공유가 용이하다.

🌱 호환성이 높은 멀티미디어 복합 미디어

신문, 잡지가 디지털화되거나 아날로그 방식의 지상파 방송이 디지털 부호로 변환되면 모두가 디지털 메시지로 통합될 수 있다. 인터넷 미디어는 다른 어떤 미디어보다도 2차원, 3차원의 콘텐츠나 시청각을 동시에 전송할 수 있는 복합 미디어적인 특징을 갖는다.

글로벌 미디어

HTML, JAVA 등의 인터넷 언어는 세계 모든 네티즌의 공용어이고, 인터넷 미디어는 시간, 장소 등의 제약 없이 전 세계 네티즌에게 메시지를 전달한다. 인터넷은 전 세계를 단일 통신망으로 연결하면서 급속하게 성장하였고, 이러한 글로벌적인 특징은 상업적 거래에서 기업이 잠재고객에게 도달하는 물리적인 거리를 극복하게 한다.

능동적인 수용자

인터넷 미디어를 통해 전달되는 콘텐츠는 능동적 커뮤니케이션 수용자에게 전달되며, 사용자에게 정보선택과 조직 및 재생을 통제할 수 있는 기회를 제공한다. 이와 동시에 능동적으로 찾아오지 않는 수용자에게는 메시지를 전달할 수 없다는 단점을 지닌다.

다양한 활용범위

인터넷 미디어의 커뮤니케이션 활용범위는 매우 다양하여 일상생활의 거의 모든 커뮤니케이션 분야에 활용할 수 있다. 그러므로 기업의 입장에서는 기존에 전혀 존재하지 않았던 새로운 수익구조의 개발이 가능하다.

개인적인 커뮤니케이션 매체

인터넷 미디어는 신문이나 TV, 잡지와는 달리 혼자서 점유하는 공간에서 개인적인 커뮤니케이션을 하는 매체이다. 따라서 이용자 개개인은 보다 자신이 원하는 커뮤니케이션에 충실할 수 있다.

3) 소비자 태도의 변화

정보이용에 대한 소비자의 태도가 정보 수용자에서 정보 탐색자로 바뀌고 있다. 가령 TV 시청자의 경우 기업이 보내는 정보(광고)에 일방적으로 노출되는 수용자 입장이었다면, 인터넷 이용자들은 자신이 직접 광고나 정보를 찾아가고 취사선택하며 상호작용하는 능동적인 입장인 것이다. 이들의 경우 인터넷을 통한 자료나 정보 검색, 포털의 뉴스 및 전자잡지에 관심이 높고, 무조건적으로 정보를 수용하지 않는 디지털 세대의 특성을 보인다.

디지털 세대는 디지털(digital)과 세대(generation)의 복합어로서, 디지털 시대의 신인류를 말한다. 여기서 디지털이란 아날로그와 반대되는 개념으로 아날로그가 초침시계, 저울과 같이 그 값이 연속적인 것이라면 디지털은 값을 0과 1의 이진수 형태로 처리하는 기술이다(임규건 외, 2005). 디지털 세대는 일명 'Y세대'라고 하는데, Y세대는 1970년대 후반 이후에 태어난 2000년대의 주역이라는 의미를 지닌 최초의 디지털 세대이다. 이들 세대는 아날로그 세대와 달리 일과 오락, 여가, 생활 등 모든 것을 혼자서 처리할 수 있는 환경에 처해 있어 지극히 개인적이고 자기중심적이며, 전통적인 혈연, 학연, 지연의 네트워크가 아니라 블로그, 미니홈페이지 등을 통한 디지털 인맥을 중시한다. 또한 적극적이고 능동적인 유행과 소비의 주체로서 생산적인 소비성향을 나타내며, 인터넷을 통해 자유롭게 의사를 표명함으로써 디지털 스토리텔러 및 1인 미디어의 확산을 비롯하여 디카족, 패러디족, 덧글족, 안티족 등으로 커뮤니케이터 유형을 확산시키고 있다(〈그림 1-8〉).

* 출처: http://cyworld.nate.com

〈그림 1-8〉 디지털 시대의 미니홈피와 커뮤니티

　디지털 세대 다음으로 나타난 포스트 디지털 세대(PDG, post digital generation)는 20대~ 30대 초반의 디지털 세대나 30대 후반 이후의 아날로그 세대와 달리, 디지털 환경과 문화 속에서 자랐음에도 불구하고 인간적이고 아날로그적인 감성을 지닌 주체적, 낙천적인 성격의 새로운 세대를 일컫는다. 1980년부터 1991년 사이에 태어난 세대로, 2004년 기준 13세~24세가 여기에 속한다. PDG의 핵심 코드는 'H·E·A·R·T·S'의 6가지로 요약된다. 즉, 인간관계('H'uman relationship)를 위한 디지털, 표현('E'xpressionism)을 위한 디지털, 시각적('A'nti-iterality) 라이프스타일, 낙천적('R'elaxed Mindset) 라이프스타일, 트렌드의 주체적 수용('T'rend-independence), 즉시성('S'peed) 등이다("두 얼굴의 포스트 디지털 세대", 2005).

　라이프스타일은 초기 디지털 세대보다 덜 개인적이면서도 자기 욕구에 충실하고, 의사소통이 직설적·단문적이며, 충동구매 경향이 강하나 다양한 할인 혜택을 이용하는 이율배반적인 소비 행태를 보인다. 동시에 디지털 기기를 학습 대상이 아닌 생필품으로 인식해 최신 제품에 강한 욕구를 보이는 것도 PDG의 특징이다.

　Biclerton, Pardesi(1996)는 인터넷 이용자의 욕구를 기준으로 〈표 1-5〉와 같이 테크노 갈망자, 아카데믹 광, 테크노 연구자, 출세 지향형, 취미·오락 추구형, 지식 트레이더, 비즈니스 이용자, 재택이용자의 8가지 유형으로 구분하였다. 테크노 갈망자(techno- lusters)는 인터넷 이용자 중 개혁자에 해당하는 집단으로 인터넷 이용에 도움이 되는 테크놀로지 관련 제품을 구매하는 성향을 보이며 넷스케이프, 마이크로소프트, 자바 응용 프로그램, 인터넷 다운로드 Top20 등과 같은 사이트를 즐겨 찾는다. 아카데믹 광(academic-butts)은 인터넷을 가장 활발하게 사용하는 집단으로 전자메일을 많이 사용하고 책, 정보 등을 주로 구매하며 Britanica, OneWorld News Diary, Time World Wide Page 등의 사이트를 주로 애용한다.

　테크노 연구자(techno-boffins)는 비즈니스 정보를 전달하는 테크놀로지 사용에 관심이 많고 소프트웨어, 교육관련 제품 및 서비스를 구매하며, 주로 애용하는 사이트는 Lotus, IBM, 마이크로소프트 등이다. 남보다 앞서 가려는 욕구가 강한 출세 지향형(get aheads)은 인터넷을 사회적 지위 확보나 돈을 벌기 위한 수단으로 사용하는 집단으로서 BMW, Web Travel Review, Interesting Idea 등의 사이트를 즐겨 찾는다. 취미를 충족시키기 위하여 인터넷을 사용하는 취미·오락 추구형(hobbyists)은 인터넷을 통해 취미, 오락과 관련된 정보 및 제품을 주로 구매하고 CD Land, NBC Golf, MGM 등의 사이트를 이용한다.

〈표 1-5〉 인터넷 이용자의 유형(미국)

구 분	특 징	애용 사이트
테크노 갈망자 (techno-lusters)	인터넷 이용에 도움이 되는 테크놀로지 관련 제품을 구매	넷스케이프, 마이크로소프트, 자바 응용 프로그램, 인터넷 다운로드 Top20
아카데믹 광 (academic-butts)	전자메일을 많이 사용하고, 책이나 정보 등을 주로 구매	Britanica, OneWorld News Diary, Time World Wide Page
테크노 연구자 (techno-boffins)	소프트웨어, 교육관련 제품 및 서비스를 구매	Lotus, IBM, 마이크로소프트
출세 지향형 (get aheads)	인터넷을 사회적 지위 확보나 돈을 벌기 위한 수단으로 사용	BMW, Web Travel Review, Interesting Idea
취미·오락 추구형 (hobbyists)	인터넷을 통해 취미나 오락과 관련된 정보 및 제품을 구매	CD Land, NBC Golf, MGM
지식 트레이더 (knowledge traders)	인터넷을 정보 수집의 도서관으로 간주, 정보 구입의향이 강함	Wyver, EMPIRE Web, Microsoft News
비즈니스 이용자 (business bods)	비즈니스에 활용할 수 있는 정보나 제품을 선호	World Wide Yellow Pages, Net Search, IOMA Business Pages
재택 이용자 (home users)	교육이나 오락에 관심이 높고, 정보 및 서비스에 요금지불의사를 지님	Internet Holiday Center, Saga Online, Electronic Gourmet Guide

* 출처: Bickerton & Pardesi(1996). Cybermarketing. UL:Butterworth Heinemann.

지식 트레이더(knowledge traders)는 인터넷을 정보를 수집하는 도서관으로 간주하고, 가치 있는 정보의 구입의향이 강하며 Wyver, EMPIRE Web, Microsoft News 등의 사이트를 즐겨 찾는다. 비즈니스에 활용할 수 있는 정보나 제품에 강한 선호를 나타내는 비즈니스 이용자(business bods)는 World Wide Yellow Pages, Net Search, IOMA Business Pages 등을 자주 이용하고, 교육이나 오락에 관심이 높은 재택 이용자(home users)는 정보 및 서비스에 어느 정도의 요금을 지불할 의사를 가지고 있지만, 그래픽이 지나친 정보는 꺼리는 경향이 있으며 Internet Holiday Center, Saga Online, Electronic Gourmet Guide 등의 사이트를 자주 찾는다.

한국의 인터넷 이용자를 주당 평균 사용시간과 사용경험을 기준으로 분류한 이두희(2000)는 소극만족형(30%), 활용선도형(33%), 재미유행형(23%), 실속도전형(14%)으로 정의하였다(〈그림 1-9〉). 이 중 소극만족형은 인터넷으로 쇼핑, 레저·여행정보를 많이 이용하고 웹

사이트에 관한 정보를 타인에게서 얻는 집단이며, 활용선도형은 인터넷 서비스를 능동적으로 사용하면서 다양한 정보원천을 이용하나 정보 내용에 불만족하는 고학력 집단이다. 상대적으로 고졸학력 소유자가 많은 재미 유행형은 스포츠, 연예, 채팅 등을 많이 사용하는 반면 정보검색방법, 언어, 기술적 문제에 어려움을 겪고, 실속도전형은 뉴스, 재테크 등의 정보를 사용하나 업무 관련, 학술정보 등에는 관심이 적고 인터넷 사용비용에 부담을 느끼는 저학력 사무직집단이다.

유 형	특 징
소극만족형	쇼핑, 레저, 여행정보를 많이 이용하는 집단
활용선도형	능동적으로 인터넷 서비스를 사용하는 고학력집단
재미유행형	스포츠, 연예, 채팅 등을 많이 이용하는 집단
실속도전형	뉴스, 재테크 등의 정보를 사용하는 저학력 사무직집단

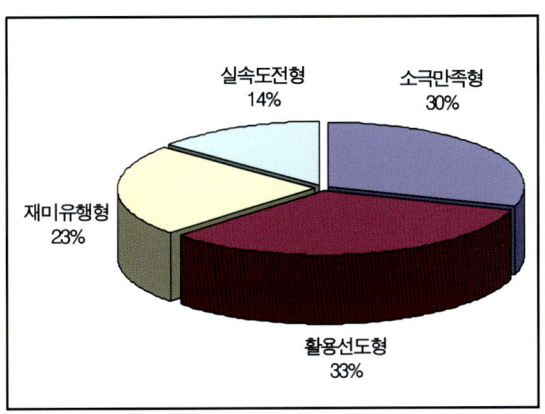

* 출처: 이두희(2000). 인터넷 마케팅. 경기: 청아출판사, p.213.

〈그림 1-9〉 인터넷 이용자의 유형 및 특성(한국)

한편, 정보통신부가 한국인터넷진흥원을 통해 조사한 "2004년 하반기 정보화실태조사"에 따르면, 국내 인터넷 이용자들이 꾸준히 늘고 있는 가운데 유료콘텐츠 이용자들도 증가세를 보였다. 전국 7,042가구의 총 1만 7,535명을 대상으로 실시한 조사 결과, 2004년 12월 기준으로 만 6세 이상 전 국민 중 최근 1개월 이내 유선 혹은 무선 인터넷을 이용한 인구 비중은 70.2%로 이용자 수가 3,158만 명인 것으로 추산됐다. 이는 전년대비 4.7% 포인트 늘어난 결과로, 인터넷 이용자 중 유료콘텐츠를 이용해 본 경험이 있는 비율도 전년도 14.5%에 비해 23.3%로 8.8% 포인트나 증가했다. 유료콘텐츠 이용자들의 월 평균 이용비용은 1만 1,400원 정도였으며, 1만 원~2만 원 정도를 지출하는 이용자가 28.3%로 가장 많았고, 1천 원~3천 원 이용자가 20.5%를 차지했다("유료콘텐츠 이용자 늘었다", 2005). 이와 같이 유료 콘텐츠의 이용비율의 증가와 함께 인터넷을 통한 쇼핑경험이 급증하면서 인터넷 소비자의 태도에 많은 변화를 초래하고 있다.

4) 소비자 구매행동의 변화

급속한 사회, 경제 및 기술의 발전과 함께 물질만능주의의 확산, 전통적 의식 변화, 신용카드 사용의 증대, 인터넷의 이용 증가 등에 힘입어 소비자들의 구매행동이 변하고 있다. 소비자들은 단순히 유행을 선호하기보다 개성을 강조하거나 다양하고 개별적인 상품을 요구하며, 삶의 질을 추구하는 성향이 강해 편리하고 시간을 절약할 수 있는 구매행동으로 발전하고 있다. 더불어 가격이나 품질 어느 한쪽에 치우치지 않고 상품의 용도, 가격 등을 합리적으로 고려하는 소비패턴에 자신의 주관적 만족을 위해 제품을 구매하는 가치 소비자가 늘고 있다. 가치 소비자(value consumer)란 주관적 가치만족을 최대의 덕목으로 삼는 소비행위자로서, 돈이 없다고 무조건 싼 것만 찾는 것이 아니라 가격 대비 가치가 있는 상품을 구매한다.

한편으로는 커뮤니케이션 경로가 다양화되고 오피니언 리더(opinion leader)의 증가, 리스크(risk)를 회피하려는 소비자의 증가 등으로 큐레이터 소비(curator consumption)가 뜨고 있으며, 윗옷 안에 신용카드 크기의 컴퓨팅 칩을 달아 PC 기능을 구현하는 재킷, 체온이나 심장 박동수, 건강 상태 등을 체크하여 휴대용 개인정보 단말기(PDA, personal digital assistants)로 알려주는 속옷 등 입는 컴퓨터(wearable computer)의 등장으로 유비쿼터스(ubiquitous) 시대가 다가오고 있다. 특히 컴퓨터 세대가 단순한 구매행위에 그치지 않고 구매행동 자체를 하나의 즐거움이나 문화의 일부로 받아들여 기성세대와는 상당히 다른 구매양상을 보여줌으로써 인터넷 쇼핑이나 전자결제, 홈뱅킹 등의 개발을 촉진하고 있다.

일반적으로 소비자의 구매의사결정과정은 〈표 1-6〉에서처럼 문제인식, 정보탐색, 대안평가, 구매, 구매 후 평가의 다섯 단계를 거친다. 즉, 현재 상태와 기대되는 상태에 차이가 있을 때 문제인식(problem recognition)을 하며, 이를 해결하기 위하여 정보를 탐색한다. 정보 탐색(search for information)이란 보다 쉽게 구매의사를 결정하기 위해 정보를 수집, 처리하는 활동으로서 크게 내적 탐색(예, 기억 속에 저장된 개인의 직접경험, 의도적·비의도적으로 타인에게서 받은 기존의 정보)과 외적 탐색(예, 친구, 직장동료, 가족, 판매원, 광고, 잡지 등의 외부 정보)으로 구분된다. 다음으로는 경쟁상품이나 상표를 평가하는 단계로서 대안평가(alternative evaluation)를 하게 되는데, 이 과정은 탐색과 동시에 일어나거나 정보수집 이전부터 구매할 때까지 계속될 수 있다. 탐색과 평가 과정이 끝나면 구매결정(purchase decision)을 하고, 제품을 구매하고 난 후에는 만족 혹은 불만족과 관련된 구매 후 평가(post-purchase evaluation)를 한다.

〈표 1-6〉 소비자의 구매의사결정과정

단 계	과 정	특 징	인터넷 적용
구매 전	문제인식	필요와 욕구의 발견 현재상태와 기대되는 상태와의 차이 인식	상품에 대한 정보제공으로 문제인식을 유발
	정보탐색	기업의 광고, 간행물 및 잡지, 친구, 동료, 가족, 판매원, 매장 디스플레이 등의 정보	비교구매, 추천 시스템, 검색엔진 등을 통한 정보 수집을 지원
	대안평가	다양한 평가기준으로 상품 및 상표를 평가	상세한 제품정보 및 제품 비교를 통하여 대안평가 용이
구 매	구매결정	구매시기, 구매처, 구매상품, 지불조건 등의 결정	마일리지/이벤트, 할인상품, 다양한 지불조건 등의 제공
구매 후	구매 후 평가	구매 후 만족, 불만족 평가 주변사람들에게 구매상품이나 상표를 구전	상품평, 구매상품 착용사진 등의 제공

　이와 같은 구매의사결정의 각 단계마다 소비자들은 외부환경적 요인과 내부결정 요인의 영향을 받는다. 여기서 외부환경적 요인에는 개인이 속해 있는 문화, 사회계층, 준거집단, 가족 등이 속하고, 내부결정 요인은 개인의 동기와 관여, 지각, 학습, 태도, 개성 및 라이프스타일 등을 포함한다. 소비자들은 자신이 속해 있는 외부환경이나 개인적 특성에 따라 구매의사결정이나 구매행동에 차이를 보이므로(김동기, 이용학, 1997; 임종원, 2006; 홍병숙, 1998), 소비자들의 구매의사결정과정에 대한 연구를 통하여 인터넷 마케팅전략 수립 시 활용해야 한다. 예를 들어, 소비자가 인터넷에서 정보를 탐색할 때 비교구매나 추천 시스템, 검색엔진을 통한 정보 수집을 지원할 수 있다.

개인적 특성	환경적 특성
연령, 성별, 인종, 교육, 라이프스타일, 심리, 지식, 가치, 개성 등	사회, 가족, 지역사회 등

영향 요소		구매자의 의사결정
마케팅	기타	구매 혹은 비구매
가격	경제	구매제품은 무엇인가?
판촉	기술	구매처는 어디인가?
제품	정치	언제, 얼마나 사는가?
품질	문화	반복구매

의사결정과정

업체의 통제 시스템		
물류지원	기술지원	고객서비스
지불	웹디자인	FAQ
배달	지능	전자메일
	에이전트	콜센터 등

* 출처: 임규건 외(2005). e-비즈니스 경영. 서울: 이프레스, p.75.

〈그림 1-10〉 e-소비자의 구매행동모델

소비자의 구매의사결정과정에서 구매를 유도하고 개인화된 맞춤형 서비스를 지원하기 위해서는 소비자 행동모델을 파악해야 한다. 〈그림 1-10〉은 인터넷에서의 소비자행동 모델로서, 나이나 성별, 라이프스타일 등의 개인적 특성, 사회나 가족, 커뮤니티 등의 환경적 특성, 물류지원, 기술지원, 고객서비스 등의 업체가 제공하는 시스템 특성, 구매자의 의사결정, 그리고 마케팅, 정치, 경제, 문화 등의 영향요소에 따라 소비자의 구매의사결정과정이 달라진다(임규건 외, 2005). 소비자의 행동모델에 나타난 요소 간의 조화는 소비자의 구매를 유도하는 요인이 될 수 있다.

네티즌 8,778명을 대상으로 2004년 9월 한 달간 인터넷 소비자의 구매행동을 조사한 KNP(korean netizen profile) 보고서에 의하면 남성(64.8%)이 여성(35.2%)보다 많았고, 연령별로는 20대(52.5%), 30대 이상(33.3%), 10대(13.4%)의 순으로 나타나 20대, 30대의 이용률이 높았다. 57.5%가 대학교를 졸업한 고학력 소유자로서 월 평균 가구 소득은 100만 원~300만 원(59.7%) 정도였고, 지역별로는 서울(30.4%)과 경기(18.8%) 거주자가 많았다. 이들

의 74.5%가 3년 이상 인터넷을 이용하였으며, 가장 많이 사용하는 서비스는 자료/정보 검색, 메일, 오락/게임, 영화, 블로그/미니홈피 등의 순으로서 연령이 높을수록 자료 및 정보검색, 이메일 서비스의 이용 비중이 상대적으로 높았다.

인터넷에서의 상품 구매경험은 지속적으로 증가하여 2002년 67.7%에서 2004년에는 77.6% 였으며, 남성보다는 여성이, 20세~34세 연령대에서 인터넷 구매경험이 상대적으로 많았다. 구입 상품으로는 개인잡화, 도서, 가전, 의류의 순이었으나, 여성의 경우 의류와 개인잡화의 구입비율이 가장 높아 패션상품은 여성이 많이 구매하는 품목이었다. 인터넷 구매 시 고려요 인은 〈그림 1-11〉과 같이 가격 비교(41.0%), 상품 세부정보(35.3%), 브랜드(9.5%) 등이었으며, 연령이 높을수록 상품 세부정보를 중시하나 20대는 가격비교를 가장 고려하였다.

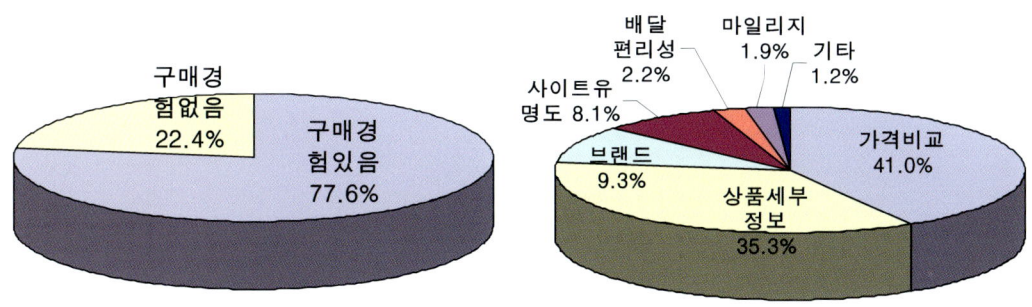

* 출처: http://www.advertising.co.kr

〈그림 1-11〉 인터넷 이용자의 상품 구매경험 및 구매 고려요인

소비자들이 인터넷 쇼핑몰을 이용하는 가장 큰 이유는 가격이 저렴해서였고, 이외에 매장 비방문, 제품비교 가능, 구매 편리, 언제든 구매 가능 등으로 인하여 인터넷에서 상품을 구매 하고 있었다(〈그림 1-12〉). 인터넷 쇼핑확률은 여성일수록, 교육수준이 높을수록, 소득수준이 높을수록, 기혼일수록 더 높았으며, 구매자의 66.2%가 인터넷 쇼핑 후 만족하였다. 향후 6개 월 이내 재구매하겠다는 비율이 85.2%로서 상당히 높았으나, 실물을 보지 못하고 구매를 한 다는 점과 사이트에 대한 신뢰 부족, 상품 정보 부족, 개인정보 유출 등에 대한 우려 때문에 인터넷 구매가 꺼려진다 하였다(〈그림 1-13〉).

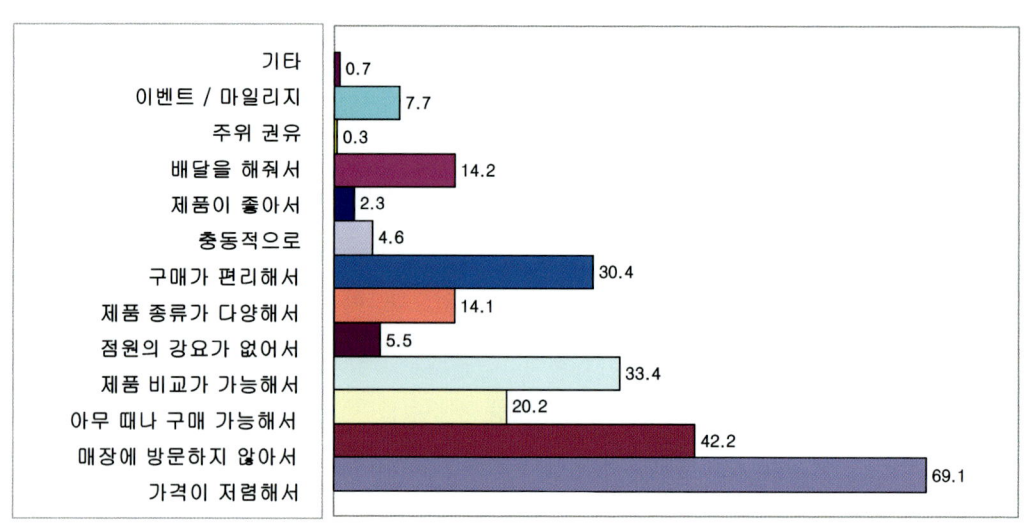

* 출처: http://www.advertising.co.kr

〈그림 1-12〉 인터넷 이용자의 상품 구매이유

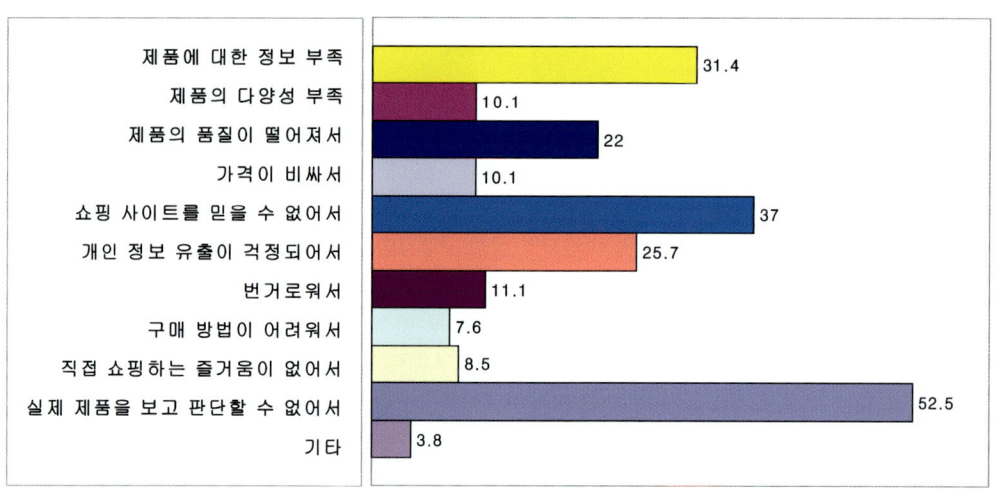

* 출처: http://www.advertising.co.kr

〈그림 1-13〉 인터넷 이용자의 상품 비구매이유

이러한 결과는 계도원, 김규완(1998)의 연구에서도 나타나 남성이 여성보다 대금결제의 편리성과 배달처리 능력, 화면구성에서의 흥미 유발에, 연령별로는 20대가 30대～40대에 비하여 제품의 개념적 가치(예, 제품정보, 브랜드 이미지, 제조/판매처의 신용도)와 쇼핑몰의 구매처

리 능력(예, 배달, 판촉, 부가서비스)에 더 높은 비중을 두었으며, 학력이 높을수록 제품의 물리적 가치(예, 제품의 가격과 질)와 제품의 개념적 가치에 중요성을 두고 있었다. 또한 인터넷의 사용속도와 사용기간, 개인이 접하고 있는 물리적 환경 등이 전자상거래의 이용에 영향을 미치고 있었다(오상조, 김찬영, 1998).

3. 인터넷의 성장과 차세대 인터넷

지난 10년간 지속적으로 성장한 인터넷은 UCC, 동영상, 지능화, 모바일화를 기반으로 변형, 확장될 전망이다. UCC(user created contents)는 미국의 25세 이하 젊은층이 인터넷에서 소비하는 콘텐츠의 62%를 차지할 정도로 급부상하고 있는데, 특히 동영상 부문이 인기다. 아울러 인터넷 기술의 고도화, 지능화로 비즈니스 모델이 지속적으로 진화되며, 3.5세대 이동통신, 와이브로 등을 통해 모바일 애플리케이션도 확대된다. 또한 유투브(동영상을 손쉽게 올리도록 해주는 사이트), 판도라 TV와 같은 UCC 기반 미디어가 떠오르고(〈그림 1-14〉), 일반 쇼핑몰보다 오픈마켓이 전자상거래의 핵으로 발전하며, 동영상 UCC 등 멀티미디어 콘텐츠의 증가로 인터넷 사업의 핵심인 검색이 텍스트 위주에서 멀티미디어로 급속히 진화된다("차세대 인터넷 산업, 4대 요소가 견인한다", 2006).

* 출처: http://www.youtube.com, http://www.pandora.tv

〈그림 1-14〉 UCC 기반 미디어

일반적으로 인터넷 동영상은 인터넷 포털, 동영상 전문업체가 주도하는 개방형과 통신업체가 주도하는 폐쇄형으로 구분된다. 개방형은 PC기반 인터넷에서 UCC 중심으로 진행하는 광고 중심 수익 모델인 반면 폐쇄형은 IPTV, 휴대폰 등에서 이루어지는 수익모델이 기반이다. 이 동영상 UCC를 통한 수익모델은 광고삽입형, 수익 배분형, 동영상 기반 오픈마켓형 등으로 나눌 수 있다. 광고 삽입형은 동영상 앞뒤로 짤막한 광고를 삽입하는 것으로 곰TV나 판도라TV 등 동영상 전문업체가 시행하며, 구글, 레버(Revver) 등의 업체에서 시작한 수익 배분형은 2리터 콜라 101개와 523개의 멘토스로 라스베가스의 벨라지오 분수를 재현해 낸 인기 동영상의 제작자가 3만 5천 달러의 수익을 올린 것처럼 동영상 제작자와 플랫폼 업체가 수익을 배분하는 형태이다. 그리고 동영상 기반 오픈마켓형은 이용자끼리 동영상 콘텐츠를 사고팔거나 자체 광고에 삽입하는 것으로, 미국 Brightcove사에서 제공하는 일반 동영상 제작자가 자체 동영상에 쉽게 광고를 넣어 판매할 수 있는 툴을 예로 들 수 있다.

전자상거래 시장에서는 일반 인터넷 쇼핑몰보다 '오픈마켓' 형태가 대세를 보인다. 오픈마켓은 단순한 제품 판매를 넘어 정보, 영상, 재미를 주는 지식, 엔터테인먼트형 쇼핑몰 등으로 진화하며, TV 홈쇼핑처럼 동영상으로 상품정보를 제공하는 동영상 쇼핑몰로 발전할 전망이다. 거래되는 품목도 오프라인에서 거래하기 힘든 지식형 상품 등으로 다양화되고, 지능화된 검색의 결합으로 개인취향에 맞는 쇼핑 솔루션도 나올 것이다. 또한 PC와 디지털 TV 일체형인 컨버전스 디지털 가전이 새로운 트렌드로 자리 잡고(〈그림 1-15〉), 휴대 인터넷 기술의 접목으로 소비자가 영상 콘텐츠를 쉽게 제작, 편집해 인터넷에 올리거나 다운로드 받는 등 디지털 가전의 인터넷 단말기화가 예견된다. 따라서 방송, 가전 업체들은 기존 사업의 개선에만 몰두하기보다는 인터넷 등 새로운 소비 트렌드를 고려하여 비즈니스 모델을 혁신할 필요가 있다.

한편, 차세대 인터넷의 개념이 등장하면서 인터넷 접근 채널이 매우 다양해지고 있다. 차세대 인터넷이란 사용자 중심의 고품질 멀티미디어 서비스를 유무선 관계없이 안전하고 초고속으로 제공할 수 있는 진화된 인터넷 서비스를 말한다. 대표적인 예로 이동통신망 및 무선LAN을 기반으로 한 무선인터넷, 정보가전과 홈 네트워킹, 통신과 방송의 융합에 의한 디지털 인터넷TV 등이 있으며, 인터넷TV 시대에는 일반 가정에서도 인터넷을 쉽게 이용함으로써 인터넷의 영향력은 더욱 커질 것이다.

LG전자에서 출시한 PC와 디지털TV 일체형 'TVPC시리즈'는 'TV+PC' 컨셉으로 컨버전스 디지털 가전의 새로운 트렌드로 자리잡을 것으로 기대된다.

또한 타임머신 기능과 향상된 PC성능을 적용한 추가 모델을 출시해 'TVPC' 라인업을 확대할 계획이다.

따라서 타임머신TV로 똑똑해진 TV가 고성능 PC를 내장하면서 '지능형 TV' 시대가 본격화 될 전망이다.

뉴시스, 2006. 12. 17.

〈그림 1-15〉 PC와 디지털 TV 일체형

차세대 인터넷은 RFID(radio frequency identification)로 대변되는 유비쿼터스 컴퓨팅과 그리드, 웹 서비스 등이 통합된 네트워크 컴퓨팅의 두 가지로 발전한다. 유비쿼터스란 다양한 정보망에서 필요한 정보를 언제 어디서든 간단하고 안전하게 손에 넣을 수 있는 것을 의미하고, 유비쿼터스 컴퓨팅(ubiquitous computing)은 언제 어디서든지 어떤 사물을 통해서도 컴퓨터를 활용할 수 있음을 이르는 말이다. 여기서 지향하는 궁극적인 모습은 컴퓨팅의 유틸리티화, 즉 전기나 수도와 마찬가지로 자유롭고 쉽게 컴퓨터를 사용하는 환경이다. 이에 따라 기술과 용도 (시장)가 상호작용을 통해서 진화하며(〈그림 1-16〉), 기술적인 측면에서는 기기의 소형화, 저가격화, 지능화가 이루어지고 용도는 '전자기기→일상용품→환경'으로 확대된다. 마크 와이저 (Mark Weiser)가 '미래의 컴퓨터는 우리가 그 존재를 의식하지 않은 형태로 생활 속에 점점 파고들고 확산된다. 한 개의 방 안에는 유무선 네트워크로 상호 접속된 수백 개의 컴퓨터가 있을 것이다'고 말한 것처럼 인간 중심의 컴퓨팅 기술이 바로 유비쿼터스 컴퓨팅의 비전이다.

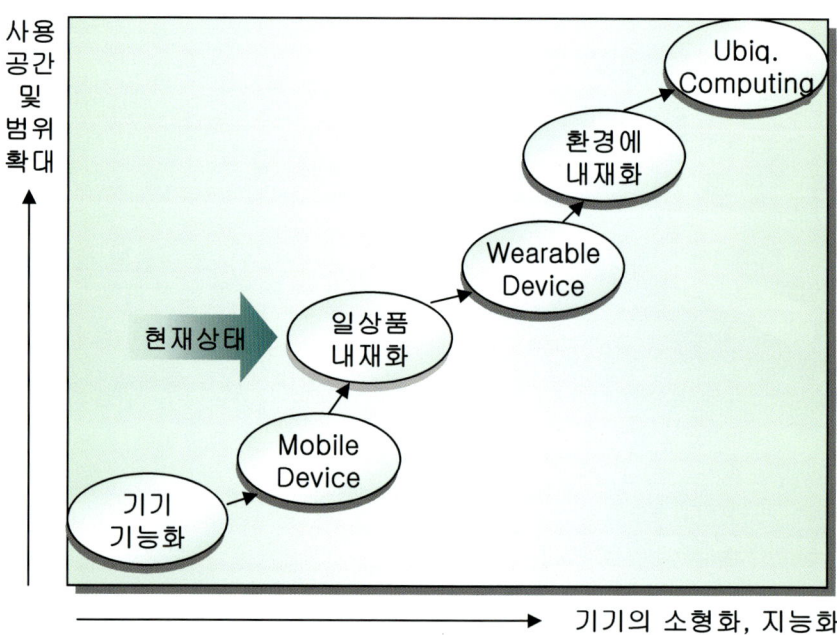

* 출처: 삼성경제연구소(2003). 유비쿼터스 컴퓨팅: 비즈니스 모델과 전망.

〈그림 1-16〉 유비쿼터스 컴퓨팅의 진화

  그리드 컴퓨팅(grid computing)은 과학기술의 첨단화, 융합화로 웹에서 지원하는 것 이상의 협업능력이 요구되면서 새롭게 등장한 네트워크 컴퓨팅의 개념이다. 한마디로 시공 제약 없이 컴퓨팅 자원을 자유롭게 공유하면서 대용량 정보를 교환하고 첨단 실험 장비들을 원격 제어할 수 있는 신개념의 컴퓨팅 기술을 말한다. 2006년 9월 15일 KT에서는 'CDN 서비스'와 '미디어 변환 서비스' 등 서로의 서버 시스템을 공유하는 그리드 기술을 선보였는데, 이 기술은 'CDN 서비스' 사용자가 폭주할 경우 '미디어 변환 서비스'의 서버를 공유해 사용하거나 반대의 상황도 가능해 적은 수의 서버로 보다 많은 사용자들을 수용할 수 있다. 이와 같이 순수 R&D에 집중돼온 그리드 기술 연구가 비즈니스 분야에 본격적으로 활용되면서 경제적 부가가치를 높이고 있다.

Case. 오픈마켓 '티토 & 티토걸'

설립일	2003.08
사업분야	여성의류
매출액	월 1억 원
종업원 수	10여 명
업계위치	옥션, G마켓 등 오픈마켓의 파워셀러

성장요인	활용방안 및 노하우
가격의 차별화	오랜 경험으로 대량생산원가에 제품원가를 맞출 수 있음
DB의 이용	경매방식의 매매로 치중치 않음
실시간 고객대응	문의사항이나 불만사항에 전담요원이 실시간으로 응답
인터넷 공동체	신제품 기획 시 참고
전략적 제휴	OEM 방식이므로 공장들과 제휴관계를 맺고 있으며 별도 온라인 매장을 운영

옷이라는 특성 때문에 전담요원을 배치해 문의 사항이나 불만을 처리함으로써 성공한 '티토 & 티토걸'은 옥션, G마켓 등 오픈마켓의 파워셀러이다. 패션사업에 대한 판매자의 오랜 경험으로 대량생산원가의 가격에 맞출 수 있는 가격경쟁력이 오픈마켓의 특성에 적합하였고, OEM 방식에 공장들과의 제휴관계를 통하여 유행상품을 신속하게 제공하는 등 오프라인에서의 패션사업의 노하우가 온라인에서도 적중하였다.

제2장 인터넷 마케팅

정보기술이 고도로 발전하고 인터넷 이용자가 많다고 할지라도 인터넷이 단순히 정보검색 도구로만 사용된다면 마케팅도구로서는 그다지 매력적이지 않다. 그러나 인터넷이 상업화되고 이용자가 급속도로 증가하면서 많은 기업들이 전략적인 측면에서 인터넷 마케팅을 수용하고 있다. 인터넷 마케팅의 성장과정을 고려해 보건대 기존의 마케팅과 비교하여 인터넷 마케팅은 강력한 매력을 지닌 마케팅 도구임에 틀림없다. 본 장에서는 인터넷 마케팅의 정의와 특성을 비롯하여 인터넷 마케팅과 일반 마케팅을 비교하고, 전략적인 측면에서 인터넷 마케팅을 분석한다.

1. 인터넷 마케팅의 정의

인터넷 마케팅을 이해하기에 앞서 마케팅의 개념에 대하여 살펴보면, 마케팅이란 '기업과 소비자 간의 교환 활동'을 일컫는다. 여기서 기업은 소비자에게 기업 정보나 광고, 상품정보, 세일즈 프로모션(SP, sales promotion) 등을, 소비자는 기업에게 재화(money), 시장정보 등을 제공하고, 기업은 '이윤 추구'를 목표로 하는 반면 소비자는 '욕구 만족'이 최상의 목표이다. 이때 기업이 소비자에게 전하는 상품정보가 패션상품일 경우 '패션 마케팅'이란 용어를 사용하며, 이러한 마케팅 활동이 가상공간(cyber space)에서 이루어지는 것을 인터넷 마케팅이라 한다. 따라서 인터넷 마케팅(internet marketing)은 '컴퓨터가 제공하는 통신 환경인 사이버스페이스에서 기업과 소비자가 쌍방향 커뮤니케이션을 통해 광고, 이벤트, 정보, 판매 등의 마케팅 활동을 수행하는 것'으로 정의할 수 있다(〈그림 2-1〉).

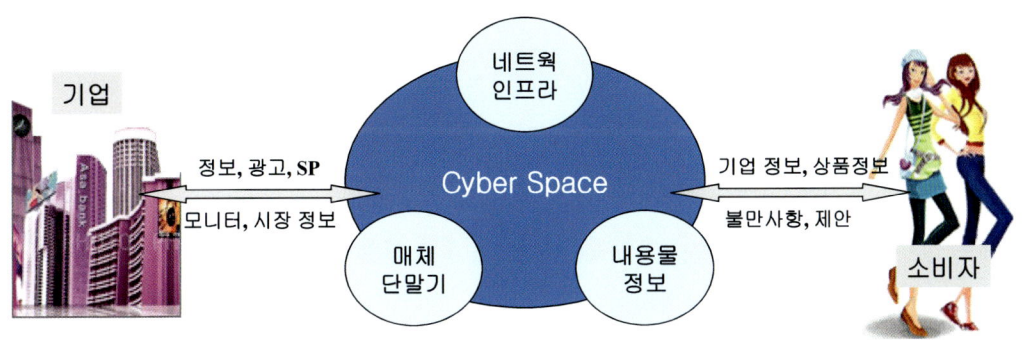

〈그림 2-1〉 인터넷 마케팅 모형

　인터넷을 활용한 새로운 마케팅 개념이 대두되면서 〈표 2-1〉에서 알 수 있듯이 단방향성에서 쌍방향으로 커뮤니케이션이 변하고 있다. 이러한 환경에서는 불특정 다수를 위한 다수 대 다수의 커뮤니케이션이 가능하고, 기업이나 소비자 모두가 발신자이자 동시에 수신자의 역할을 담당하며, 마케팅의 흐름이 기업 주도형에서 소비자 주도형으로 전환된다. 이와 같은 특성을 지닌 인터넷이 마케팅의 유용한 도구로 부각된 이후 기업의 마케팅 환경은 대변혁을 맞이하고 있다.

〈표 2-1〉 마케팅 개념의 변화

	대중마케팅 (mass marketing) →	표적마케팅 (target marketing) →	일대일 마케팅 (one to one marketing)
대 상	대 중	표적 집단	개 인
시장접근방법	비차별적 마케팅 (undifferentiated marketing)	차별적/집중 마케팅 (differentiated/focus marketing)	데이터베이스 마케팅 (data base marketing)
마케팅목표	시장점유율, 매출액, 고객만족		고객점유율 (customer share), 고객만족도, 매출액
경제원리	규모의 경제(economics of scale)		범위의 경제 (economics of scope)
관 리	제품관리(product management)		고객관리 (customer management)
커뮤니케이션	일방향(one-way)		쌍방향(two-way)

* 출처: 이두희, 한영주(1997). 인터넷 마케팅. 서울: 영진출판사, p.31.

구체적으로 마케팅의 개념을 살펴보면, 미국마케팅협회(AMA, American Marketing Association)에서는 '개인 혹은 조직의 목표를 충족시키기 위한 교환을 창출하기 위해 아이디어, 제품, 서비스의 개발, 가격결정, 촉진 및 유통을 계획하고 실행하는 과정'이라고 정의하고 있다. 여기서 개인과 조직은 고객을 뜻하고, 이들의 목적을 충족시키는 교환은 고객의 만족을 이끌어 내는 상거래를 의미한다. 즉, 고객이 원하는 가치 혹은 효용이 무엇인지를 찾아내어 제품화하고, 그 가치를 고객에게 의사소통하여 대가를 받고 고객과의 교환을 창조하는 것이다. 그러나 시장과 기술의 급변으로 과거에는 기업이 고객을 찾는 사냥꾼이었지만 이제는 고객이 사냥꾼이 되고 있다. 고객은 기업에게 자신의 구체적인 요구사항을 알려주고, 자신이 지불하고자 하는 가격을 제안하며, 자신이 어떻게 상품을 받을지, 그리고 기업정보나 광고를 받을지의 여부도 결정한다.

필립 코틀러 외(2003)는 인터넷과 같은 새로운 비즈니스 환경에서의 가치 원동력(value driver)으로 고객가치(customer value), 기업의 핵심역량(core competence), 협력 네트워크(collaborative network)를 제시하였다. 또한 마케팅은 고객 가치를 창출하고 전달하는 일을 통합하는 것은 물론 기업전략의 원동력으로 포지셔닝되어야 하며, 경영관리의 세 가지 유형인 수요경영관리, 자원경영관리, 네트워크경영관리를 통합하는 전체론적 마케팅 개념(holistic marketing concept)으로 마케팅 패러다임이 변해야 한다고 주장하였다(〈표 2-2〉).

〈표 2-2〉 마케팅 패러다임의 변화

구 분	판매 개념	마케팅 개념	전체론적 마케팅 개념
출발점	공장	고객의 변화하는 욕구	개별고객의 요구사항 ☞ 가치탐색, 가치창출, 가치전달의 통합
초 점	상품 ☞ 상품표준화	적절한 제공물(offering) 마케팅믹스	고객가치, 기업 핵심역량, 협력 네트워크
수 단	판매, 판촉 ☞ 대량생산, 대량 유통, 대량마케팅	STP ☞ segmentation, targeting, positioning	데이터베이스경영관리, 협력자들을 연결하는 가치사슬 통합 등 전체적 관계 경영관리
목 표	판매를 통한 이익창출	고객만족을 위한 이익창출	고객점유율, 고객애호도, 고객평생가치(LTV)의 획득을 통한 수익성 있는 성장

전체론적 마케팅 개념에서의 플랫폼은 크게 매출원동력과 비용원동력으로 구분된다. 여기서 매출원동력은 시장 제공물과 비즈니스 모델설계를 포함하고, 비용원동력에는 마케팅 활동과 운영 시스템이 속한다. 이들 각 부분의 핵심내용은 〈표 2-3〉과 같다.

〈표 2-3〉 전체론적 마케팅 개념

조직기능	수용경영관리	자원경영관리	네트워크경영관리
참여자 가치 기반활동	고객가치 (customer value)	핵심역량 (core competence)	협력네트워크 (collaborative network)
가치탐색	인지공간	역량공간	자원공간
가치창출	고객혜택	비즈니스 영역	비즈니스 파트너
가치전달	고객관계 경영관리 (CRM)	내부자원 경영관리 (IRM)	비즈니스 파트너 경영관리 (BPM)

시장 제공물 (Market Offerings) / 비즈니스 모델설계 (Business Architecture) / 마케팅 활동 (Marketing Activities) / 운영 시스템 (Operational System)

* 출처: 필립 코틀러, 디팍 C. 제인, 수빗 메시세, 김정구역(2003). 필립 코틀러의 마케팅 리더십. 서울: 세종서적, p.62.

🌿 시장제공물 플랫폼(market offerings platform)

전략구축 기본요소의 첫 번째 집합체인 인지공간, 역량공간, 고객혜택, 비즈니스 영역을 통해 경영자 및 마케터들은 시장제공물을 개발하기 위한 전략적 통찰력을 얻을 수 있다.

🌿 비즈니스 모델설계 플랫폼(business architecture platform)

전략구축 기본요소의 두 번째 집합체는 비즈니스 모델설계 플랫폼이다. 경영자 및 마케터가 역량공간, 자원공간, 비즈니스 영역, 비즈니스 파트너들에 의하여 비즈니스 모델설계의 재구성에 관한 지침을 얻는다. 이때 비즈니스 모델설계는 여러 개의 가치 체인(value chain)들로 구성된다.

🏵 마케팅 활동 플랫폼(market activities platform)

이는 전략구축 기본요소의 세 번째 집합으로서 고객혜택, 비즈니스 영역, 고객관계 경영관리, 내부자원 경영관리로 구성되며, 경영자 및 마케터가 시장 제공물을 지원하기 위한 마케팅 활동을 지원한다.

🏵 운영시스템 플랫폼(operational system platform)

전략구축 기본요소의 마지막 집합인 비즈니스 영역, 비즈니스 파트너, 내부자원 경영관리, 비즈니스 파트너 경영관리는 운영시스템을 디자인하는 데 있어 전략적인 통찰력을 제공한다.

기업의 이익은 매출원동력에 의한 수익과 비용 원동력에 의한 원가의 차이이므로, 가치를 전달하는 네 가지의 핵심경쟁 플랫폼이 매출과 비용원동력이 되어 기업의 이익을 극대화시킬 수 있다(〈그림 2-2〉). 따라서 전체론적 마케팅으로부터 최상의 이익을 획득하고자 한다면 기업은 그들의 주요 비즈니스 기능과 과정을 디지털화하고, 마케터들은 가치를 탐색, 창출, 전달할 수 있는 기술을 획득함과 동시에 다음과 같은 4가지 활동을 실행해야 한다.

- 새로운 시장 기회의 파악
- 기회를 평가하고, 최고의 기회를 선별
- 목표고객의 필요를 충족시킬 수 있는 가치 제안과 시장 제공물의 구성
- 가치를 최상으로 전달할 수 있는 가치 체인의 제안

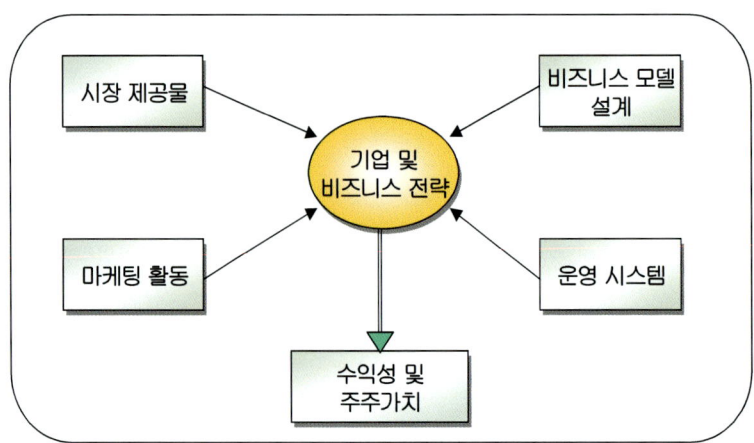

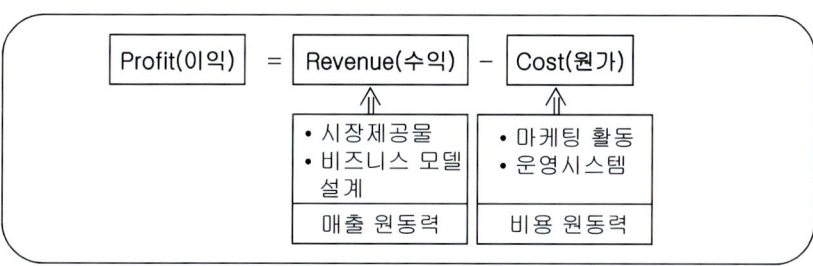

〈그림 2-2〉 핵심경쟁 플랫폼

한편, 전통적으로 마케팅의 궁극적인 목적이 기업의 교환 및 거래의 창출에 있다면, 인터넷의 등장 이후 마케팅은 고객 중심적 혹은 고객 지향적 마케팅에서 관계 중심적 마케팅으로 변모하고 있다. 관계 중심적 관점에서 인터넷 마케팅은 '개인이나 조직이 교환을 창출하고 지속적인 관계를 유지하기 위하여 인터넷 환경하에서 실시간 상호작용을 바탕으로 5C를 계획하고 실행, 통제하는 모든 활동'으로 정의된다(이두희, 2001). 인터넷은 많은 정보의 양을 고객에게 전달하고, 전자우편, 게시판 등을 통하여 고객의 의견을 수렴하는 데 수월하며, 일정한 시간대를 정하지 않고 언제라도 전달이 가능하다. 그러므로 기존의 마케팅 범위의 확대는 물론 쌍방향성, 개인화된 상호작용 등의 특징을 수반하는 우수한 마케팅 도구이다.

2. 인터넷 마케팅의 특성

1) 인터넷의 마케팅적 특성

인터넷 마케팅이라는 개념이 등장하면서 산업적, 학문적 측면에서 인터넷의 마케팅적 요소에 대한 관심이 증가하고 있다. 인터넷이 마케팅 수단으로서의 장점과 가치를 지니지 않았다면 지금과 같은 폭발적인 관심은 기대하지 못했을 것이다. 그렇다면 마케팅 도구로서의 인터넷의 특징적인 요소가 무엇인지를 살펴보자.

🌿 상호작용성(interactive)

기업이 고객의 요구사항을 파악하는 것은 쉬운 일이 아니다. 그러나 상호작용성을 특징으로 하는 인터넷에서 기업은 고객과의 긴밀한 관계구축, 활발한 커뮤니케이션 등을 통하여 신속하고 유연하게 고객의 욕구를 파악할 수 있다. 특히 고객의 프로파일이나 라이프스타일, 욕구파악을 위한 기초 자료를 만들거나 불만 사항, 의견 등을 신속하게 접수할 수 있으며, 기업과 고객과의 신뢰 구축으로 인한 공통의 가치 탐색이 가능하다. Hoffman, Novak(1996)은 상호작용성의 차원을 인간 상호작용성, 기계 상호작용성으로 나누고, 매체와 사용자, 사용자와 사용자 간의 상호작용이 복합적으로 얽힌 네트워크 커뮤니케이션 구조에서 상호작용성이 중심적 역할을 한다고 하였다. 이러한 상호작용은 고객이 적극적으로 기업의 마케팅 활동에 참여할 수 있는 기회를 제공한다.

🌿 개인화(personalization)

인터넷에서는 쌍방향 커뮤니케이션이 가능하기 때문에 기업은 웹 사이트를 방문하는 고객 개개인의 욕구와 선호도를 고려한 정보나 서비스를 개별적으로 제공할 수 있다. 또한 개인의 기호, 관심 등과 같은 개인 정보를 바탕으로 개인화 마케팅 전략을 추구함으로써 데이터베이스 마케팅이 필수적이다. 데이터베이스 마케팅(database marketing)은 기업이 갖고 있는 고객의 기본정보, 구매 물품 내역, 방문기록 등을 토대로 전개하는 일대일 마케팅을 의미하며, 이를 바탕으로 고객의 개별 특성에 알맞은 맞춤 제안을 하거나 고객과의 장기적 관계를 강화할 수 있다. 예컨대 포털 사이트 다음에서 콘텐츠별로 회원들의 성향을 분류하고 각 개인이 주로 사용하는 콘텐츠에 맞춰 이용자마다 맞춤 초기화면을 구성하는 등 최근 들어 인터넷의 다양한 기능 중 1인 미디어의 역할이 부각되면서 개인화에 초점을 맞춘 서비스가 가속화되고 있다("포탈들 얼굴 바꾸기, 대세는 개인화 서비스", 2005).

🌿 저렴한 마케팅 비용

일반적으로 인터넷 마케팅에 소요되는 비용은 전통적 마케팅에 비하여 60% 이상 저렴하다. 인터넷 마케팅은 기존의 우편판매, 텔레마케팅, 신문, 방송의 경우와 비교하여 부대비용이 거의 수반되지 않으며, 기존의 상당한 비용을 수반했던 TV, 라디오 매체상의 광고와 같은 진입 장벽을 허물었다. 물론 포털이나 다른 유명 사이트에 자신의 웹 사이트를 홍보하기 위해서는 광고비를 지불해야 하지만, 전 세계인을 상대로 365일 24시간 광고하는 데

드는 비용이라는 관점에서 보면 다른 어떤 매체보다도 저렴하다. 다시 말해 인터넷을 통하여 기업들은 저렴한 비용을 들여 전 세계의 고객을 상대로 자사의 제품과 서비스를 광고하고 판매할 수 있는 것이다. 뿐만 아니라 대리점, 중간상 등 중간단계가 생략되는 다이렉트 마케팅(direct marketing)이 가능해짐에 따라 유통비용 감소로 인한 가격 하락은 고객에게 큰 이익이 되고 있다(강민철, 2000).

🌱 합리적 효과 측정

인터넷의 다양한 기술들을 활용함으로써 마케팅 효과를 실시간으로 정량화하고, 마케팅 비용에 대한 효과 측정이 용이해졌다. 인터넷상에서는 광고가 고객에게 얼마나 노출되었는가와 어느 정도 효과가 있었는지를 측정할 수 있으며, 광고주들은 고객이 자사 광고를 몇 번이나 보았는지 등과 관련된 통계정보를 손쉽게 얻을 수 있다. 특히 개별 고객을 타깃으로 한 접근이 용이하고 방문 횟수, 이동 경로 등 기본적인 고객의 정보를 획득하기가 수월하며, 마케팅 비용의 산출이 기존 미디어보다 합리적이다(이경근, 2004). 그러나 인터넷 광고 효과에 대하여 전반적인 이해가 부족하고, 급속한 기술발전으로 인한 광고 부담 등의 문제점이 부각되므로 인터넷 광고의 본격적인 성장을 위해서는 광고 단가에 대한 근거, 광고 효과 측정 방법, 광고 목표 설정 등에 대한 합리적인 기준 개발이 요구된다.

🌱 지식/정보 기반 마케팅

기업이 보유하고 있는 각종 마케팅 기법과 고객의 데이터베이스, 과거의 마케팅 성공사례 등 마케팅 활동에 활용할 수 있는 지식 및 정보는 미래의 큰 자산이다. 지금과 같은 정보화 사회에서는 체계화된 정보를 기반으로 한 마케팅 활동이 시장에서의 경쟁우위를 획득하는 데 결정적인 역할을 수행한다(김준범, 1999). 이런 점에서 인터넷은 회원가입이나 이벤트, 경품 제공 등을 통하여 고객과 관련된 정보를 쉽게 획득하고, 웹 사이트에서 고객이 원하는 정보를 충분히 제공함으로써 보다 효과적인 마케팅을 펼칠 수 있다. 인터넷상의 웹 사이트를 방문하는 고객의 접속 시간과 자주 방문하는 서비스 부문에 대한 정보를 자동 수집하여 고객의 요구에 부응하는 정보나 서비스를 즉각적으로 제공함에 따라 기업은 지식 및 정보를 기반으로 다양한 마케팅을 전개할 수 있다.

🌱 관계 마케팅(relationship marketing)

관계 마케팅은 기존의 판매 위주의 거래 지향적 개념에서 탈피하여 장기적으로 고객과 경제, 사회, 기술적 유대관계를 강화함으로써 기업에 대한 고객의 의존도를 제고시킨다. 즉, 기업이 고객 등 이해 관계자와의 강한 유대관계를 형성, 유지해가며 발전하는 마케팅 활동으로서 고객만족을 극대화하고 고객과의 우호관계를 구축하기 때문에 이익은 저절로 수반된다. 이와 같은 관계 마케팅은 기업의 입장에서 신규고객의 확보보다 기존 고객의 충성도를 제고하여 장기적 관계를 형성하는 것이 마케팅 효과와 비용 측면에서 훨씬 중요해지면서 등장하였다. 인터넷에서는 고객의 데이터베이스를 기초로 고객을 세부적으로 분류하거나 효과적인 관계 마케팅이 가능하며, 한 번 고객은 평생 고객이 될 수 있는 기회를 창출할 수 있다. 특히 고객평생가치(LVT, life time value)의 측정에 근거하여 비용 효과적 측면에서 고객에 대한 다양한 프로그램을 추진하고, 판매 이후의 고객 서비스 및 관계유지를 위하여 만족한 고객의 재구매를 유도하거나 다른 소비자들에게 전파하는 구전효과에 역점을 둔다.

한편, 인터넷 마케팅은 고객과의 상호작용으로 인하여 고객의 의견을 즉각적으로 피드백받거나, 고객에 대한 체계적인 정보를 기반으로 보다 개선된 고객 서비스의 제공 및 각종 마케팅 활동을 효과적으로 전개할 수 있다. 인터넷에서는 고객과 대면하여 물건을 파는 것이 아니어서 고객의 충성도가 떨어지기 쉽고, 동호회나 카페, 클럽 등을 통하여 급속한 소문 전파가 이루어져 단 한번의 불성실한 서비스가 치명적인 손실을 가져오기도 하므로 고객 서비스에 최선을 다해야 한다.

최근 들어서는 인터넷 쇼핑몰의 마케팅 양극화 현상이 뚜렷해져 저가를 경쟁력으로 하는 쇼핑몰은 박리다매를 위주로 '싸게 더 싸게' 전략을 펼치는 반면, 일부 쇼핑몰에서는 고가 고객을 대상으로 '더 고급스럽게' 전략으로 차별화를 시도하고 있다. 인터넷 경매로 유명한 옥션(www.auction.co.kr)은 '천원경매'가 전체매출의 10%를 넘어설 정도로 인기가 높고, 인터파크(www.interpark.com)는 '가격할인전'에 더하여 일부 상품에 대한 무료배송을 실시하고 있다. 삼성몰(www.samsungmall.co.kr)의 경우 '9900원샵'(〈그림 2-3〉), '다이소 1000원샵'을, 우리홈쇼핑(www.woori.com)은 '990원샵'을 개설하여 가격은 저렴하되 품질 만족도를 높이고 있다.

이에 반해, 롯데닷컴(www.lotte.com)은 명품관 운영에 이어 구매금액과 횟수에 따라 VIP 고객을 선정하고 이들에게 별도로 월 1회~2회 정도 이메일 마케팅을 실시하며, 신세계닷컴(www.shinsegae.com)은 구매 카테고리, 구매금액 및 빈도, 최근 구매실적 등을 기준으로 회원 등급을 5단계로 구분한 뒤 우수고객을 겨냥한 차별화 마케팅을 구사하고 있다. 이와 같은 양극화 현상은 갈수록 심화되어 더욱 다양한 마케팅 전략이 나타날 것으로 예상된다("인터넷 쇼핑몰 마케팅 양극화", 2004).

* 출처: http://www.samsungmall.co.kr

〈그림 2-3〉 삼성몰 9900원샵

2) 전통적 마케팅과 인터넷 마케팅의 특성 비교

종전의 대중매체를 이용한 마케팅은 소비자의 선택이 전혀 없는 단방향 마케팅으로 공급자 주도로 이루어져 마케팅 활동의 내용 및 마케팅 매체의 선정이 공급자에 의해 결정되었다. 시간, 공간상으로 시장이 한정되어 지역과 국가를 초월한 마케팅을 펼치는 데 많은 비용이 소요됨은 물론 기업 간의 협력, 고객과의 커뮤니케이션도 한정되고, 고객의 반응보다 선도

기업으로서의 주도적 역할이 성공요인이며, 시장에서의 성공제품이나 고객의 기대를 어느 정도 예상할 수 있었다. 이에 반해 인터넷 마케팅은 기업과 고객과의 상호작용을 기반으로 한 쌍방향 마케팅으로서 지역이나 국가, 시간상의 한계를 초월한 글로벌 마케팅이 가능하다. 또한 마케팅부서가 다른 업무부서와 기술적으로 통합되고 기업 간의 전략적 제휴가 중요하며, 고객의 반응이 주요 성공요인으로 마케팅의 효율성이 상대적으로 높다.

Richard and Koray(1997)는 "Corporate Internet Planning Guide"에서 전통적인 마케팅과 인터넷 마케팅의 차이점을 마케팅 환경, 마케팅 성공요소, 기업 내에서의 마케팅 위상, 고객에 대한 관점의 측면으로 보고 다음과 같이 비교하였다(〈표 2-4〉).

〈표 2-4〉 전통적 마케팅과 인터넷 마케팅의 비교

구 분	전통적 마케팅	인터넷 마케팅
마케팅 환경	공간상으로 한정된 시장 기업이 주도적 역할을 담당 기업 내부로 한정된 정보시스템	시장의 경계가 없어짐 고객이 주도적 역할을 담당 외부와 연결된 통합적인 정보시스템
마케팅 성공요인	선도기업으로서의 주도적 역할이 중요 기업 간 협력은 중요치 않음 고객과의 커뮤니케이션이 제한적임	고객의 반응이 주요 성공요인 기업 간의 전략적 제휴가 중요 고객과의 커뮤니케이션이 중요
기업 내 마케팅 위상	마케팅이 상품개발을 주도함 마케팅부서는 마케팅의 전위역할을 수행	마케팅부서가 다른 업무부서와 기술적으로 통합 전사적 마케팅의 중요성 강조
고객에 대한 관점	상품에 대한 고객의 지식과 정보가 적음 고객의 형태와 기대를 어느 정도 예상할 수 있음	고객이 상품에 대한 많은 지식과 정보를 보유 고객을 개인단위로 생각하여 기업 활동에 이용

* 출처: Richard J. G., & Koray, O.(1997). Corporate Internet Planning Guide: Aligning Internet Strategy with Business Goals. Van Nostrand Reinhold Company.

김형택(2000)은 전통적 마케팅이 판매 지향적인 데 반해, 인터넷 마케팅은 고객 지향적이기 때문에 고객에 대한 관점이 대상자에서 동반자의 개념으로 변화하고 고객만족 극대화가 인터넷 마케팅의 목표라고 하였다. 〈표 2-5〉에서처럼 전통적 마케팅과 인터넷 마케팅의 차이를 분석하는 과정에서 전통적 마케팅의 주요기반관리는 경영자원 및 인력이지만, 인터넷 마케팅은 정보(데이터베이스)를 주요기반으로 고객자산이 경쟁력의 원천이라고 보고 있다.

〈표 2-5〉 전통적 마케팅과 인터넷 마케팅의 차이

구 분	전통적 마케팅	인터넷 마케팅
고객에 대한 관점	대상자	동반자
마케팅 개념	판매지향적	고객지향적
마케팅 시스템	거래형/관계형 시스템	연결 마케팅
마케팅 전략	매스 지향적 전략	쌍방향 마케팅 전략
마케팅 목표	매출 극대화	고객 만족 극대화
경쟁력 원천	브랜드 자산	고객 자산
커뮤니케이션 개념	일방향적	쌍방향적
미디어 개념	broadcasting	narrowcasting
활용 매체	대중매체	on-line 매체
유통의 성격	제품 판매 지원 수단	고객 접점 수단
유통 경로관리	제품에 적합한 경로 선택	고객 확보 및 연결 수단
주요기반관리	경영 자원 및 인력	정보(데이터베이스)

* 출처: 김형택(2000). 인터넷 비즈니스 전략 구상을 위한 인터넷 마케팅.com. 서울: 삼각형, p.13.

3) 오프라인 마케팅과 온라인 마케팅의 특성 비교

오프라인 마케팅(off-line marketing)과 온라인 마케팅(on-line marketing)은 고객만족과 경쟁력 확보라는 마케팅전략 목표에는 차이가 없으나, 인터넷이라는 새로운 의사소통 도구의 도입으로 여러 측면에서 전략적 차이를 보이고 있다. 오프라인에서의 일반 마케팅과 온라인에서의 인터넷 마케팅의 특성을 비교하면 〈표 2-6〉과 같다.

〈표 2-6〉 오프라인 마케팅과 온라인 마케팅의 비교

구 분	오프라인 마케팅	온라인 마케팅
전략목표	고객만족, 경쟁력 확보	고객만족, 경쟁력 확보
전략원리	시장세분화, 목표시장설정, 포지셔닝	1:1 관계형성과 고객맞춤
전략요소	자본, 인력 등의 물리적 요소	기술, 고객정보, 아이디어 등의 지적요소
전략제품	한정된 제품에 특화	다양성과 차별성 있는 제품
고 객	지리적으로 한정된 고객	글로벌 가상공간의 고객

* 출처: 박제기(2000). 인터넷 마케팅-전략적 접근. 서울: 율곡출판사.

첫째, 오프라인에서의 일반 마케팅 전략의 적용원리는 고객 전체를 대상으로 마케팅 노력을 수행하기에는 자원의 제약이 있기 때문에 고객을 세분화하여 자사의 경쟁력에 맞는 목표 시장을 선택하고, 목표 고객에게 자사의 강점을 심어주는 STP(segmenting, targeting, positioning) 전략이 효율적이다. 반면, 온라인에서의 인터넷 마케팅은 초기에 고객의 인지와 흥미를 유발시키는 효과가 오프라인 마케팅에 비해 상대적으로 크고 개별 고객의 정보관리가 용이하여 고객과의 1:1관계를 형성하며, 고객의 개별 욕구와 필요에 맞는 고객맞춤전략을 수행할 수 있다.

둘째, 오프라인 마케팅과 온라인 마케팅은 마케팅 수행에 필요한 투입요소에 차이가 있다. 기본적으로 인터넷 마케팅은 서버와 홈페이지, 웹 사이트만 있으면 시작할 수 있으므로 자본 투입이 비교적 적고, 물적 자원이 핵심인 오프라인 마케팅에 비해 지적 아이디어가 핵심이며, 오프라인 마케팅보다 더 넓은 범위의 제품을 다룰 뿐 아니라 디지털 상품까지 그 범위를 확장시킬 수 있다.

셋째, 오프라인 마케팅은 고객이 지리적으로 한정되어 있으나 인터넷 마케팅의 고객은 시간적, 공간적인 제약을 받지 않는다. 인터넷 마케팅을 수행할 경우 웹 사이트를 다국어로 제작함으로써 글로벌 시장에의 접근이 용이하고, 새로운 시장 개척은 물론 기존 시장을 관리하기에도 수월하다. 이와 같은 오프라인 마케팅과 온라인 마케팅의 공통점 및 차이점을 확실히 인식한 다음 마케팅 계획과 전략, 전술을 세우고 수행해야 인터넷 마케팅에서 성공할 수 있다.

Case. 잡화전문몰 '스타일월드'

설립일	2003.03
사업분야	양말 스타킹 손수건 머플러 등
매출액	2004 월평균 3~4천만 원
종업원 수	4명
업계위치	옥션의 파워셀러, 잡화부분 1위

성장요인	활용방안 및 노하우
가격의 차별화	25년간 2대째 잡화업으로 가격경쟁력에 여유
DB의 이용	경매방식의 매매로 치중치 않음
실시간 고객대응	주문받은 즉시 배송을 원칙
인터넷 공동체	신제품 기획시만 참고
전략적 제휴	전문쇼핑몰의 부진으로 옥션에 입점한 것이 주효

　　스타일 월드는 오프라인 매장과 인터넷 쇼핑몰이 있음에도 불구하고 전략적 차원에서 '옥션'을 통한 판매를 시행하여 잡화부분 1위가 된 몰이다. 양말을 주력상품으로 스타킹, 손수건, 머플러 등을 판매하며, 아동용에서 남성용, 여성용은 물론 브랜드 상품도 판매하고 있다. 잡화의 특성상 오픈마켓을 통한 판매 전략이 효과를 거두어 옥션에서 잡화부분 1위를 차지하였으며, 25년간 2대째 잡화업을 이어오고 있어 가격경쟁력을 지니고 있다.

3. 인터넷 마케팅의 전략적 요소

소비자가 원하는 것이 무엇인지를 알아내고, 소비자의 마음을 움직이는 상품을 제공하는 것이 마케팅이 지향하는 근본 개념이다. 그러나 고객의 수가 많아지고 고객의 욕구가 다양화, 전문화되면서 고객의 개별 욕구를 기억하고 충족시키는 것이 어렵게 되었다. 이런 상황에서 인터넷 마케팅은 기업과 고객과의 상호작용성을 바탕으로 기업의 새로운 마케팅 기법으로 각광받고 있다. 인터넷 마케팅을 어떻게 활용하고, 고객을 대상으로 어떤 마케팅을 전개할 것인 가를 이해하기 위해서는 인터넷 마케팅의 전략적 요소, 즉 콘텐츠, 커뮤니케이션, 고객화, 관계형성 및 공동체 형성 등을 알아야 한다(〈그림 2-4〉).

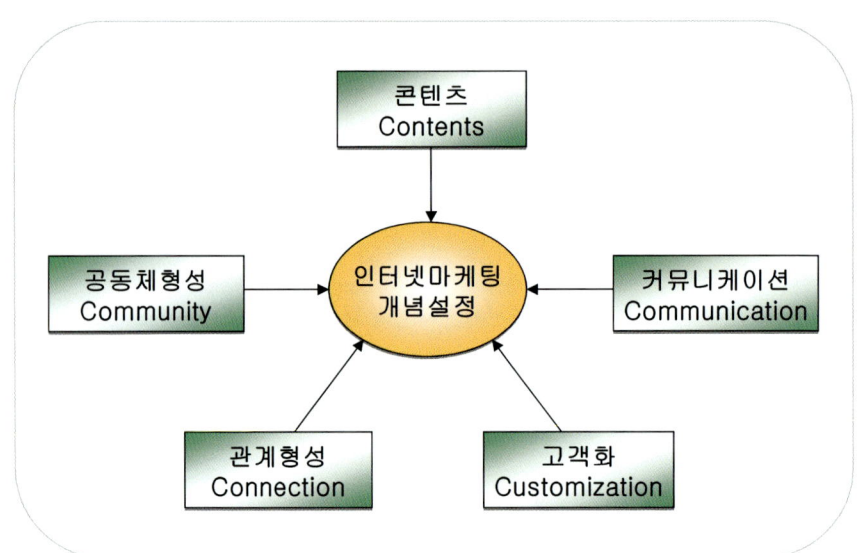

* 출처: 오장균(2003). 인터넷 마케팅. 서울: 청목출판사.

〈그림 2-4〉 인터넷 마케팅의 요소

콘텐츠(contents)

콘텐츠는 인터넷을 통하여 제공되는 각종 정보나 그 내용물을 말하며, 인터넷 마케팅에서의 콘텐츠는 광범위한 유형, 무형의 차별화된 제품을 포함한다. 그러므로 기존 고객을 유지하고 잠재 고객을 확보, 유인하는 가치를 제공하며, 기업은 개별 고객과 상호작용할 수 있

는 콘텐츠를 제공함으로써 고객과의 관계를 창출하고 유지할 수 있다. 콘텐츠는 〈표 2-7〉과 같이 크게 교육, 정보, 오락, 비즈니스의 네 가지의 영역으로 구분되는데, 이들 영역을 구분하여 제공하는 것이 아니라 영역의 믹스를 통하여 새로운 비즈니스 기회를 창출할 수 있다.

〈표 2-7〉 콘텐츠의 유형

구 분	내 용	예
교육(education)	가상교육, 원격교육 등	온스터디
정보(information)	디지털 콘텐츠를 기반으로 한 뉴스레터, 검색엔진 서비스 등	야후, 다음, 네이버, 디지털동아일보
오락(entertainment)	사이버 캐릭터, 음악, 영화 등	렛츠뮤직
비즈니스(business)	인터넷 쇼핑, 인터넷 광고, 인터넷 경매 등	인터파크, CJ몰, 옥션

* 출처: 한국 커머스넷 EC 연구회(2001). 전자상거래 관리사. 서울: 영진닷컴.

커뮤니케이션(communication)

인터넷은 쌍방향 커뮤니케이션이 가능하여 기업 대 기업 커뮤니케이션, 개인 대 개인 커뮤니케이션 또는 기업과 고객의 상호작용을 가능케 하는 커뮤니케이션 등을 할 수 있다. 특히 일대일(one-to-one) 커뮤니케이션 방법을 활용할 수 있기 때문에 구매시점에 가까이 있는 광고가 더욱 효과적이다. 인터넷의 성장으로 전달할 수 있는 정보량이 증가하고 고객에게의 접근방식이 다양해졌으나, 인터넷을 통한 입소문이 큰 영향력을 발휘하면서 고객 개개인의 성향을 파악하고 개별 욕구를 충족시켜야 하는 등 기업의 부담이 커지고 있다.

고객화(customization)

고객화는 기업이 고객의 취향을 파악하여 고객에게 적합한 컨텍스트와 콘텐츠를 제공하는 고객 맞춤과 사용자 스스로가 선호하는 것을 선택함으로써 이용할 수 있는 개인화를 포함한다(추순진, 김상현, 2003). Luedi(1997)는 인터넷 환경에서의 고객화를 일컬어 '웹 사이트를 방문하는 모든 고객에게 동일한 방식으로 응대하는 것이 아니라 각 개인별로 차별화된 서비스를 제공하려는 노력'이라 정의하고, 인터넷 쇼핑몰의 맞춤 서비스, 커뮤니티, e-mail의 전략적 활용, 게시판, FAQ 제공 등이 고객과의 관계를 증가시킨다고 하였다. 이

와 같은 고객화 전략을 통하여서는 고객 충성도를 높임과 동시에 장기적인 수익창출, 마케팅 비용을 절감하며, 최신의 정보제공, 서비스 향상과 같은 방법으로 고객과의 지속적인 관계 유지 및 개별 고객의 만족을 증대시킬 수 있다.

🌿 관계 형성(connection)

관계형성은 오프라인의 관계마케팅에서 강조되고 있는 고객과의 관계설정을 의미한다. 인터넷 쇼핑환경에서 쇼핑몰 수의 증가로 업태 간 혹은 업태 내의 경쟁이 심화되고 기업의 수익성에 많은 문제점이 제기됨에 따라 고객과의 장기적이고 지속적인 관계유지를 위한 관계형성의 중요성이 증가하고 있다. 인터넷상의 기업들은 이용의 편의성, 상품정보 제공, 특별행사 초청, 회원 간의 교제 기회 등 다양한 형태의 마케팅 활동을 수행하고 있으며, 이러한 관계형성에 의해 기업과 고객과의 장기적인 관계 유지가 가능하다.

🌿 공동체 형성(community)

공동체 형성은 유사한 욕구를 가진 고객들이 상호 정보를 교환, 공유하여 긴밀한 관계의 공동체를 형성하는 것을 말한다. Rheingold(1993)는 온라인 공동체를 일컬어 다양한 문화의 집합체로서 충분한 수의 사람들이 빈번히 상호 교류할 때 생긴다고 하였고, Caroll(1998)은 네트워크상에서 구성된 공통의 관심사나 경험을 가지고 상호작용하는 사람들의 집합체로 보았다. 즉, 신체는 그대로 둔 채 지역과 국가를 초월하여 인터넷상에서 상호작용하는 일정 수의 사람들이 공동체를 형성한다고 볼 수 있다. 이렇게 형성된 공동체를 어떻게 유지, 발전시킬 것인가가 인터넷 마케팅의 전략적 핵심이며, 인터넷 공동체는 그 자체만으로도 상업적 가치를 지닌다. 혁신적인 커뮤니케이션 기술의 예로 게시판, 대화방, 인스턴트 메시징 등이 있는데, 이러한 기술은 사회 네트워크(social network)를 확산시키고 기업과 고객 상호 간의 이익을 극대화시킨다. 커뮤니티를 구축한 대표적인 사례로 〈그림 2-5〉에서 제시한 싸이월드(cyworld.nate.com)를 들 수 있다.

〈그림 2-5〉 커뮤니티 사이트 싸이월드

4. 인터넷 마케팅 전략

마케팅 전략이란 마케팅을 할 때 집중해야 할 목표를 결정하고, 경쟁업체에 비하여 우위를 차지할 수 있는 수단을 모색하는 계획으로서 제품, 가격, 유통, 촉진전략의 4P가 적절하게 조화를 이루어 표적시장에 도달하는 데 그 목적이 있다. 디지털 환경하에서는 마케팅 패러다임은 물론 기업과 고객과의 근본적인 관계가 변하고 있어 전통적인 마케팅 수단인 4P가 새롭게 개선될 필요가 있다. 여기서는 인터넷 마케팅 전략을 〈그림 2-6〉과 같이 제품전략, 가격전략, 유통전략, 촉진전략, 고객전략, 그리고 콘텐츠 전략으로 구분하여 살펴본다.

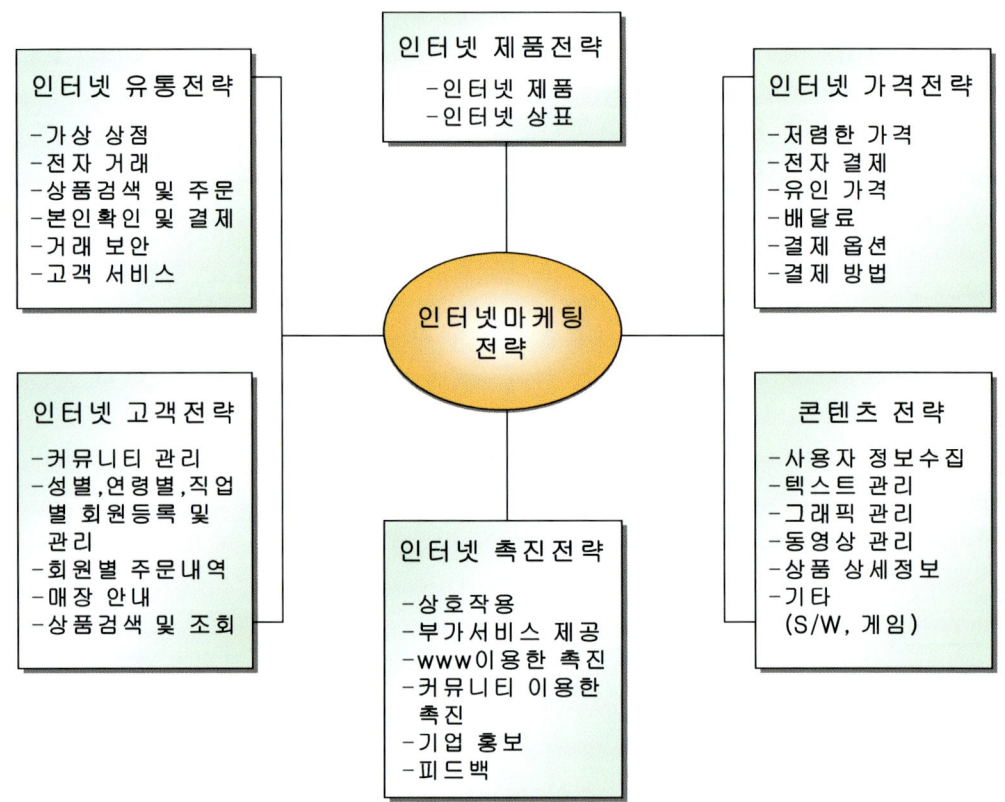

* 출처: 이두희, 한영주(1997). 인터넷 마케팅. 서울: 영진출판사, p.45, 김성희, 장기진 (2003). e-비즈니스원론. 서울: 무역경영사, p.343.의 내용을 연구자가 재정리함.

〈그림 2-6〉 인터넷 마케팅 전략

1) 인터넷 제품 전략

인터넷 제품전략은 기존의 제품보다, 더욱 다양하고 독특한 개성을 추구하는 컴퓨터 세대에 적합한 제품과 일반 시장에서의 상표 충성도를 바탕으로 인터넷 상표를 만드는 두 가지 측면에서 이해할 수 있다. 제품 측면에서 중요한 것은 고객의 개별 욕구에 맞는 제품을 제공하는 것이므로 개인별 선호도나 취향을 파악하고 이를 생산시스템에 활용함과 동시에 고객 스스로 파악하지 못한 잠재적 욕구에 맞는 제품이나 서비스를 제안해야 한다. 이는 디지털 환경의 비즈니스에서 사용하는 고객관계관리(CRM, customer relationship management) 시스템에 의해서 가능하다.

인터넷 사용자들은 일반시장의 소비자들과 여러 가지 측면에서 차이가 있으며, 일반 시장에 비하여 젊고 학력 및 소득이 높으며 상당한 구매력을 지니고 있다. 이런 매력적인 소비시장을 선점하기 위해서는 기업을 알리는 것 이상으로 상표 충성도가 중요하다. 인터넷상에서의 상표 충성도(brand loyalty)는 베네통(benetton)과 같이 일반 시장에서의 상표 충성도를 그대로 인터넷에서 활용하거나, 기존 상표와는 별도로 인터넷에서만 통용되는 고유의 인터넷 상표(internet brand)를 만드는 것으로 구분된다. 인터넷에서만 구매할 수 있는 패션 브랜드로는 디지털컨셉(주)에서 선보인, 20대~30대 인터넷 사용자를 타깃으로 한 '리튜믹벡스(RITIUMIC VEX)', 개성이 강한 젊은 층을 공략하는 가수 심은진의 '지바고(Z'BAGO) 등 젊은 디자이너나 연예인, 일반인들이 인터넷 쇼핑몰을 오픈하면서 패션 브랜드를 런칭하는 것이 대표적인 예이다(〈그림 2-7〉).

* 출처: http://www.vex.co.kr

〈그림 2-7〉 인터넷 패션 브랜드 리튜믹벡스

2) 인터넷 가격 전략

인터넷 쇼핑의 가장 큰 특징은 저렴한 가격이지만, 단순히 가격인하만으로 까다로운 소비자를 만족시킬 수 없다. 가격인하를 할 경우 경쟁사보다 훨씬 매력적인 가격을 제공하거나,

그렇지 않다면 가격 대비 가치 있는 제품 및 서비스를 제공함으로써 소비자 만족도를 높여야 한다. 인터넷상에서는 소비자가 직접 쇼핑몰을 방문하지 않고도 제품별 가격비교가 가능하기 때문에 상점들 간의 가격 경쟁이 심화될 수밖에 없다. 그러므로 인터넷 쇼핑몰에서는 가격 인하 외에 다양한 가격 옵션 및 결제방식을 통하여 고객을 유인하고 판매를 증가시켜야 할 것이다.

🌿 가격 인하

인터넷 가격이 저렴한 이유는 물리적인 매장이 필요 없으므로 이를 구입 혹은 임대하기 위한 비용과 유지비가 절감되기 때문이다. 일반 상점과 달리 종업원이나 주인이 계속 상점에 거주하며 고객에게 설명하지 않아도 되고, 고객은 제품에 대한 상세정보나 FAQ(frequently asked question), 게시판 등을 통하여 궁금증을 해결할 수 있다. 또한 판매 시 발생되는 모든 문서작업을 자동화할 수 있고, 중간상인이 개입하는 유통단계를 줄임으로써 낮은 가격구조로 상품을 소비자에게 공급할 수 있다. 보통 인터넷 상점들은 기존 상점보다 10%~40%까지 할인하고 있으며, 패션상품의 경우 오프라인에 비해 온라인에서의 가격할인 폭이 넓은 편이다.

🌿 배달료

인터넷으로 주문을 하면 택배를 통해서 소비자에게 전달되므로 실제 물건 값이 저렴하더라도 운송료에 따라 값이 상승할 수 있다. 물론 오프라인 구매에서의 대중교통비, 주유비 등을 고려하면 택배비가 크게 비싸지는 않지만, 상품 주문과정에서 택배비가 부과될 경우 소비자들은 배송료 부담을 느낀다. 이런 부담을 줄이기 위해서는 다양한 배달 옵션을 제공하고, 전문적이며 가격이 싼 배달 업체를 선정하는 것이 중요하다. 패션상품의 경우 구매금액이 5만 원 이상일 때 무료배송인 업체가 많으며, 배송료는 보통 2,500원~3,000원 정도이다. 인터넷 초기에는 4,000원~5,000원의 높은 배송료에 배송지연, 분실, 파손 등 문제점이 많았으나, 운송사업이 안정기에 접어들면서 당일배송 시스템(발송 후 1일 만에 고객에게 도착하는 시스템), 안전 배달, 분실 및 파손에 대한 보상 등이 신속하게 이루어지고 있다. 배송료가 상당히 높은 해외 판매의 경우 지역에 따라 배송료에 차이가 나므로 배달조건과 가격 차이를 명기하고 배달 기간도 알려주어야 한다.

🌿 가격 유인

인터넷 쇼핑몰에서 전략적으로 수립할 수 있는 가격유인정책으로 일부 품목을 매우 저렴한 가격으로 파는 가격할인, 정상상품에 유인상품을 추가로 넣어서 판매하는 묶음판매, 세트 상품 구매 시 일정 금액의 가격할인 등을 예로 들 수 있다. 이는 고객의 선호도와 고객 수를 증가시킨 후 다른 품목을 정상가격에 구입하도록 유인하는 전략으로서, 책과 소프트웨어 및 하드웨어, 유행이 지난 의류 등이 대표적인 가격유인 상품이다.

🌿 결제방법 및 옵션

인터넷 쇼핑을 통한 상품 구매에서는 결제방법이 매우 중요한 요소이다. 왜냐하면, 대부분의 소비자들이 인터넷 결제에 따른 보안 문제나 개인 신상정보의 누출 등에 민감하게 반응하기 때문이다. 인터넷 초기에는 보안 문제가 인터넷 쇼핑의 저해요인으로 부각되었으나, 지금은 대부분의 쇼핑몰에서 보안 시스템을 도입하고 있어 소비자들의 인터넷 결제에 대한 거부감이 많이 완화된 상황이다. 인터넷을 통한 결제 방법으로는 온라인 송금, 신용카드 결제, 실시간 계좌이체, 전자화폐, 핸드폰 결제 등이 있으며, 이 중에서 소비자들이 가장 선호하는 결제방법은 온라인 송금과 신용카드 결제이다.

인터넷 패션 쇼핑몰 중에서 가격 인하 및 가격 유인으로 성공한 예로 하프클럽을 들 수 있다. 하프클럽(halfclub)은 온라인 전문 패션 브랜드 할인매장으로서 나이스클럽, 주크 등 대현그룹 브랜드 여성의류를 최고 80%까지 할인하며 남녀 아동복은 물론 푸마, 아이다스, 스프리스 등 다양한 종류의 스포츠의류와 신발을 판매한다. 브랜드 의류라는 장점으로 인하여 소비자 신뢰도가 높고, 품질 좋은 상품을 저렴한 가격으로 제공함으로써 단기간에 성공함은 물론 장기적으로도 인지도를 높이고 있다(〈그림 2-8〉).

* 출처: http://www.halfclub.com

〈그림 2-8〉 패션 브랜드 할인몰 하프클럽

3) 인터넷 유통전략

인터넷 비즈니스는 기존 시장에서의 물리적 영역과 가상 영역이라는 두 영역에서 경쟁하고 있다. 가상 영역이란 컴퓨터가 제공하는 환경인 가상공간에서 소비자가 제품을 찾아 구매할 수 있도록 만들어진 가상의 시장영역이다. 이런 가상시장에서 인터넷을 통하여 제품을 판매하기 위한 전략이 바로 인터넷 유통 전략이며, 인터넷 유통경로와 기존 상품 유통경로의 가장 큰 차이점은 공간에 있다. 예를 들어, 인터넷에서는 대리점이나 백화점과 같은 건물이 아니라 컴퓨터 속의 가상공간에서 거래가 이루어진다. 인터넷 쇼핑몰은 전자우편 등을 통해 상품 정보를 전달하거나 웹 페이지에서 이미지를 다운 받을 수 있도록 링크를 걸어 놓는 것만으로 유통의 채널 역할을 하며, 소비자는 이를 이용해 쇼핑하고 인터넷을 통하여 주문, 결제, 구입한다(김진우, 1999).

기업의 입장에서 인터넷 유통은 제품 전시공간의 제약이 적다. 우리가 실생활에서 이용하는 백화점의 경우 아무리 많아도 2만여 가지 이상의 제품을 전시하기 어렵고 이를 관리하기 위한 인적, 물적 자원이 과다하게 소요되는 데 반하여 가상공간에서는 공간적 제한 없이 무한한 양의 제품을 전시할 수 있다. 인터넷 유통과정에는 중간상인이 거의 없이 제조업체와 인터넷 쇼핑시장, 그리고 소비자 가격이 존재한다. 중간상인이 있다 하더라도 가상 백화점 운영비가 실제 백화점을 운영하는 것에 비해 훨씬 저렴하기 때문에 인터넷 쇼핑의 물건 값이 상대적으로 저렴하다.

소비자 입장에서는 제품선택이 용이하고, 주문에서 결제, 배달 등의 전 과정이 모두 한 자리에서 해결되며, 쇼핑을 위한 응용 프로그램이 문자 위주에서 그래픽 위주의 사용자 공간을 도입함으로써 사용자가 보다 현실감 있게 쇼핑을 할 수 있다. 원하는 제품이 있는 곳까지 왔는데 그 제품의 기능에 대해 알고 싶을 경우 쉽게 정보를 얻을 수 있으며, 제품 및 가격 비교가 가능하여 다른 채널에 비하여 계획구매가 이루어진다. 뿐만 아니라 구매를 강요당할 염려가 없고, 제품 정보뿐만 아니라 제품에 대한 불만사항이나 요구사항이 있으면 언제든지 해당 기업에 의견을 제시할 수 있다.

인터넷은 전 세계 시장과 연결된 개방성을 지니고 있어 인터넷 사업을 도모하는 기업의 경우 제품 관리나 서비스 관리를 철저히 해야 한다. 그러나 기존의 오프라인 유통채널이 상존하는 가운데 새로이 온라인 유통채널이 생성되면 다양한 마찰이 발생한다. 이러한 마찰을 해소하는 방안으로는 다음과 같은 것들이 있다(임규건 외, 2005).

♨ 채널 기능의 차별화

오프라인에서는 판매, 온라인에서는 카탈로그 혹은 A/S 신청 등으로 각 채널의 기능을 달리하는 것이다(〈그림 2-9〉). 패션 브랜드에서는 온, 오프라인의 채널기능을 달리하는 전략을 실시하는 경우가 많다.

♨ 목표 기능의 차별화

오프라인은 수익증대, 온라인은 고객확보를 목표로 하는 것과 같이 목표하는 기능을 차별화한다. 온라인은 오프라인에 비해 신규고객 유치 및 기존 고객과의 관계 강화가 비교적 수월하게 이루어진다.

♨ 목표 기능의 차별화

오프라인은 수익증대, 온라인은 고객확보를 목표로 하는 것과 같이 목표하는 기능을 차별화한다. 온라인은 오프라인에 비해 신규고객 유치 및 기존 고객과의 관계 강화가 비교적 수월하게 이루어진다.

🌿 고객가치의 차별화

일반적인 서비스는 온라인으로 받지만 프리미엄 서비스는 오프라인으로 받게 하는 등 고객의 가치를 차별화한다. 예를 들어, 고객 모두가 온라인 서비스를 이용할 수 있으나 프리미엄 고객에게만 패션쇼, 연극, 특별 강연회 등의 초청장을 제공하는 것이다.

* 출처: http://www.ziozia.co.kr

〈그림 2-9〉 패션 브랜드 지오지아의 e-catalogue

🌿 채널 구성원 간의 협조

상호이익의 분배라든지 인센티브 등을 통하여 채널 구성원 간에 협조할 수 있는 체제를 구축한다. 온라인과 오프라인을 동시에 활용하고 있는 기업일 경우 판매에 따른 인센티브를 제공한다면 채널 구성원 간의 협조를 유도할 수 있다.

🌿 유통전략

오프라인은 포기하고 인터넷을 활용한 온라인 유통 역량을 강화하는 경우이다. 예컨대 오프라인 유통에 소요되는 비용을 절감하고 온라인 유통에서 가격 절감을 실현하기 위하여 오프라인 유통을 과감하게 포기할 수도 있다.

4) 인터넷 촉진 전략

Kernan, Dommermuth와 Sommers(1970)는 촉진을 일컬어 '구매자가 판매자의 정보를 수용하고 기억할 수 있도록 판매자에 의해 행해지는 설득을 위한 모든 노력'이라고 정의하였다. 촉진 전략은 기업이나 제품, 서비스에 대한 가치와 효용성을 목표 고객에게 알림으로써 호의적인 반응을 얻기 위하여 행해지는 모든 커뮤니케이션 활동이며, 전통적인 마케팅의 촉진전략으로는 광고(advertising), 기업홍보(public relation), 판촉(sales promotion), 대인판매(personal selling) 등이 있다. 인터넷 마케팅에서의 촉진 전략은 도메인명(domain name) 전략, 이메일(e-mail) 마케팅 전략, 판매 촉진 전략, e-Business 광고 및 e-Business PR 등이 있는데, 인터넷 촉진 전략이란 최종소비자의 필요와 욕구를 충족시킬 수 있는 상품과 서비스를 제공하기 위해 인터넷으로 제품 가격, 판매 경로, 판촉 및 유통 등의 경영 활동을 수행하는 것이라 할 수 있다(정인근, 2002).

인터넷 촉진은 단순한 광고가 아니다. 광고를 비롯하여 판매촉진, 기업홍보, 소비자 보호, 제품설명, 카탈로그 혹은 제품정보 등 다양한 촉진방법이 인터넷이라는 하나의 매체를 통하여 가능하다. 때문에 인터넷 촉진활동을 도모하는 기업에서는 그 목적을 분명히 하고, 기업의 현재 목표를 달성하기에 적절한 방법을 선택하며, 이를 인터넷 활동의 모든 부분에 적용시킬 필요가 있다. 기업이 인터넷을 촉진활동에 활용하는 전략으로는 다음과 같은 여러 가지 유형이 있다(이두희, 한영주, 1997).

🌿 기업 홍보 매체로 활용

전 세계의 다양한 고객에게 기업에 관한 각종 정보를 신속, 정확하게 제공함으로써 인터넷을 기업홍보의 매체로 활용하는 것이다. 이를 위하여 웹 사이트에서 회사소개, 회사 비전이나 철학, 기업이념, 주요 상품이나 서비스에 대한 정보, 인력채용정보, 재무정보, 기업에 대한 의견을 보낼 수 있는 커뮤니케이션 공간 등을 제공한다.

🌿 상품 정보 및 부가서비스의 제공

인터넷을 통하여 상품이나 서비스에 대한 정보, 웹 매거진과 같은 부가서비스를 제공함으로써 판매를 유도하는 광고도구로 활용한다. 이때 제품 정보는 그래픽, 동영상, 사진 등 다양한 형태로 구성하고, 패션상품처럼 시즌성이 강한 상품은 신속하게 업데이트하며, 신상품이나 기능 향상 등에 대한 정보를 수시로 추가할 수 있다.

🌱 캠페인 정보제공 및 시장조사 도구

인터넷은 단순한 제품광고뿐만 아니라 기업에서 실시하고 있는 각종 캠페인에 관한 정보 제공이나 시장조사 도구로 활용할 수 있다. 예를 들어, 화장품 회사에서 신상품 시장조사를 위하여 인터넷 고객에게 샘플을 증정하고 그 결과를 피드백 받음으로써 시장호응도의 예측이 가능하다.

🌱 고객만족경영을 위한 도구

기업은 웹 사이트를 통해 고객의 불만이나 의견을 24시간 접수하고 분석, 파악하여 신상품 및 서비스 개발에 적극 활용할 수 있다. 이를 위하여 제품 매뉴얼 데이터베이스, FAQ 데이터베이스, 가공정보 데이터베이스, 소비자 교육정보 데이터베이스 등을 구축하고, 전자우편을 통하여 접수된 소비자 의견을 관련 부서로 피드백하는 시스템을 갖추어야 한다.

🌱 내부 커뮤니케이션 도구

웹 사이트를 내부 커뮤니케이션용으로 사용하여 모든 직원들의 기업 이념이나 비전, 마케팅 전략 등에 대한 이해를 도모하고, 소비자에게 적절한 서비스를 제공하는 데 활용한다. 또한 직원들은 웹 사이트를 통하여 기업 내 자신의 업무를 이해하고 자신의 업무와 직접 연결할 수도 있다.

인터넷을 통한 촉진활동의 가장 큰 장점은 기업과 소비자 간의 상호작용에 있다. 과거의 촉진활동이 기업에서 소비자를 향한 일방적인 것이었다면, 인터넷 촉진활동은 기업에서 정보를 제공하고 소비자가 직접 원하는 정보를 얻으며 서로가 피드백되는 쌍방향성을 지닌다. 이때 기업은 소비자를 자사 홈페이지로 유인할 수 있는 촉진전략을 펼쳐야 함과 동시에 각종 촉진전략으로 소비자의 구매행위를 이끌어내야 한다.

5) 고객 전략

정보화 사회에서의 기업은 고객과의 쌍방향 커뮤니케이션을 바탕으로 고객이 무엇을 필요로 하고 원하는지를 파악할 수 있어야 다양하고 개성화, 전문화된 소비자의 욕구를 충족시킬 수 있다. 이제 고객은 수동적인 입장이 아니라 정보의 생산 혹은 자신이 구매하고자 하는 상품 및 서비스의 내용과 질, 나아가 가격까지 스스로 참여하여 결정하기를 원하는 능동적인 입장에 있다. 이러한 고객을 효율적으로 관리하기 위한 방안으로 고객 커뮤니티를 들 수 있는데, 커뮤니티의 중요성은 직접적으로 구매를 촉진하는 활동보다는 구매가 발생할 수 있는 환경을 제공하는 데 있다(김성희, 장기진, 2003).

커뮤니티가 기업에게 주는 이점은 고객을 유치하고 표적대상을 찾는 데 드는 비용을 줄여주며, 고객의 구매를 촉진시킨다는 점이다. 또한 고객의 인적사항, 거래정보 등을 확보하기가 편리하기 때문에 일대일 마케팅과 표적 마케팅(target marketing)이 유리하며, 커뮤니티를 통하여 기업에 대한 호감을 고객끼리 교환 혹은 생성할 수도 있다. 이러한 커뮤니티는 기술 중심, 정보전달의 효율성을 추구했던 과거의 웹 환경과 달리 블로그, 미니홈피 등을 통한 참여 혹은 공유, 사용자 중심철학을 통해 보다 나은 삶을 실현하려는 웹 2.0 시대의 핵심이다. 인터넷의 사회적 네트워킹 기능(social networking system)은 오프라인에서의 '연줄' 개념을 뒤흔들며 디지털 사회에 맞는 새로운 '인맥' 문화를 형성하고("포털시대 끝나고 유저시대 온다", 2006), 이러한 사회적 관계가 개인의 쇼핑에도 영향을 미쳐 오픈마켓이나 종합 쇼핑몰, 전문 쇼핑몰 등에서는 쇼핑 블로그와 같은 커뮤니티를 통하여 사용자 중심의 쇼핑문화를 구축하고 있다.

지금의 소비자는 소비자의 역할에만 충실하지 않고 소비자임과 동시에 생산자(프로슈머, prosumer)이고, 또한 유통자(디슈머, disumer)가 될 수 있다. 이는 디지털 경제가 활성화되면서 생산자, 유통자, 소비자 간의 규정된 역할 분담이 파괴되고 소비자 중심의 역시장이 도래한 것에 원인이 있다. 대표적인 예로 소비자가 가격을 결정하는 경매 혹은 역경매, 소비자가 자기의 수요를 광고하는 역광고, 소비자끼리의 상거래인 벼룩시장 등을 들 수 있는데, 티셔츠 전문 쇼핑몰인 T09에서는 사이트 이용자가 디자인한 티셔츠 중 투표수가 많은 우수 디자인에 대하여 기간 내 추천 수, 리플 수 등을 반영한 운영진 심사를 통하여 상품을 제작하는 곳으로 유명하다(〈그림 2-10〉).

* 출처: http://www.t09.co.kr

〈그림 2-10〉 티셔츠 전문 쇼핑몰 T09

6) 콘텐츠 전략

전통적인 마케팅에서의 4P 전략은 인터넷 환경에서 4C로 인식되며, 4C는 소비자(consumer), 가격(cost), 편익(convenience), 커뮤니케이션(communication)을 의미한다. 4C의 하나로서 고객이 인터넷상에서 첫 번째로 만나는 것은 제품 그 자체가 아니라 콘텐츠이므로(정인근, 2002), 콘텐츠를 어떻게 구성하는가에 따라 인터넷 비즈니스의 성패가 달라질 수 있다. 콘텐츠는 단순한 정보만이 아니라 사용자가 네비게이션(navigation)에 얼마나 빠르게 도달할 수 있는가를 고려해야 하며, 다양한 취미, 오락적인 요소와의 연계를 통하여 사용자가 즐길 수 있는 내용으로 구성되어야 한다. 여기에 멀티미디어를 기반으로 인간의 지적 창의성을 포함하고 있어야 하는데, 이러한 콘텐츠는 인터넷 비즈니스에서 잠재 고객을 회원으로 확보하는 데 주요한 요인이 될 수 있다.

일반적으로 웹 콘텐츠로서 유의해야 할 사항은 다음과 같다(김성희, 장기진, 2004).

- 참신하고 신선한 내용의 정보 콘텐츠를 제공한다.
- 콘텐츠의 다양한 정보력에 중점을 둔다.
- 계속적, 지속적으로 콘텐츠를 개발한다.
- 제작 시 고객이 참여한다.
- 고객의 데이터베이스를 활용하여 개개인의 개별화된 콘텐츠를 제공한다.
- 최상의 콘텐츠로서 고객관리전략과 상호정보가 이루어진다.
- 외부의 콘텐츠와 연결하여 자체의 소홀한 내용을 상호보완 한다.

Case. 화장품 브랜드 '미샤'

설립일	2000.01
사업분야	여성포털사이트 '뷰티넷'에서 '미샤' 온라인판매 시작
매출액	02.12. 50억 원, 03.2. 160억 원, 04.12 1,000억 매출
종업원 수	100만 명(03.12)
업계위치	저가격, 고품질의 화장품 선도업체

성장요인	활용방안 및 노하우
가격의 차별화	단독매장을 통해 판매를 계획, 대리점 마진이 없음
DB의 이용	고객의 연령분포나 직업별 취향 등을 파악해 대처
실시간 고객대응	고객 상담과 모니터의 활용 및 사용 후기 등을 통해 고객을 적극적으로 유도
인터넷 공동체	제품평가단을 모집, 제품후기를 '고객의견란'에 활발하게 올려준 사람에게 3,300원에 화장품 풀세트 증정
전략적 제휴	2003년 9월 가맹점을 모집하기 시작하여 1년도 안 되어 100호점을 돌파, 매출급증

　미샤는 '화장품은 비싸야 좋다'는 인식을 깨고 인터넷을 통해 대량판매가 이루어지는 계기를 마련한 화장품 브랜드이다. 미샤는 인터넷 커뮤니티를 통해 제품평가단을 모집하고, 제품 후기를 작성하기만 하면 화장품 풀세트를 3,300원에 공급한 초저가 선심정책으로 인터넷 판매초기의 어려움을 극복함과 동시에 대량판매의 동기를 만들었다. 이러한 여세를 몰아 2003년 9월 가맹점을 모집하기 시작한 지 불과 1년도 안 되어 100호점을 돌파하게 되었다. 미샤의 커뮤니티 운용 전략은 차세대 인터넷과 관련하여 주목할 만한 마케팅전략이라 할 수 있다.

독특한 컨셉의 패션 인터넷 쇼핑몰이 잇따라 등장하면서 패션업계에 신선한 바람이 불고 있다. 이들 쇼핑몰의 특징은 만져보거나 입어 보고서 살 수 없다는 인터넷 쇼핑의 약점을 보완하고 소비자들에게 쇼핑 자체의 즐거움을 선사한다. 오프라인보다 40% 이상 저렴한 가격에 질 높은 패션 콘텐츠의 제공, 다양한 커뮤니티 등으로 인터넷 쇼핑의 매력에 빠져들게 한다. 예를 들어, 쇼핑하면서 음악을 듣고 게임을 즐길 뿐 아니라 요리도 배울 수 있는 웹 사이트 구성이나, 온라인으로 쇼핑을 하고 오프라인 피팅 룸에서 입어볼 수 있는 공간을 마련하는 등 패션상품의 유통에서도 인터넷이 대세다.

제Ⅱ부
패션상품의 인터넷유통

제3장 인터넷과 패션상품

소비자들이 가장 선호하는 상품 1위로 부각될 정도로 인터넷에서의 패션상품은 유혹적인 메시지를 지닌다. 인터넷 쇼핑몰에서는 전문 모델은 물론 쇼핑몰 운영자, 일반인들이 입은 패션상품에 대한 구매충동에 패션 소비자들로 가득하다. 그렇다면 패션상품의 어떤 매력이 인터넷 소비자의 구매를 이끄는가? 이를 이해하기 위하여 패션과 패션상품에 대하여 알아보고, 인터넷에서의 패션상품의 종류 및 특성을 살펴본다.

1. 패션과 패션상품

1) 패션이란 무엇인가?

패션(fashion)이란 라틴어 '팩티오(factio, 행위, 동작)'에서 유래된 말로서 '만드는 것, 행하는 것'을 뜻한다. 패션의 정의는 매우 다양하여 Nystrom(1928)은 일정 기간 동안 유행된 스타일 이외에 공동의 지적 활동으로 동일 자극에 대해 동일한 방법으로 반응함으로써 성립되는 현상이라 하였고, Simmel(1904)은 개인적 차별화에의 욕구와 사회적 공통화에의 욕구, 즉 개성화와 동조화라는 심리적 반응이라 하였다. 사전적 의미에서는 '일정한 기간 내에 사회의 상당수의 사람들이 그들의 취미, 기호, 사고방식과 행동방식 등에 의해 이루어지는 의상관계의 유행(패션 큰 사전)' 혹은 '어떤 특정한 감각이나 스타일의 의복 또는 복식품이 집단적으로 일정한 기간에 받아들여진 것(백과사전)'이라고 정의하고 있다.

요약하면, 패션이란 '일정한 사회에서 일정 기간 내에 다수의 사람들이 어떤 자극에 대해 일으키는 사회적 동조행동의 한 형태'로서, 패션화 현상이 가장 많이 나타나는 분야가 복식이기 때문에 복식에 한정짓는 경우가 많다. 그러나 패션이라는 의미 속에는 산업 디자인이나 인테리어 디자인, 메이크업, 헤어스타일, 음악, 춤, 언어 등에 이르기까지 매우 광범위한 분야가 포함된다. 따라서 의복을 포함하여 구두, 액세서리, 인테리어, 가구, 요리 등 유행을 따르

는 것이면 모두 패션이라 할 수 있다.

패션은 인간의 사회적인 상호작용의 징표로서 개인의 생활양식을 나타내는 상징임과 동시에 자신을 표현하는 수단이며 사회문화적 환경의 표출이다. 이러한 패션은 대상과 과정이라는 개념을 지니는데, 여기서 대상(對象)이란 의복스타일이나 특정 디테일 등을 말한다. 그리고 과정(過程)은 새로운 패션이 사람들에게 소개되어 대중 수용으로 이행되는 과정으로서 사회, 심리, 경제, 문화적 요인들에 의하여 그 전파속도와 수용도가 달라진다(정혜영, 1989). 패션의 수용과정은 유행으로 나타나 발생에서 정점, 소멸의 단계를 거치면서 하나의 주기를 형성하며, 패션이 발생해서 소멸 혹은 정착되기까지의 시간적 추이를 패션의 수명이라 한다.

일반적으로 하나의 스타일이 유행의 파도를 타고 전파될 때는 그 인기가 절정에 달했다가 다시 하강하는 움직임을 보인다. 이를 일컬어 패션 사이클(fashion cycle)이라 하며, 〈그림 3-1〉에서처럼 크게 도입기→수용기→쇠퇴기의 3단계를 거친다. 다른 말로 특이화 단계, 경쟁단계, 경제적 경쟁 단계라고도 하는데 현대의 패션주기는 갈수록 짧아지고 단계의 혼합 현상이 심화되고 있다. 각 단계별로 패션의 수용과정을 살펴보면 다음과 같다.

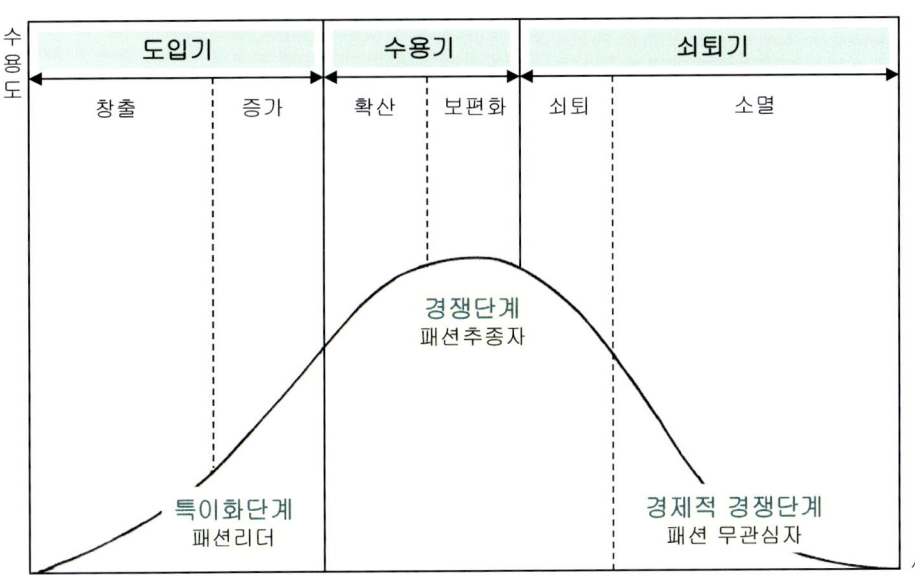

* 출처: Fringes, G. S.(2004). Fashion from Concept to Consumer. 8th ed, Prentice-Hall Career & Technology, p.66의 내용을 연구자가 재정리함.

〈그림 3-1〉 패션 사이클

🌸 특이화 단계(distinctiveness stage)

소수의 사회 리더들이 새로운 스타일의 상품을 수용하여 일반 대중과는 다르다는 특이성이 강조되는 단계이다. 외국 잡지, 패션쇼 등의 정보를 통하여 일부 부유층이나 여배우, 패션리더들에 의해 상품이 채택, 수용되기 때문에 대부분이 고가격이다. 이 단계의 상품정책에서 고려할 사항은 새로운 모드와 유행이 과거 유행요소에서 급격히 이탈할 경우 패션리더에 의해 채택되지 않을 수 있다는 점이다. 따라서 최근의 사건과 유행에 관련된 원리를 충분히 관찰하고 이를 고려한 상품기획이 요구된다.

🌸 경쟁 단계(emulation stage)

일명 모방 단계라고도 하며, 패션 리더가 채택한 새로운 유행이 이를 모방하려는 패션 추종자에게 확산됨으로써 업계 경쟁이 심화되어 상품 가격이 다소 하락한다. 이는 다시 확산과 보편화 단계를 거치는데, 이 단계의 상품정책 수립 시 패션 리더들이 제시한 스타일 중에서 일반대중이 흥미를 느끼는 것이 무엇인가를 세심하게 관찰해야 한다. 다시 말해 세계적 사조(思潮)나 디자이너의 의지 등으로 어느 정도까지 유행이 형성되더라도 소비자의 감각에 어필하려면 소비자의 기호에 맞는 스타일을 창출해야 하는 것이다.

🌸 경제적 경쟁 단계(economical emulation stage)

형성된 유행 상품이 대량생산, 염가 공급되는 단계로서, 일반 추종자 혹은 패션에 무관심한 사람들이 상품을 구매한다. 이들은 많은 사람들이 입은 후 혼자 남는 것이 불안하여 유행의 시류에 뛰어들거나 저가의 할인된 가격으로 유행상품을 구매하고자 하는 경제적 집단이라 할 수 있다. 업계에서는 재고를 남기지 않으려는 목적으로 최대 50% 정도까지 할인 가격으로 제공하며, 이 시기에는 현재의 유행이 소멸하면서 새롭게 시작하는 유행과 공존하게 된다.

이와 같은 패션은 끊임없이 변화하는 성격을 지닌다. 패션이 변화하는 요인으로는 소비자의 필요(needs)와 욕구(wants)의 변화, 신기한 것과 기발한 것에 대한 동경, 오래된 것에 대한 싫증, 사회경제적 조건이나 환경 변화 등을 들 수 있다. 패션의 유행은 옷만이 아니라 지구 곳곳에서 일어나는 사건, 세계인의 관심, 시대정신, 공감하는 이슈, 예술 사조 및 사회문화적 현상 등 시대를 반영하는 모든 것을 종합하는 특성을 지닌다. 이런 점에서 유행은 대다수 사회 구성원들의 공통적인 시대정신에 입각하여 다수에 의해 자연스럽게 받아들여지는 사회

적 현상이며, 유행의 전파 속도가 느리고 빠른 것은 각 민족의 의식구조, 즉 문화적인 배경과 밀접한 관련이 있다.

패션을 문화의 한 형태로 볼 때 새로운 문화를 수용하면 그 문화의 복식 또한 받아들일 수밖에 없다. 이와 같은 문화전파가 이루어지기 위해서는 문화 간의 접촉이 선행되며, 접촉 방법은 직접적 접촉과 간접적 접촉으로 구별된다. 직접적 접촉이란 무역, 통혼, 의례적 방문 등을 통하여 새로운 상품이나 지식, 풍속, 제도 등이 전달되는 것이고, 선교사나 교육자, 여행가 등에 의하여 문화요소나 문화복합이 한 사회에서 다른 사회로 전해지는 것을 간접적 접촉이라 한다. 일반적으로 사회구조적인 문화특성이나 인간관계, 정서, 가치관과 같은 비물질 문화는 전파속도가 늦고, 종교적 특성이나 의식주, 기계류와 같은 물질문화는 쉽고 빠르게 전파된다(이광규, 1980).

예를 들어, 1960년대 후반 미국 젊은이들의 히피 정신과 문화를 대변한 히피 패션(hippie fashion)은 1990년대 뉴 히피 룩(new hippie look)으로 재현되면서 전 세계적인 유행을 이끌었다. 이때 유행된 뉴 히피 룩의 특징인 여러 종류의 옷을 겹쳐 입어 멋을 내는 레이어드 스타일(layered style)이나 인디언 스타일의 헤어밴드, 두건, 액세서리 등은 패션문화 전파의 대표적인 예라 할 수 있다(〈그림 3-2〉).

* 출처: http://blog.naver.com/llllo3ollll, http://blog.naver.com/whaosldkdsu, http://imagebingo.naver.com/album

〈그림 3-2〉 패션문화의 전파(히피패션)

최근 들어 미국 등에 비해 소비시장 규모가 작은 우리나라에서 정상적인 유행 주기를 밟지 않는 경우가 나타나고 있다. 즉, 유행의 정점에 이른 트렌드가 쇠퇴기를 거치지 않고 그 자리에 증발해 버리는 현상으로, 패션 머천다이저나 디자이너들에 의해 기획된 다음 트렌드가 재빨리 진입함으로써 상종가인 유행만이 연속되도록 만드는 것이다. 그 이유 중의 하나로 인터넷의 영향을 들 수 있는데, 인터넷으로 인하여 유행의 확산 속도가 빨라져 쇠퇴기를 거치지도 못한 채 새로운 유행의 물살로 거대 이동이 일어난다. 그렇다면 왜 이렇게 소비자들이 새로운 유행으로 빨리 이동하는가? 이는 소비 행위가 개인의 독특성을 표현하기에 좋은 영역이기 때문이다. 다른 사람들과 자신을 구별하기 위해 어떤 물건을 구매하거나 자신의 소유물을 드러내는 것은 일상에서 빈번히 일어나는 행동이면서도 구별의 욕구를 충족시킬 수 있다.

남들이 갖지 않은 특이한 물건을 가지고 다니거나, 남들과 다른 색다른 옷차림을 하는 것과 같은 독특성 추구현상은 개성 표현에 매우 적절하며, 개인주의적 가치가 상대적으로 강한 젊은 세대에게서 두드러진다. Tepper, Bearden과 Hunt(2001)는 소비자의 독특성 욕구를 학문적으로 접근하면서 타인과 달라지고자 하는 비순응적인 구별성을 추구하려는 소비자의 욕구라고 정의하였다.

다시 말해 물건을 선택하고 구매할 때의 중요한 기준이 남과 다른 독창적인 선택(creative choice)인가, 대중적이지 않은 독자적인 선택(unpopular choice)인가, 그리고 다른 사람들과 과연 다른 것인가 하는 유사성의 회피(avoidance of similarity)가 바로 독특성 욕구인 것이다.

이 개념을 가지고 한국 대학생과 미국 대학생의 독특성 욕구 수준을 비교한 결과, 한국 대학생이 미국 대학생보다 독특성 욕구가 높은 것으로 나타났다. 한국 소비자의 경우 연령과 소득 수준 등에 따라 독특성 추구 경향성에 차이를 보여 10대 젊은이들이 40대에 비해, 소득 수준이 높을수록 독특성 욕구가 높았다. 그러나 성별에 따른 차이는 없어 남자건 여자건 상관없이 독특한 존재로 보이고 싶은 욕구가 높았으며, 소비 성향이 높아질수록 독특성 추구성향도 높아질 것으로 예측되었다(박은아, 2004).

이와 같이 독특성 욕구가 높은데도 유행에 민감하게 반응하고, 유행 주기가 유례 없이 짧은 이유는 무엇일까? 이는 집단주의 의식 및 동조성이 강한 한국 문화의 특성이 유행을 따르도록 만드는 심리적 기제로 작용하기 때문이다. 이와 동시에 개인의 특성, 독특한 개체로서 자신을 드러내고자 하는 개인주의적 가치가 젊은 세대를 중심으로 용인되고 있다. 일상생활 속에서 집단의식을 바탕에 둔 개성추구 소비현상으로는 커플 룩(couple look)을 예로 들 수

있다. 커플 룩은 자신을 드러내려는 젊은 세대의 개성 표현을 충족시키는 소비행동으로 바라
볼 수 있으나, 그 안에는 집단주의적 심리가 내재되어 있는 것이다. 이처럼 개성과 동조성으
로 대변되는 유행의 확산 현상은 과거에는 물리적 공간으로 이동하였기 때문에 그 파급 속
도가 일정한 시간을 요구하였지만, 인터넷이라는 매체의 등장 이후 세계의 유행은 실시간으
로 확산되고 있다.

〈그림 3-3〉 커플 룩 전문쇼핑몰 ggabigirl

2) 패션상품의 개념 및 특성

일반적으로 유행을 따르는 모든 상품을 일컬어 패션상품이라 하며, 패션이 복식과 관련지
어 정의되듯이 패션상품의 대표적인 예는 의복이다. 여기에 의복과 조화를 이루면서 스타일
을 연출할 수 있는 신발, 가방, 모자 등의 패션 잡화와 귀고리, 목걸이 등의 액세서리, 헤어
용품 등이 포함된다. 또한 소비자의 패션욕구를 충족시켜주는 구체적인 대상으로서 물리적
요소뿐 아니라 서비스, 장소, 품위, 이미지 등도 패션상품이라 할 수 있다. 이러한 관점에서
패션상품은 〈그림 3-4〉와 같이 핵심속성, 유형적 속성, 무형적 속성의 3가지 차원으로 구분
된다. 핵심 속성(core attributes)은 의복을 착용하는 기본적인 동기인 신체보호, 정숙성, 심미

적 기능은 물론 의복으로부터 추구되는 패션 이미지와 개성, 동조성, 지위상징 등을 일컫는다. 유형적 속성(tangible attributes)에는 품질수준, 제품특징(소재), 스타일, 상표명, 패키지 등이 포함되고, 무형적 속성(intangible attributes)으로는 배달, 신용판매, A/S, 품질보증 등을 들 수 있다.

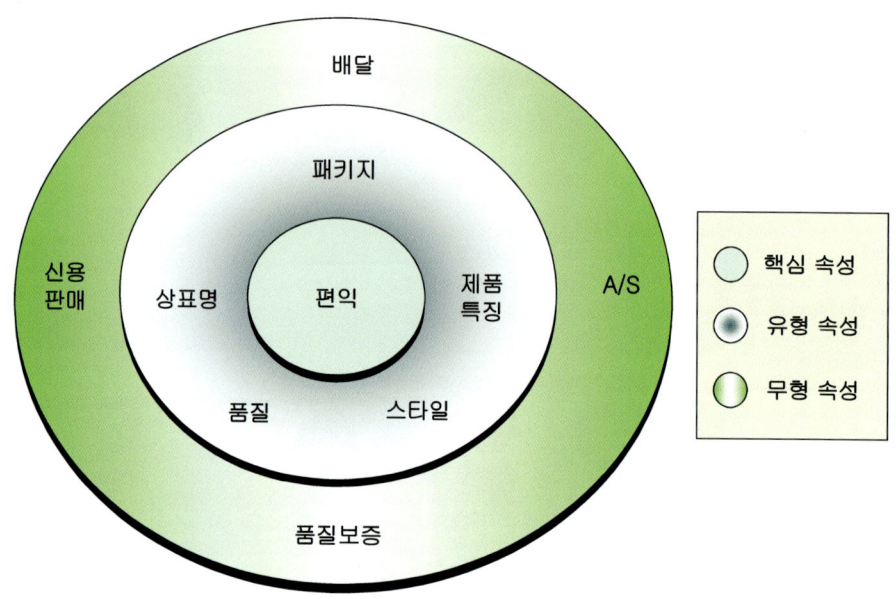

* 출처: 안광호 외(1999). 패션 마케팅. 서울: 수학사. p.220.

〈그림 3-4〉 패션상품의 특성

패션상품은 〈표 3-1〉에서처럼 쇼핑습관과 패션성의 정도, 소매점포 상품구성에 따라 분류한다. 쇼핑습관에 의해서는 편의품과 선매품, 전문품으로, 패션성의 정도에 따라서는 베이직상품, 유행상품으로, 그리고 소매점포 상품구성을 위해서는 중점상품, 보완상품, 전략상품으로 나눌 수 있다(안광호 외, 1999).

● 쇼핑습관에 의한 분류

편의품(convenience goods)은 소비자가 구매에 최소한의 시간과 노력을 투입하고 자주 습관적으로 구매하는 상품으로서, 스타킹이나 양말류, 간단한 속옷류, 저렴한 가격대의 액세서리류가 포함된다. 선매품(shopping goods)은 소비자가 여러 점포를 방문하여 가격, 품질,

디자인 등을 비교한 후 구매하는 상품으로, 편의품보다 구매빈도가 낮고 상대적으로 가격이 높다. 또한 구입 전에 충분한 쇼핑시간과 노력을 투입하며, 대량생산으로 대중화된 의복이 이에 해당한다. 전문품(speciality goods)은 상표 식별을 쉽게 할 수 있고 우수한 품질과 독특성을 보유한 상품을 말한다. 브랜드 이미지가 구매에 중요한 영향을 주고 소비자가 구매 전에 상당한 노력을 기울이며, 샤넬, 프라다 등과 같은 유명디자이너 브랜드의 상품, 고가의 모피코트 등이 해당된다.

<표 3-1> 패션상품의 분류

구 분		특 징	예
쇼핑습관	편의품	구매에 최소의 시간과 노력을 투입하고 습관적으로 구매하는 상품	스타킹, 양말류, 속옷류
	선매품	가격, 품질, 디자인 등을 비교한 후 구매하는 상품	대량생산된 의복
	전문품	구매 전에 상당한 노력을 기울이며, 우수한 품질과 독특성을 보유한 상품	유명 디자이너 브랜드
패션성의 정도	베이직상품	유행, 스타일 등의 변화가 적고 기능성이 강조되는 필수품	내의, 양말, 티셔츠 등
	유행상품	스타일이 자주 변하고 심미적 측면에서 소비자의 흥미를 유발하는 상품	패션의류, 보석류 등
매장의 상품구성	중점상품	매장의 주류를 이루며 상품회전이 높은 상품	주력상품
	보완상품	중점상품을 보완하는 상품	빅 사이즈 의류 등
	전략상품	매장의 품위향상을 위한 고가상품, 쇼윈도우 디스플레이용, 저가상품, 재고처리상품 등	기획상품

패션성의 정도에 따른 분류

베이직 상품은 유행의 변화에 크게 영향을 받지 않고 스타일이 잘 변하지 않으며 기능성이 강조되는 필수품이다. 여기에는 내의나 양말, 티셔츠 등이 포함되는데 색상, 스타일의 변화가 아니라 기능성이 소모되어 새로운 상품으로 교체하기 위해 구매된다. 유행상품은 스타일이 자주 변화하고 심미적 측면에서 소비자의 흥미를 유발하는 상품으로 새로운 변화를 추구하는 소비자의 욕구를 충족시키기 위해 구매되며, 대표적인 예로 패션 의류, 보석류 등을 들 수 있다. 이렇게 분류하고는 있지만, 베이직 상품을 제조, 판매하는 패션업체에서 새로운 특성을 추구하거나 소비자의 흥미를 끄는 스타일, 색상, 소재 등을 이용하여 유행상

품으로 변형시킴으로써 소비자 구매를 이끌기도 한다. 또한 코트류의 경우 추위로부터 몸을 보호하는 베이직 상품의 특성을 갖는 동시에 실루엣, 색상, 소재 등이 경우에 따라 변하는 유행상품의 특성을 갖는다.

🌸 소매점포 상품구성을 위한 분류

패션상품은 소매점포의 상품구성을 위하여 중점상품, 보완상품, 전략상품으로 나눌 수 있다. 중점상품은 주력상품이라고도 하며, 매장에서 상품회전이 높고 구매, 재고관리, 진열, 판매 등에서 집중적인 마케팅 노력이 투입된다. 유행성이 강조된 매장의 경우 트렌디한 상품이, 클래식한 이미지의 매장에서는 베이직 상품이 주류를 이룬다. 이 중점상품을 보완하는 상품을 일컬어 보완상품이라 하는데, 특수고객의 욕구를 만족시키거나 특정지역 혹은 특정계절의 수요에 대응하는 상품이 이에 해당한다. 예를 들어, 표준 사이즈의 중점상품에서 벗어난 빅 사이즈 의류, 스몰 사이즈 의류 등이 있다. 전략상품은 기획상품으로서 브랜드나 매장의 품위향상을 위한 고가의 상품, 쇼윈도우 디스플레이용 상품, 중점 및 보완상품이 될 수 있는 후보상품, 단기간에 이익을 극대화하기 위한 저가격 상품, 그리고 재고처리 상품 등이 해당된다.

* 출처: http://dnshop.daum.net

〈그림 3-5〉 디앤샵의 보완상품 빅사이즈 의류

이와 같은 패션상품의 특성으로는 변화와 폐기 요인, 높은 부가가치, 주관적인 품질평가, 판촉 활동 등을 들 수 있다.

변화(fast turnover)

패션의 가장 중요한 속성은 변화이다. 그러므로 소비자의 욕구 및 환경적 요인을 고려하여 패션상품의 스타일, 색상, 디자인 등을 계속해서 바꿔주어야 한다. 계절의 변화에 민감한 패션상품의 특성상 상품주기가 짧고 매 시즌 소재나 디자인, 색상 등이 다른 신상품을 선보이며, 인터넷에서는 그 변화가 더욱 빨라지기 때문에 매일 혹은 2일~3일, 일주일 간격으로 신속하게 신상품을 업데이트해야 한다.

폐기 요인(obsolescence factor)

폐기란 '더 이상 사용되지 않는 상태'를 나타내는 말로서 유행이 지나 상품이 구식이 된다는 뜻이다. 즉, 시간이 지남에 따라 상품가치가 감소하는 것이 패션상품의 특성이기 때문에 재고 관리가 매우 중요하다. 이를 패션 주기와 관련지을 경우 패션상품의 판매가 성숙기에 가장 많이 이루어지지만, 소멸기에는 급격히 쇠퇴하므로 재고를 남기지 않기 위하여 가격 인하를 실시해야 한다. 최근에는 인터넷 채널이 패션 브랜드의 재고상품 처리장소로 활용되고 있으나, 기본적으로 패션업체에서는 수요를 정확하게 예측하여 재고가 많이 남지 않도록 해야 한다.

높은 부가가치(high value added)

소비자들은 단지 입을 수 있는 옷만을 구매하는 것이 아니라 미적인 측면을 고려한 옷, 브랜드 명성이 높은 옷, 남들이 입지 않는 독특한 스타일의 옷 등 물리적 기능 이상의 패션상품을 원한다. 특히 명품, 브랜드 상품 등에 대한 소비자 선호도가 높고 생산 원가에 비하여 비싼 가격을 책정할 수 있어, 패션상품은 다른 상품에 비하여 부가가치가 높다. 이러한 특성으로 인하여 백화점이나 대형 할인점, 케이블TV 쇼핑 및 인터넷 쇼핑몰에서는 타 상품에 비하여 패션상품의 비중을 높게 책정하고 있다.

주관적인 품질평가(subjective quality evaluation)

'싼 게 비지떡'이라는 말이 있듯이 소비자들은 값이 싸면 품질도 낮은 것으로 평가하려는 경향이 있다. 이를 가리켜 '가격/품질 연상심리(price/quality association)'라 하는데, 품질은 본질상 객관적으로 평가하기가 곤란하다. 즉, 사용해 본 후에나 평가하거나 상품을 둘러

싸고 있는 여러 주변 요소에 의존하는 등 구매자의 주관적인 추론에 의지하는 수밖에 없다. 이를 추론적 신념(inferential belief)이라 하며, 추론적 신념이란 제품, 서비스의 품질을 직접 경험하지 않고서는 평가하기 어려우므로 주변 요소인 가격, 브랜드 명성, 점포 이미지, 포장 상태 등으로 품질을 평가하는 것을 일컫는다(김호영, 2004). 타 상품에 비하여 패션상품의 품질평가는 매우 주관적이며 개인의 취향에 따라 좌우된다.

판촉 활동(sales promoting)

패션상품은 다른 상품과 비교하여 고객에게 보이는 프리젠테이션이 중요하다. 상품제시 규모는 점포의 유형과 가격, 판매하는 상품의 특성 등에 따라 달라지며, 각 유형별로 소비자의 감정에 어필하여 얼마나 구매로 이끄는가가 성공의 관건이다. 예컨대 고가점이라면 고급스런 분위기를 전달하는 방법으로 상품을 하나의 창작품이나 예술품으로 보이게끔 진열함으로써 선전효과를 올리는 것이 바람직하다. 그러나 저가점에서는 가격을 제시하는 등 상품 구매에 따른 경제적인 측면을 강조하는 것이 효과적이다. 이는 인터넷 판매에서도 나타나 인터넷 쇼핑몰의 패션상품 진열 및 정보 제공 형태는 소비자들의 방문을 이끄는 주요 요인이 될 수 있다.

2. 인터넷에서의 패션상품

1) 인터넷 패션상품의 동향

패션 사업에서 인터넷을 최초로 도입하여 활용하기 시작한 것은 삼성패션연구소의 '삼성패션 넷'으로 볼 수 있다. 삼성패션연구소는 1995년 인터넷 홈페이지 개설을 통하여 패션정보 제공 서비스를 시작하였으며, 이후 업계와 학계에서 인터넷의 필요성을 절감하고 패션사업의 인터넷 도입을 추진하고 있다(이지현, 2003). 사이즈와 품질 등을 확인하고 구매하는 패션상품의 특성상 초기에는 인터넷 사업이 어려울 것으로 예상되었으나, 패션 소비자들의 인터넷 구매가 꾸준하게 증가하고 특정 고객층을 대상으로 하는 패션전문 쇼핑몰과 내셔널 브랜드 사이트의 증가, 도·소매상인들의 오픈마켓(open market) 진입, 포탈 및 종합 쇼핑몰의 입점 등 온라인 유통채널의 확충이 가속화되고 있다.

인터넷 쇼핑몰에서 판매되는 패션상품으로는 캐주얼 의류, 정장류, 유·아동복, 임부복, 스

포츠 의류, 속옷, 패션잡화와 액세서리, 보석류 등이 있으며, 이외에도 오프라인에서 구하기 힘든 빅 사이즈 의류와 맞춤복, 특수복, 한복 등도 취급한다. 실례로, 검색포탈 네이버에서 검색어로 '패션'과 '패션상품'을 입력할 경우 종합쇼핑몰에서 패션 브랜드, 패션전문 쇼핑몰은 물론 오픈마켓, 소호몰 등이 패션으로는 3,000여 개, 패션상품으로는 100여 개 검색된다. 임부복, 빅사이즈 의류 등 패션상품과 관련된 특수한 카테고리까지 고려한다면 수많은 웹 사이트 및 인터넷 쇼핑몰이 운영된다고 할 것이다.

패션상품의 경우 사이즈가 다양하고 종류가 많다는 점, 사이트의 사진에서 보는 것과 실물이 다소 차이가 있다는 점, 소재와 바느질, 품질 등을 미리 확인할 수 없다는 점 등으로 인하여 타 상품에 비하여 위험지각이 높다고 평가되어 왔다. 그러나 인터넷 쇼핑몰에서 신체치수와 비교 가능하도록 사이즈별로 센티미터 단위를 기재하고 모델이 착용한 사진을 앞·뒤·옆으로 보여주거나(〈그림 3-6〉), 확대사진을 통하여 소재를 확인할 수 있게끔 하는 등 여러가지 노력으로 소비자의 구매를 촉진시키고 있다. 또한 기존 유통채널보다 저렴한 가격에 이벤트, 사은품 등을 실시간 확인할 수 있고, 소비자의 질문에 대한 신속한 답변, 주문에서 배달까지의 빠른 처리, 반품과 교환 가능성, 구매후기를 통하여 구매고객이 실제로 착용한 모습을 보여줌으로써 맞음새를 짐작하게 하는 등 인터넷 쇼핑의 여러 가지 문제점을 극복하기 위한 노력이 지속되고 있다(이은진, 2007).

* 출처: http://www.jineejinee.com

〈그림 3-6〉 모델이 착용한 상세사진의 제공

통신판매가 거의 정착이 된 미국에서는 입어 볼 수 없고 촉감을 확인할 수 없는 패션상품의 문제점을 해결하기 위하여 구매상품이 마음에 들지 않으면 이유를 불문하고 반품해 주는 시스템을 채용함에 따라 인터넷을 통한 패션상품 구매율이 꾸준하게 증가하고 있다. 'The Gap'은 주요 매장 안에 인터넷 단말기를 설치하고 고객이 직접 상품을 검색하여 그 자리에서 확인할 수 있는 시스템을 도입, 인터넷 판매를 성공적으로 이끌었으며(인터넷 비즈니스 연구회, 2000), '인터넷을 통한 글로벌화'를 목표로 1998년에 인터넷 샵을 오픈한 '리바이스(Levi's)'는 고객의 다양한 욕구를 충족시키기 위한 방안으로 고객과의 1:1 대화를 통한 주문제작 및 생산, 배달 시스템을 도입하였다. 또한 개개인의 취향(성별, 선호음악, 맞음새, 취미 등)에 따라 6가지 스타일을 제안하는 'Style Finder'로 고객 만족도 75%를 달성하고, 스타일에서 색상, 소재, 사이즈 등을 고객이 직접 선택하는 맞춤 주문제작 프로그램(Levi's original spin program)을 통하여 성공적인 안착을 이루었다. 하지만, 인터넷 판매에 대한 유통업자들의 거센 반발과 자금 부족으로 인터넷 투자규모를 대폭 축소하기에 이르렀으며, 현재는 리바이스사의 인지도를 높이는 홍보 사이트로 활용하고 있다.

2005년 10월 통계청의 발표에 따르면, 국내 인터넷 쇼핑몰 전체 거래액 중 의류, 패션 및 관련상품의 비중이 17.2%로 가장 크게 나타났다. 의류·패션상품의 거래액은 2004년 10월 861억 원에서 2005년 10월 1,626억 원으로 1년 사이에 2배 정도 늘어나 인터넷 초기에 소비자들이 가장 구매를 꺼려하던 의류·패션상품이 인터넷에서 가장 많이 구매되는 품목으로 바뀐 것이다. 이처럼 패션상품의 인터넷 구매가 증가한 이유로 여성의 인터넷 구매증가를 들 수 있다. 인터파크(www.interpark.com)에서 2002년 이후 구매고객의 성별비를 분석한 결과, 구매금액을 기준으로 2002년 1월 38%였던 여성의 비율이 2003년 동기간에는 45%, 2003년 8월에는 53%를 점유하였고, 옥션(www.auction.com)은 1999년 19%에 불과했던 여성 고객의 비중이 2001년 41%, 2003년 44%로 증가하였다("인터넷 쇼핑 여성파워 세졌다", 2004).

또한 리서치 전문기관 매트릭스(www.metrixresearch.co.kr)에서 2005년 12월 한 달 동안 인터넷 쇼핑몰 이용자 2,000명을 대상으로 설문조사를 실시한 결과 〈그림 3-7〉과 같이 최근 3개월 이내 인터넷 쇼핑몰을 통한 의류, 속옷, 잡화 등의 패션상품 구매경험자가 73.4%인 것으로 밝혀졌다. 이 중 20대 여성의 87.9%, 30대 여성의 76.8%가 구매경험이 있는 것으로 나타나 패션상품의 인터넷 주 구매층은 20대~30대 여성이었다("의류·패션, 인터넷 쇼핑의 주요상품으로 자리매김", 2006). 이와 같은 여성 고객의 증가는 인터넷 쇼핑몰 품목의 다변

화에 영향을 미쳐 의류, 액세서리, 소품 등의 매출이 급증하는 원인이 되었으며, 여성들이
인터넷에 익숙해지고 인터넷 구매가 일상화되고 있어 향후에도 지속적인 증가를 보일 것으
로 예측된다.

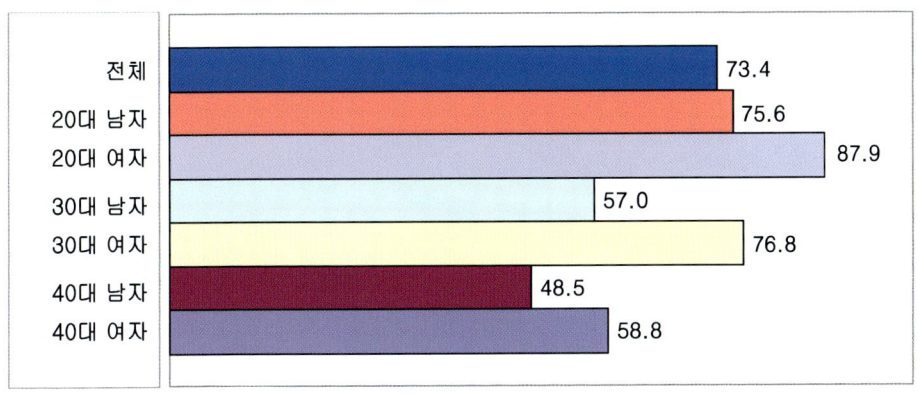

* 출처: http://www.metrixresearch.co.kr

〈그림 3-7〉 패션상품의 인터넷 구매경험 비중

　패션상품은 트렌드에 민감하고 시즌별로 다양한 상품이 출시되며, 사이트 업데이트가 다른
상품보다 빨라서 인터넷 쇼핑몰에 자주 접속하여 신상품을 확인하고 싶어 하는 소비자의 욕
구를 자극한다. 20대～30대 남녀를 대상으로 인터넷 쇼핑몰에서의 의류상품 구매행동을 분석
한 조영주, 임숙자, 이승희(2003)에 의하면 인터넷 소비자들은 의류상품 구매 시 디자인
(34.8%), 서비스 품질(20.8%), 가격(16.6%) 등을 고려하고, 인터넷 쇼핑몰의 다양하지 못한
상품구색, 사이즈 불신, 교환 및 반품 문제 등으로 인하여 의류상품 구매를 꺼리고 있었다.
그러나 인터넷 사용시간이 길수록 구매의도, 재방문의도, 구전의도가 높았고, 인터넷 구매횟
수가 많을수록 구매행동의도가 높아지고 있었다(구양숙·이승민, 2002).
　최근 들어서는 인터넷 패션상품이 고급화 추세를 보여 준명품급 매스티지(masstige) 상품
이 새로운 시장으로 떠오르고 있다. 즉, 저가상품을 중심으로 상품군을 구성해 온 인터넷
쇼핑몰 업계가 유명 패션 거리의 로드샵과 제휴해 중고가의 의류·잡화를 판매하는 등 매
스티지 시장공략을 강화하고 있는 것이다. 이 시장의 성장으로 인하여 업계는 치열한 가격
경쟁 때문에 겪어 왔던 고질적인 수익성 악화 문제를 개선하고, 소비자는 지역적으로 멀리
떨어진 유명 로드샵 상품을 손쉽게 살 수 있는 장점이 있다("인터넷몰, 매스트지 상품 뜬

다", 2006). 그동안 저가상품의 메리트로 패션 소비자의 구매를 이끌었던 G마켓은 신귀족주의 고품격 패션이라는 컨셉하에 3만 원~10만 원대의 '지시크릿(G.SECRET)'을 선보이는 등 중고가 상품군을 강화하고, 옥션은 압구정, 청담동 등 고급 보세의류 로드샵에 납품하는 상품을 오프라인보다 50% 정도 저렴하게 판매하는 2만 원~10만 원대의 디자이너샵을 운영하고 있다(〈그림 3-8〉).

* 출처: www.gmarket.co.kr, www.auction.co.kr, www.cjmall.com, www.gseshop.co.kr

〈그림 3-8〉 인터넷 매스티지 상품군

GS이샵은 '스타일리쉬 홍대샵'을 통하여 홍익대학교 인근의 시부야, 리얼 핑크 등 유명 로드샵 8곳의 상품을 판매한다. 오픈 당시에는 300여 개의 품목을 취급했지만, 고객의 반응이 좋아 700여 개 이상에 매달 5,000만 원~6,000만 원 정도의 매출을 올리고 있다. 또한 삼청동, 신사동 등의 로드샵과 연계한 '패션 로드맵'을 운영하는 CJ몰은 10만 원~60만 원대의 의류·잡화가 한달 평균 700여 건 정도 매출을 올리고 있어 CJ몰에서만 판매하는 인터넷전용 매스티지 상품을 개발한 계획이다. 이와 같이 유명 거리의 로드샵 상품이나 매스티지 상품, 온라인전용 브랜드 등은 신규고객보다는 인터넷 쇼핑 경험이 많은 소비자의 호응을 얻고 있

다. 인터넷 소비자의 대부분이 구매경험자인 점을 고려해 볼 때 저가의 상품보다는 매스티지 상품과 같이 차별화된 상품의 성장이 기대된다.

　이 외에 인터넷 쇼핑몰에서는 스타샵, 패션 매거진 등을 통하여 다양한 콘텐츠를 제공하고 있다. 오픈마켓의 대표주자인 옥션은 전자상거래 사이트로는 최초로 10대 후반~20대 여성 고객을 대상으로 한 패션정보와 쇼핑기능을 결합시킨 패션 포털 '샌시(sancy.auction.co.kr)'를 운영하고 있다. 샌시는 회원이 직접 참여하는 쇼핑리뷰 노하우, 스트리트 패션 등은 물론 패션 전문지 제휴를 통한 고급 정보까지 약 20여 개의 패션 메뉴로 구성되며, 커뮤니티와 쇼핑, 콘텐츠와의 결합으로 시너지 효과를 창출한 대표적인 예이다. G마켓의 '매거진카페' 서비스는 보그, GQ, 엘르 등의 유명 패션지 및 시사, 영화, 여행 등 총 50여 종을 e-book 형태로 제공하며("온라인몰, 패션 콘텐츠로 눈길 잡는다", 2006), 중저가대의 패션상품으로 스타가 제안하는 스타샵을 단독 메뉴로 구성하였다. 이들 스타도 연예인으로 한정하지 않고 스타모델샵, 스타오너샵, 스타브랜드샵, 디자이너샵, 신인루키존, 프로모델샵, 스타전문가샵 등으로 분류하여 소비자 선택의 폭을 넓히고 있다(〈그림 3-9〉).

＊ 출처: http://www.gmarket.co.kr

〈그림 3-9〉 G마켓 스타샵

CJ몰은 온라인 전문 패션 매거진 '더 에스(The S)'를 격월로 1회씩 웹진 형태로 발행하여 20대~30대 여성을 위한 스타일링 노하우, 유행 키워드로 보는 패션 경향, 유행 스타일 연출법 등 다양한 패션 콘텐츠를 제공한다. CJ몰 회원이면 누구나 이용할 수 있으며, 매거진 내에 수록된 상품을 구매하는 고객에게 이벤트를 진행하는 등 일회성 고객이 아니라 단골 고객 확보에 심혈을 기울이고 있다. 또한 디앤샵에서는 구매 고객을 대상으로 온/오프라인 겸용 'Shopping Scoop'를 발행함으로써 카탈로그에 수록된 상품을 구매하는 고객에 한해 7% 할인 쿠폰을 제공한다. 이러한 예에서처럼 상품과 관련성 있는 다양하고 차별화된 콘텐츠의 제공은 인터넷 소비자의 구매의도를 증가시키기 위한 방안으로서 더욱 확대될 것으로 전망된다.

2) 인터넷 패션상품 관련 연구

의류상품의 인터넷 쇼핑몰 성공제품을 조사한 김선숙(2005)은 인터넷 순위 사이트에서 상위 20위에 랭킹되어 있는 사이트 중 베스트셀러라는 코너를 통해 주간 매출 상위 상품을 제공해주는 GSeshop, CJmall, Hmall의 F/W 의류상품을 분석하였다. 상품 종류별 순위는 가죽/모피코트류(20%), 우븐 코트류(18%), 내의류(16%), 재킷류(15%), 티셔츠(11%), 바지(9%) 등의 순으로 나타나(〈그림 3-10〉), 비교적 사이즈 구성이 간단하고 착용 시 맞음새 판단이 쉬운 겉옷류에 해당하는 상품이 많았다. 반면에 블라우스, 스커트 등의 단품류는 보이지 않아 인터넷 쇼핑몰에서는 맞음새가 크게 문제되지 않는 품목에 구매가 집중되고 있었다. 이러한 결과는 선행연구(김선숙, 이은영, 2003; 오기석, 1999; 이은진, 홍병숙, 1999)에서 제시된 것과 일치하고 있어 인터넷 소비자들은 직접 보거나 만져 보면서 품질을 확인할 필요가 비교적 적은 상품, 품질의 표준화가 가능한 상품, 그리고 외부에서 제공되는 정보를 통해 주관적·객관적으로 평가할 수 있는 상품의 구매율이 높다고 할 수 있다.

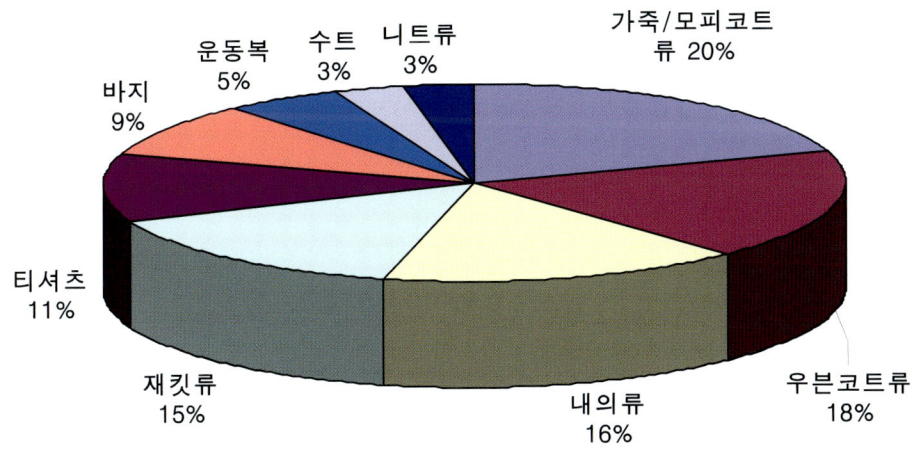

⟨그림 3-10⟩ 인터넷 쇼핑몰의 의복 종류별 상품 구성비

그러나 20대~30대 주부집단을 대상으로 한 이은진(2005)의 연구에서는 인터넷 쇼핑을 통한 패션상품 구매 품목으로 잠옷, 속옷, 내의류(10.56%), 여성용 단품하의(9.78%), 캐주얼 단품상의(9.24%), 여성용 단품상의(7.62%), 캐주얼 바지(7.56%), 구두, 캐주얼슈즈, 운동화(7.32%), 여성용 원피스(7.14%) 등의 순으로 나타나 사이즈 적합성이 우려되는 여성용 단품상·하의, 원피스 등에 대한 구매경험이 타 품목과 비교하여 높았다. 따라서 20대~30대 주부집단을 타깃으로 패션상품을 판매하는 인터넷 쇼핑몰에서는 패션 상품의 구색을 다양하게 갖출 필요가 있다고 지적하였다.

인터넷은 타 매체에 비하여 상품비교가 용이하고, 소비자들의 다양한 혜택이나 가격에 대한 민감도가 높아 가격 경쟁력이 있는 일반 브랜드 상품이 많이 거래된다. 이는 김선숙(2005)의 연구에서도 나타나 상품종류별로 브랜드 구성을 분석한 결과에 의하면 내의류는 73.7%가 유명브랜드였으나, 이를 제외한 전 상품종류에서 일반 브랜드(69.2%), 유명 브랜드(16.7%), 디자이너 브랜드(9.2%) 등의 순으로 구성되어 있었다(⟨표 3-2⟩). 상품 종류별 스타일 유형은 스타일리쉬 상품(25.8%)에 비하여 베이직 상품(74.2%)이 주류를 이루고 있었지만, 여성의 경우 스타일리쉬한 상품에 대한 구매비율이 차츰 상승세를 보이고 있어 인터넷 쇼핑몰의 패션상품 구성비에서 스타일리쉬한 유행상품의 확대를 고려해야 할 것이다.

〈표 3-2〉 상품 종류별 브랜드 구성비

빈도(%)

구 분	일반브랜드	유명브랜드	디자이너브랜드	PB브랜드
가죽/모피류	44 (95.7)	0 (0.0)	2 (4.3)	0 (0.0)
우븐코트류	30 (68.2)	2 (4.5)	8 (18.2)	4 (9.1)
내의류	2 (5.3)	28 (73.7)	0 (0.0)	8 (21.1)
재킷	22 (61.1)	6 (16.7)	8 (22.2)	0 (0.0)
티셔츠	24 (92.3)	2 (7.7)	0 (0.0)	0 (0.0)
바지	20 (90.9)	0 (0.0)	2 (9.1)	0 (0.0)
운동복	10 (83.3)	2 (16.7)	0 (0.0)	0 (0.0)
수트	8 (100.0)	0 (0.0)	0 (0.0)	0 (0.0)
니트류	6 (75.0)	0 (0.0)	2 (25.0)	0 (0.0)
Total	166 (69.2)	40 (16.7)	22 (9.2)	12 (5.0)

N세대에 해당하는 1977년 이후 출생한 중·고등학생, 대학생의 패션 가치관이 인터넷 쇼핑몰에서의 구매결정 시 패션 디자인 선호도에 미치는 영향을 연구한 최정선, 유태순(2002)은 이들 세대의 패션 가치관을 8가지 유형, 즉 심미적 가치관, 탐험적 가치관, 정치적 가치관, 종교적 가치관, 감각적 가치관, 사회적 가치관, 이론적 가치관, 경제적 가치관으로 분류하였다. 이 중 심미적 가치관의 N세대는 네크라인 디자인과 색상을, 탐험적 가치관의 N세대는 슬리브 디자인, 칼라 디자인 및 무늬를, 이론적 가치관의 N세대는 커프스 디자인을, 경제적 가치관의 N세대는 팬츠 디자인을 가장 고려하고 있었다. 그러나 모든 N세대에서 패션 디자인 요소 중 색상을 가장 많이 고려하는 것으로 나타나 패션상품을 취급하는 인터넷 쇼핑몰에서는 한 디자인당 색상 구색을 갖추는 것이 중요하였다.

인터넷 쇼핑몰에서 패션상품의 주문 고객이 모니터상으로 색상을 확인하지 못하고 옵션으로 선택할 경우 기대했던 색상과 실물의 색상에 차이가 느껴 반품할 가능성이 높다. 왜냐하면, 레드색상이라 할지라도 주황에 가까운 레드, 와인에 가까운 레드, 라이트 혹은 다크한 감각의 레드 등 여러 가지가 있기 때문이다. 따라서 인터넷 쇼핑몰에서는 누구나 쉽게 인지할 수 있는 블랙, 화이트 등의 색상을 제외하고는 실물과 동일한 수준의 색상을 제공해야 한다. 물론 개인마다 모니터 환경에 차이가 있어 색상을 정확하게 구현하기는 어렵지만, 색상별로 상품정보를 제공하는 것은 소비자 선택의 폭을 넓히고 반품률을 낮추며 상품구색을 다양하게 하는 장점이 있다.

김정림, 김영인(2003)은 국내·외 영 캐주얼 브랜드 12개를 대상으로 평상시와 웹 사이트에 나타난 브랜드 컨셉을 비교 분석하였다. 비교 과정에서 각 브랜드별로 컨셉 어휘를 이미지 공간상에 배열한 결과 X축을 대표하는 단어는 '스포티한'과 '낭만적인', Y축을 대표하는 단어는 '트랜디한'과 '보수적인'으로 나타나 평상시와 웹 사이트에서 인지되는 브랜드 컨셉의 어휘 공간이 유사한 것으로 밝혀졌다. 그러나 엠엘비(MLB), 베네통, 리바이스(〈그림 3-11〉)는 평상시에 스포츠, 힙합 캐주얼군에 위치되는 브랜드인데 웹 사이트에서는 트래디셔널, 이지캐주얼에 위치하였다. 이러한 브랜드 컨셉을 인지할 때 영향을 주는 시각디자인 요소는 사진, 색상, 상품, 텍스트, 레이아웃, 심벌 등이었으며, 패션 브랜드에서 웹 사이트를 활용할 경우 브랜드가 추구하는 컨셉이 웹 사이트에서 동일하게 인지될 수 있도록 이미지를 형성할 필요성을 시사하였다.

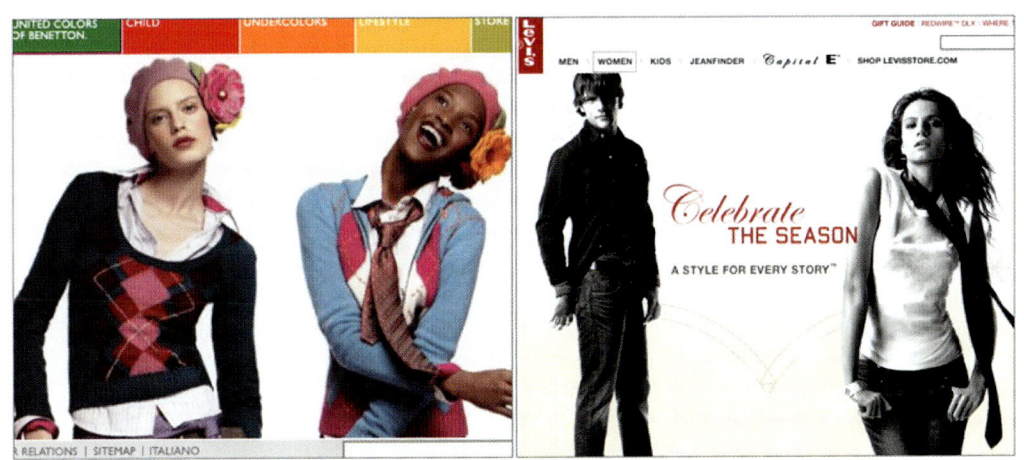

* 출처: http://www.benetton.com, http://www.levi.com

〈그림 3-11〉 베네통과 리바이스

정장 재킷을 중심으로 인터넷 패션 쇼핑몰의 여성복 사이즈 실태를 조사한 서추연(2004)은 인터넷 쇼핑이 다양한 상품의 품질 및 가격 비교를 통하여 보다 쉽고 편리하게 쇼핑할 수 있는 장점을 가진 반면, 의복 사이즈의 문제점 때문에 구매가 꺼려질 수 있다고 하였다. 디앤샵, 인터파크, 옥션, Hmall 등에 입점한 의류브랜드 중 42개 업체를 대상으로 테일러드

재킷의 사이즈를 분석한 결과 KS K 0051에서 규정한 호칭법을 사용하는 업체는 전혀 없었고, 55호칭을 사용하는 업체가 전체의 81%인 34개 업체였다. 이때 제시된 의복 사이즈는 신체 사이즈가 아닌 제품 사이즈로서, 55사이즈의 평균제품치수는 가슴둘레 85cm, 어깨너비 36.16cm, 소매길이 59.75cm, 소매둘레(위팔 부위) 30.13cm, 허리둘레 75.9cm 등이었다(〈그림 3-12〉). 이처럼 인체치수가 아닌 제품치수를 제시하는 것은 소비자가 소지하고 있는 의복과 비교 가능하다는 점에서 쇼핑의 편의를 도모하지만, 의복계측부위에 따라 오차가 있을 수 있으므로 인체사이즈도 함께 제시해야 한다고 주장하였다.

새틴 배색 기본 정장 투피스Ⅱ SAS64WE

〈제품설명〉
1. 울 함유량 60%의 보온성이 좋은 소재로 겨울철에 활용하시기 좋은 정장자켓입니다.
2. 새틴배색으로 이중 밑단을 만들어 기본정장 자켓에 특별함을 더했습니다.
3. 고급 아나이도사를 사용하여 상품의 퀼리티를 높였습니다.
4. 맞춤정장과 같은 솔로이스트만의 슬림한 패턴으로 고급스러운 핏팅감을 선사합니다.

SIZE SPEC (단위 cm)				
어깨널이	가슴둘레	허리둘레	소매기장	총기장
55SIZE 36	84.5	72	59	56
66SIZE 37	89.5	77	59.5	56.5
77SIZE 38	94.5	82	60	57

사이즈는 재는 방법에 따라 ±1~2cm정도 오차가 있을 수 있습니다.
사이즈 스펙은 실제 상품 사이즈이며,
상품 라벨에 붙어있는 사이즈는 신체사이즈입니다.

* 출처: http://www.interpark.com

〈그림 3-12〉 인터넷 쇼핑몰의 사이즈 정보

패션 브랜드의 온라인 진출에 있어 커뮤니티의 운영은 고객의 성향과 요구사항을 파악할 수 있는 정보원이 된다. 이런 점에서 커뮤니티의 중요성을 인지한 장유정, 박재옥과 이구혜(2003)는 패션 브랜드의 홈페이지 유무를 조사하고 패션 온라인 커뮤니티의 현황 조사를 시도하였다. 패션브랜드사전(텍스헤럴드, 2002)에 실린 패션 브랜드는 여성복 162개(25.8%), 남성복 73개(11.6%), 유니섹스 93개(14.8%), 스포츠웨어 22개(3.5%), 골프웨어 22개(3.5%), 유아복 16개(2.6%), 아동복 48개(7.7%), 제화 62개(9.9%), 인너웨어 55개(8.8%), 생활한복 10개(1.6%), 피혁잡화 64개(10.2%)였고, 이 중 홈페이지가 있는 패션 브랜드 320개(55.8%)에서 온라인 커뮤니티를 제공하는 업체는 200개(30.4%)였다.

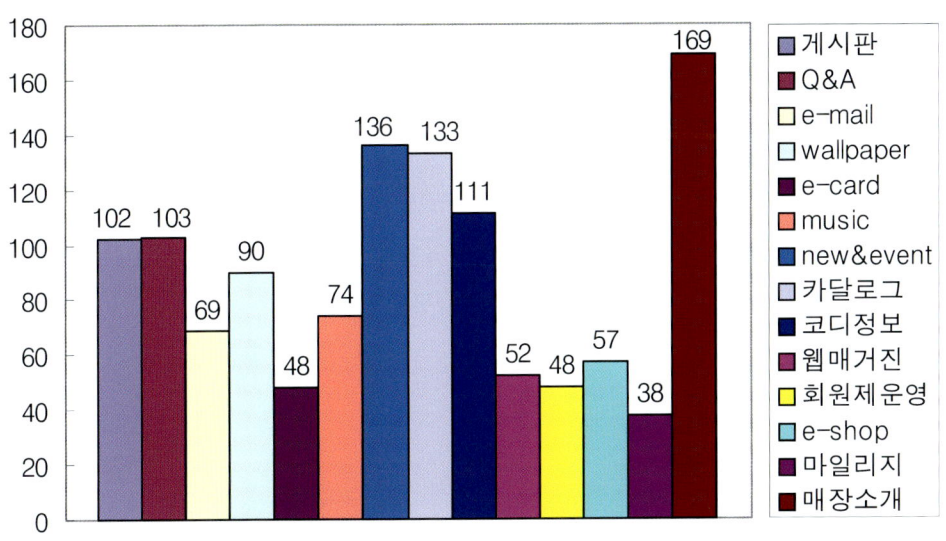

〈그림 3-13〉 패션 브랜드 홈페이지의 온라인 커뮤니티 운영실태

이들 200개 브랜드의 온라인 커뮤니티 구성요소 유무를 조사한 결과(〈그림 3-13〉) 게시판은 102개(51.0%), 1:1 Q&A는 103개(51.5%), e-mail주소는 69개(34.5%), wallpaper (calendar, screensaver)는 90개(45.0%), e-card(postcard)는 48개(24.0%), music은 74개(37.0%), new & event는 136개(68.0%), 카탈로그(collection)는 133개(66.5%), 코디정보는 111개(55.5%), 웹 매거진은 52개(23.0%), 회원제 운영은 48개(24.0%), e-shop운영은 57개(28.5%), 마일리지(포인트) 혜택은 38개(19.0%), 매장소개는 169개(84.5%) 브랜드에서 하고 있었다. 또한 회원과 회원 간의 온라인 구성요소를 제공하고 있는 브랜드는 대화방 3개(1.5%), 동호회/클럽 운영 13개(6.5%), 벼룩시장 6개(3.0%), 기타 이벤트 24개(12.0%)에 불과하여 회원 간의 상호작용을 위한 커뮤니티의 구축이 요구됨은 물론 패션 브랜드의 온라인 진출을 통한 마케팅 전략의 다변화가 촉구되었다.

인터넷 쇼핑몰에서의 다양한 판매방식 중에서 패션상품의 공동구매는 필수불가결한 요소이다. 홍성순, 이운현(2002)은 인터넷 패션상품의 공동구매방식을 단순 공동구매방식, 슬라이딩 방식, 연속할인방식으로 구분하고, B2C 방식의 공동구매를 제공하고 있는 인터넷 쇼핑몰과 전문 공동구매업체, 그리고 포털 사이트를 비교하였다. 여기서 단순 공동구매방식은 공동구매 인원과 가격을 미리 정한 다음 공동구매에 참여하는 인원이 기준에 미달될 경우 구매가 성사되지 않는 방식이고, 슬라이딩 방식은 시장가격이 형성되지 않은 상태에서 구매 인원수당 가격이 내려가는 방식이며, 연속할인방식은 신청수량이 늘어날 때마다 가격이 낮아지는 방식을 말한다.

조사 결과에 의하면 삼성몰, 롯데닷컴, 바이앤조이(현 KTmall), 제로마켓(〈그림 3-14〉)과 같은 쇼핑몰은 단순 공동구매방식을, 전문 공동구매업체 중 바즈(현 남성화장품전문몰 SKINzio)와 와와는 슬라이딩 방식을, 조이몰과 마이09는 단순 공동구매방식을 운영하였다. 포털 사이트 중 자체 공동구매 사이트를 운영하고 있는 다음과 라이코스를 제외하고 야후, 한미르, 네이버 등은 협력업체를 통하여 공동구매 상품을 판매하였고, 공동구매 사이트 중 가장 많은 패션상품을 보유한 곳은 라이코스였다. 쇼핑몰보다는 전문 공동구매 사이트와 포털 사이트의 패션상품 보유율이 많았고, 아이템별로는 티셔츠와 니트류, 속옷, 가방, 시계 등의 순으로 공동구매 상품수가 많았다.

* 출처: http://www.zeromarket.com

〈그림 3-14〉 제로마켓 공동구매

또한 선행연구(신수연, 김민정, 2003; 신수연, 김희수, 2001; 조영주 외, 2003; 이은진, 2005)에서 패션 소비자의 대다수는 검색엔진을 통하여 인터넷 쇼핑몰에 접속하였고, 인터넷에서 패션상품의 1회 평균 구매금액이 10만 원 이하로 나타났으므로 너무 고가이거나 너무 저가이지 않은 중가격대의 상품전략 및 검색엔진 등을 이용한 적극적인 홍보전략 수립이 요구된다.

Case. 디자인 전문몰 '텐바이텐'

설립일	2001.03.
사업분야	감성소비자를 대상으로 하는 디자인 및 매니아상품
매출액	2003년 25억 원
업계위치	선물 및 디자인몰 1위/65개, 시장점유율 40%

성장요인	활용방안 및 노하우
가격의 차별화	수작업으로 만들어지는 소량제품취급, 공동구매 시 약간 할인
DB의 이용	이벤트에 관한 소식은 이메일 마케팅을 실시, 회원들에게만 공동구매 기회 별도로 마련
실시간 고객대응	받은 날로부터 30일 내 무상으로 A/S, 환불, 교환
인터넷 공동체	올엣멤버쉽 카드회원을 모집해 할인 혜택
전략적 제휴	200개 디자인업체와 긴밀한 관계, 오프라인매장 10개(2004년)

대부분의 인터넷 쇼핑몰이 저가정책으로 성장하고 있는 데 반해, 텐바이텐은 상품 차별화로 성공한 대표적인 예이다. 즉, '텐바이텐'은 선물이나 디자인 용품의 경우 개성을 중시하고, 수작업을 통해 만들어지는 정성이 깃든 소품을 누구나 갖고 싶어 한다는 데 포인트를 맞추어 큰 성과를 거둔 것이다. 따라서 이 회사는 디자이너들과의 전략적 제휴가 매우 중요하여 새로운 아이디어를 지닌 디자이너들과 계속적인 제휴관계를 맺고 있다.

제4장 패션상품의 인터넷 유통

패션상품의 새로운 유통구조로 인터넷 채널이 급부상한 것은 인터넷 이용자의 증가에 기인한다. 그중에서도 여성 소비자의 증가는 인터넷 쇼핑몰의 품목 다변화에 영향을 미쳐 의류·잡화 등 패션상품 증가의 직접적인 원인이라 할 수 있다. 이와 같이 인터넷 이용자가 증가하고 인터넷이 신유통채널로 성장하는 과정에서 패션상품의 유통구조는 많은 변화를 초래하고 있다. 본 장에서는 패션상품의 유통구조와 변화, 인터넷 유통 전략 및 구현, 그리고 인터넷에서의 패션상품 현황 및 전망에 관해 알아본다.

1. 패션상품의 유통구조

패션상품이나 이에 필요한 원부자재, 서비스 등이 제조업체로부터 최종소비자에게 전달되는 과정을 일컬어 패션유통경로라 하며, 여기에 참여하는 경로구성원으로 원부자재업체(소재 및 부자재업체), 제조업체, 중간상(도·소매상), 소비자가 포함된다. 대부분의 원부자재업체나 제조업체들은 그들이 생산한 제품을 직접 최종소비자에게 판매하지 않고 백화점이나 동대문시장, 남대문시장, 할인점 등을 통해 판매하고 있다. 그 이유는 중간상을 거쳐 판매하는 것이 상품공급에 더 효율적이기 때문인데, 중간상은 제조업자와 소비자 사이에서 상품의 흐름을 돕고 새로운 부가가치와 효용을 창출하는 역할을 한다.

일반적으로 유통경로는 생산자→도매상→소매상→소비자의 과정을 거치며, 다른 상품에 비해 유행주기가 짧고 소비자 욕구가 다양한 패션상품의 유통경로는 생산자→소매상→소비자로 구성되는 경우가 많다(안광호 외, 1999). 그러나 최근 들어 인터넷 유통채널이 급성장함에 따라 생산자에서 소비자로의 직접 판매가 크게 증가하고 있는데, 다음 〈표 4-1〉은 패션유통경로의 유형에 따른 예를 정리한 것이다.

〈표 4-1〉 패션상품의 유통경로 유형

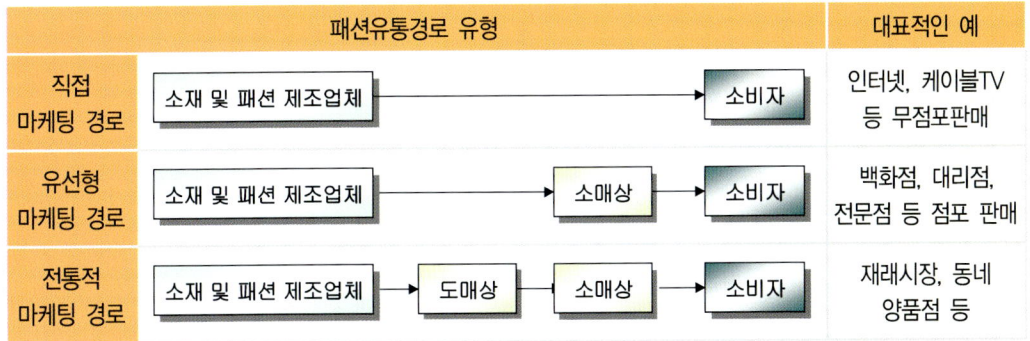

패션유통경로 유형				대표적인 예
직접 마케팅 경로	소재 및 패션 제조업체 →		소비자	인터넷, 케이블TV 등 무점포판매
유선형 마케팅 경로	소재 및 패션 제조업체 →	소매상 →	소비자	백화점, 대리점, 전문점 등 점포 판매
전통적 마케팅 경로	소재 및 패션 제조업체 → 도매상 →	소매상 →	소비자	재래시장, 동네 양품점 등

　　패션상품의 유통구조는 생산과 판매가 통합되는가, 분리되는가에 따라 위탁판매제도, 위탁사입제도, 완사입제도로 나눌 수 있다(〈표 4-2〉). 위탁판매제도는 제조업체가 상품기획, 생산뿐 아니라 판매까지 책임을 지며, 제조업체가 대리점을 통하여 판매하는 형태가 대표적이다. 대리점은 제조업체의 상품을 위탁받아 판매하고 30%～35% 정도의 판매 수수료를 받는데, 이때 재고에 대한 부담은 제조업체에 있다. 이에 반해 완사입제도는 상품의 판매와 재고를 점포에서 책임지고 제조업체는 상품기획과 생산에만 전념하며, 소매업체의 바이어나 점주의 주문에 의해 생산량을 결정하므로 제조업체의 재고부담이 없다. 위탁사입제도는 위탁제와 사입제의 결합으로 점주들은 상품을 인도받을 때 대금을 결제하고 반품이 생기면 매입금액에서 공제하며, 재고에 대한 위험을 본사와 점주가 일정부분씩 분담한다.

　　미국은 패션상품의 생산과 판매가 분리되어 경로구성원들 사이에 소유권의 이전이 확실하게 이루어지는 사입제도가 주를 이루지만, 우리나라는 제조업체와 소매상 간의 생산과 판매가 분리되지 않은 위탁판매제도가 대부분이다. 이는 국내 패션산업의 발달 과정에서 나타난 현상으로 볼 수 있는데, 1960년대에는 주문복을 다루는 양장점, 저가의 기성복을 취급하는 남대문 시장, 동대문 시장 등의 재래식 도매시장, 각 지역의 소규모 양품점이 대표적인 패션유통경로였다. 1970년대 중반부터 대기업이 기성복 시장에 진출하면서 소비자들의 고급 감각을 만족시킬 수 있는 백화점과 유통망 관리가 용이한 대리점 체제를 선호하였고, 이때부터 제조업체가 반품과 재고부담을 책임지는 위탁형식의 유통구조를 갖게 되었다.

〈표 4-2〉 패션상품의 유통관리형태

구 분		제조업체	소매업체
위탁 판매제	장점	• 기획, 생산, 유통을 일관되게 통제 • 브랜드 이미지 관리용이	• 재고부담이 적음 • 상품구매에 따른 위험부담이 적음
	단점	• 반품, 재고부담이 큼	• 점포특성에 맞는 상품구색의 어려움
완사 입제	장점	• 소매업체의 바이어나 점주의 주문에 의해 생산량을 결정 • 재고부담이 없음 • 상품기획과 생산에만 전념, 전문화	• 점포특성에 맞는 상품구색으로 매장을 특성화하고 매출 극대화를 도모 • 마진이 높아 대리점 수익률이 높음 • 소매점주에게 권한이 주어짐
	단점	• 매장별로 디스플레이 특성이 강해 일관된 브랜드이미지 전개가 어려움 • 제조업체의 통제력이 약함	• 재고에 대한 압박감이 큼 • 베이직 상품 위주로 상품수주가 편중될 우려가 있음
위탁 사입제	장점	• 상권특성에 따른 물량배분으로 판매의 극대화 도모 • 유통망 확보 및 유지가 용이함	• 사입 및 판매능력에 따라 매출 극대화 도모 • 재고부담이 적음
	단점	• 점포에 대한 통제력이 약함 • 점주들의 희망사입상품과 실제사입상품과의 차이로 재고 발생의 우려	• 사입 시 현금결제로 인해 충분한 물량확보가 어려움 • 조기 품절된 상품의 추가공급 어려움

* 출처: 안광호 외(1999). 패션마케팅. 서울: 수학사, p.425.

위탁판매제도는 중소기업이 패션시장에 대거 진출한 1980년대 중반 이후 더욱 확대되었으나, 1990년대의 유통시장 개방으로 해외기업이 본격적으로 진출하면서 패션유통구조에 큰 변화가 일어났다. 지나치게 높게 책정된 상품가격이 유통체계에 기인한다는 것이 알려지면서 이를 개선한 유통형태들이 등장하였고, 소매점이 재고부담을 갖되 유통마진을 더 높게 보장해주는 절충형 사입제나 완사입제 등이 도입되었다. 한편, 패션상품의 유통경로 구성원은 크게 제조업체와 소매업체로 구분할 수 있다. 제조업체에는 패션 제조업체와 협력업체, 프로모션업체 등이, 소매업체에는 백화점, 대리점, 패션 전문점, 패션 할인점, TV 홈쇼핑, 인터넷 쇼핑 등이 해당된다(안광호 외, 1999; 서성무 외, 2002; Levy & Weltz, 2002).

🌱 제조업체(manufacturer)

원래는 자체 공장을 가지고 있으며 패션상품의 디자인, 생산, 마케팅, 판매에 이르기까지 모든 과정을 담당하는 업체를 일컫는다. 그러나 자체 공장 없이 생산을 아웃소싱하거나, 디자인과 기획까지도 아웃소싱하는 업체가 증가함에 따라 패션상품의 기획과 전 생산과정을 책

임지는 업체를 포함한다. 이들은 자체 브랜드를 가지고 있거나 라이센싱 브랜드(licensing brand), 소매업체 브랜드(PB, private brand)를 부착하기도 한다.

협력업체(contractor)

협력업체는 주로 봉제나 끝처리 등을 전문으로 하는 업체로서, 자체 공장이 없거나 부족한 제조업체 혹은 소매업체로부터 주문을 받아 생산한다. 제조업체에서는 공장이 있어도 협력업체에 아웃소싱하기도 하며, 대부분의 PB는 협력공장을 통하여 생산되는 구조를 지닌다. 봉제뿐 아니라 니트, 주름, 자수, 프린팅과 같이 특수한 기계가 요구되는 작업도 전문 협력업체에서 전담하는 경우가 많다.

프로모션업체(promotion)

이는 자체 개발한 디자인 샘플을 제조업체에 제시하고, 그중 선택된 제품을 생산해서 납품하는 업체를 말한다. 제조업체의 대부분이 니트 제조 시설을 가지고 있지 않아 니트를 전문으로 하는 프로모션업체가 많으며, 니트 프로모션은 대기업에 근무하던 디자이너 출신들이 앞 다투어 설립하기 시작하면서 1990년대에 크게 증가하였다. 프로모션 업체는 자체 기획을 한다는 점에서 하청업체와 구별되며, 브랜드를 가지고 있지 않다는 것이 제조업체와의 차이점이다. 프로모션업체는 제조업체는 물론 PB상품, 전자상거래나 할인점 등의 상품을 기획하기도 한다.

백화점(department store)

백화점은 의류, 가정용 설비용품, 신변잡화류 등 다양한 종류의 상품을 폭 넓게 취급하고 있어 소비자들이 일괄 구매할 수 있는 직영 위주의 대규모 소매점포이다. 우리나라의 백화점은 위탁판매체제로 운영되는데, 매장을 개별 업체들에게 할당해주고 매장에서 발생하는 매출액의 일정비율을 수수료로 받는 형식을 취하고 있다. 따라서 입점 업체가 가격을 책정하고, 가격 인하시기 및 인하율을 결정하며, 재고에 대한 책임을 지기 때문에 엄밀히 말해서 임대업체 관리형태라고 할 수 있다. 백화점을 통한 패션 유통에 있어 가장 큰 문제는 수수료 부담에 따른 소비자 가격의 인상이다. 왜냐하면, 입점업체의 인지도나 매출, 소비자 선호도 등에 따라 백화점 수수료가 25%~45% 사이에서 차등 부과되는데, 이 수수료율이 소비자 가격에 부과되어 판매가가 결정되기 때문이다.

대리점(franchise store)

대리점은 보증금을 본사에 내고 일정 지역에서 특정 제조업자의 상호, 상표 등을 사용하여 패션상품이나 서비스를 판매한다. 국내 패션 유통 중 가장 급속한 성장을 보인 유통형태로서 제조업체와 소매상(대리점) 간의 계약에 의해 수직 통합된 프랜차이즈로 운영된다. 업체 입장에서는 자금 부담 없이 전국적으로 빠른 유통망을 확보할 수 있고, 대리점주 입장에서는 패션상품 판매에 대한 경험이나 안목이 없어도 비교적 소액의 자본으로 패션사업에 뛰어들 수 있다. 대리점은 판매만을 대리할 뿐 상품의 재고는 본사가 책임지는 것이 일반적이나, 일부 업체에서는 대리점이 재고를 책임지기도 한다.

🌿 패션 전문점(fashion specialty store)

패션 전문점은 패션 소비자를 대상으로 패션상품만을 전문적으로 취급하므로 상품계열 수는 한정되어 있으나 해당 품목 내에서는 다양한 상품구색을 갖춘 점포형태이다. 여기에는 보석, 신발, 안경, 속옷 등과 같이 상품의 종류를 하나 혹은 소수의 관련상품으로 국한시키는 점포와 임산복, 빅 사이즈 의류처럼 특정 표적 집단을 대상으로 하는 전문점도 포함된다. 우리나라의 전문점은 매입여부에 따라 멀티 브랜드샵과 사입형 전문점, 제조 소매업으로 분류할 수 있다. 멀티 브랜드샵은 브랜드 토탈형 복합 패션전문점을 말하고, 사입형 전문점은 재래시장 등에서 상품을 사입하여 저렴한 가격에 판매하며, 제조 소매업은 소매업체에서 제조 기능을 갖춘 형태이다.

🌿 패션 할인점(fashion discount store)

패션 할인점은 서비스는 제한되어 있으나 저렴한 가격으로 패션상품을 제공하는 점포로서, 가격파괴형 디스카운트 스토어와 유명 브랜드의 잉여상품, 이월상품을 할인 판매하는 상설 할인매장(off-price store), 제조업체와 소매업체의 직매점형태인 아웃렛 매장(outlet store), 그리고 전문 할인점(special discount store) 등이 이에 해당한다. 이 중 전문할인점은 카테고리 킬러(category killer)라고 하는데, 한 가지 또는 한정된 상품군을 깊게 취급하고 할인점보다 훨씬 저렴하게 판매하는 점포를 말한다. 미국에서 1970년대 처음 등장하여 1980년대 후반과 1990년대 초반에 급격하게 성장하였으며, 셀프 서비스 형태로 운영되는 경우가 많다.

〈그림 4-1〉 백화점과 패션잡화 전문점

TV 홈쇼핑(TV home shopping)

이는 일종의 무점포형 패션 소매상으로 가정에서 편안히 앉아 케이블 TV를 통해 방영되는 상품을 주문하면 집으로 배달되는 시스템으로 운영된다. TV 홈쇼핑은 편리하고 시간이 절약되며 가격도 저렴할 뿐 아니라 TV 화면상에 모델이 직접 착용한 모습이나 상세 정보가 소개됨으로써 소비자들의 구매 욕구를 자극하면서 빠른 속도로 성장하고 있다. 패션 제조업체에서 직접 홈쇼핑에 진출하거나 유명 디자이너와의 제휴를 통한 홈쇼핑 자체상표의 출시, 연예인들의 홈쇼핑용 브랜드 런칭 등을 통하여 여성·남성용 정장, 캐주얼웨어, 스포츠웨어, 속옷 및 아동복 등 다양한 상품을 판매한다. 최근에는 홈쇼핑 업체들이 인터넷 쇼핑몰을 오픈하여 케이블 TV와 인터넷의 연계 판매를 통한 시너지 효과를 창출하고 있다.

인터넷 쇼핑(internet shopping)

인터넷 쇼핑은 장소 및 시간에 구애 받지 않고 언제, 어디서나 컴퓨터와 인터넷만 있으면 쇼핑이 가능하다. 정보기술의 급속한 발전과 인터넷 이용자의 증가로 인하여 인터넷 쇼핑이 새로운 유통채널로 부상하였으며, 고객과 판매자 간의 쌍방향 커뮤니케이션이 가능하고 반품, 교환 등이 용이해지면서 많은 소비자들이 이용하고 있다. 인터넷 쇼핑시장 규모가 급격히 확산되고 여성 이용자가 많아지면서 인터넷 쇼핑몰에서 패션 및 잡화류의 판매량이 급증하였으며, 오프라인에서 온라인으로 진출하는 소매업체가 증가함에 따라 인터넷을 이용한 다양한 마케팅 전략이 기업의 핫이슈가 되고 있다. 인터넷 쇼핑은 소비자들의 생활 및 소비패턴 변화와 맞물려 더욱 증가세를 보일 것으로 전망된다.

온·오프라인 병행 쇼핑몰 분석

2006년 1월 통계청의 사이버 쇼핑몰 조사 결과에 따르면 사이버 쇼핑몰 거래액이 1조 447억 원으로, 이 중 온라인 사업체의 거래액은 58.4%, 온·오프라인 병행사업체의 거래액은 41.6%였다. 온라인 사업자와 온·오프라인 병행사업자의 비중차이는 각각 50.5%, 49.5%였던 2005년보다 더욱 두드러진 것이다.

초창기 인터넷 쇼핑몰 시장에서는 오프라인 기반 기업들이 자체 유통망, 브랜드 인지도, 다양한 상품과 고객 등의 인프라를 통해 온라인 기업보다 우위에 설 것으로 보았다. 그러나 온·오프라인 병행업체의 인터넷 거래비중이 감소하는 통계청 조사에서 알 수 있듯이 온라인 쇼핑몰의 성공에는 오프라인 유통사업의 노하우와는 다른 무언가가 필요하다.

대표적인 온·오프라인 병행 쇼핑몰은 크게 백화점, 대형할인매장, 패션·쇼핑타운, 쇼핑센터 등으로 구분된다. 백화점은 남성 51.75%, 여성 48.25%, 대형할인매장은 남성 54.77%, 여성 45.23%로 남성의 비중이 높은 반면, 패션·쇼핑타운은 남성 49.15%, 여성 50.85%로 여성의 비중이 높다.

연령별로는 백화점이 20대 40.47%, 30대 43.88%로 20대와 30대의 비중이 비슷하고, 대형할인매장은 20대와 30대의 비중이 각각 30.79%, 52.59%로 30대 방문자가 월등히 많다. 패션·쇼핑타운 역시 20대 38.98%, 30대 45.76%로 30대의 비중이 높다. 다음 표는 온·오프라인 병행 쇼핑몰 유형에 따른 연령별 방문 비율을 나타낸 것이다.

구분	10대	20대	30대	40대	50대
백화점	4.29	40.47	43.38	9.32	2.55
대형할인점	3.54	30.79	52.59	9.26	3.81
패션/쇼핑타운	5.08	38.98	45.76	10.17	0.00

한편, 백화점은 일반 상품을 온라인에서 판매하거나 커뮤니티, 할인쿠폰과 마일리지, 온라인 매거진 발행을 통해 고객을 관리하고 있으며, 대형할인매장들은 상품판매보다는 지역별 매장안내, 상품소개, 문화센터 등의 정보소개에 치중하고 있다.

- 디지털타임즈(2006. 06.02)

2. 패션상품의 유통구조 변화

1) 패션상품 유통구조의 현황 및 변화

롯데, 현대, 신세계 등 백화점의 출점 경쟁과 할인점을 중심으로 대기업의 유통사업 참여가 이루어진 1990년대는 유통산업의 최대 성장기였다. 그러나 IMF 사태라는 사상 초유의 불황기를 맞아 국가 부도위기에 이은 기업 구조조정으로 소비심리가 가라앉으면서 백화점업계의 매출이 감소되는 반면, 가격파괴열풍을 일으키며 등장했던 할인점업계는 급신장세를 이루었다. 할인점은 1999년부터 시행된 오픈프라이스(open price) 제도에 힘입어 가격 경쟁력으로 시장을 점유하였고, 다양한 상품 구성과 넓은 매장, 가족이 함께 쇼핑할 수 있는 복합문화공간으로서의 역할을 담당하면서 점차 고급화되었다. 가격만이 아니라 상품, 서비스 등 여러 측면에서 경쟁력 있는 유통업태로 성장하였으며, 할인점 전체 매출에서 패션이 차지하는 비중이 커지면서 PB상품을 개발하는 등 할인점의 차별화전략을 위한 상품군으로 패션상품이 부각되고 있다.

이러한 현상은 패션업계에도 영향을 영향을 미쳐 유명브랜드 제품을 할인해서 판매하는 아웃렛이 생겨났고, 아웃렛은 일반 정상가보다 20%~70% 저렴한 가격으로 판매함으로써 브랜드를 선호하는 소비자 욕구를 자극하였다. 여기에는 제조업체의 상설할인매장이 자연발생적으로 집적한 타운형 아웃렛, 유통업체가 백화점형태로 설립하거나 중소백화점이 전환한 백화점형 아웃렛, 전문적인 개발업자가 신도시 주변에 의도적으로 상설할인매장을 집적시킨 아웃렛 타운 등이 포함된다(고선영, 2004). 경기 침체가 지속되면서 패션 아웃렛의 성장이 가속화되었으며, 국내 브랜드는 물론 해외 유명 브랜드까지 다양한 상품구색으로 소비자들의 욕구를 충족시키고 있다.

시장개방과 병행수입이 허용된 1990년대 중반 이후 경쟁력이 강한 외국 유명상표의 진출이 늘어나고, 패션 소비자들의 수입 브랜드 선호현상에 힘입어 세계 굴지의 패션 유통업체들이 대형 매장을 오픈하였다. 더욱이 주5일 근무제의 확산, 주말쇼핑 증가, 차량보급 확대, 레저 문화 확산, 가족 단위 쇼핑의 증가, 소비욕구의 변화 등 사회환경적 요인에 근거하여 매장의 대형화 및 고급화, 패션과 엔터테인먼트의 결합을 시도한 프리미엄 아웃렛이 성장하고 있다. 프리미엄 아웃렛은 해외명품, 국내 프리미엄급 브랜드로 구성된 의류할인매장을 기본으로 미용실, 식당가, 커피숍, 어린이놀이방, 영화관, 생활잡화점, 금융기관 등이 입점된 테마파

크형 아웃렛을 말한다.

전 세계에 60여 개 체인점을 보유하고 있는 첼시그룹과 신세계의 합작법인인 (주)신세계 첼시는 2007년 경기도 여주군에 약 8만 평 규모의 프리미엄 아웃렛을 오픈하며, 브라이트 유니온은 수원, 대전, 원주를 시작으로 5개 지역(전주, 광주, 김해, 순천, 청주)에 아웃렛 타운을 추진하고 있다. 프리미엄 아웃렛은 소비자들의 라이프스타일과 밀접한 쇼핑공간을 구성하고 넓은 매장 평수에 저층 수평 동선으로 쇼핑의 편의를 도모한 것이 특징이다(〈그림 4-2〉). 그러나 자동차 접근이 용이한 상권 및 주차 공간의 확보, 최소 25평 이상의 샵앤샵(shop and shop), 그리고 상품과 고객을 건물 안에 가두는 것이 아니라 오픈된 넓은 수평 동선을 따라 쇼핑하면서 쉬고, 자연과 어울리도록 쾌적한 공간개념으로 바뀌어야 한다는 것이 프리미엄 아웃렛의 과제이다.

〈그림 4-2〉 프리미엄 아웃렛

또한 생산자 주도에서 소비자 주도로 시장이 변하면서 대리점, 백화점 등의 기존 유통경로를 통해서는 판로 확보의 한계에 봉착한 제조업체들이 자사 상표뿐 아니라 타사 상표까지 복합적으로 판매하는 패션 전문점 사업에 직접 나서고 있다. 패션 전문점은 특정 소비자집단을 대상으로 취급하는 상품 수는 한정되어 있으나, 각 해당 상품계열 내에서는 다양한 상품 구색을 갖춘 점포형태이다. 그 유형은 사입형 패션전문점과 제조 소매업, 멀티 브랜드샵 등으로 구분하며, 사입형 패션 전문점은 표적고객집단의 욕구와 취향에 맞는 패션상품을 여러 제조업체나 도매상에서 사입하여 판매하는 편집매장형 전문점을 말한다. 크게 도매시장 상품을 사입하는 마트브랜드 전문점과 수입상품으로 구성된 수입 편집매장으로 나눌 수 있는데, 국내 소비자들의 수입 브랜드 및 고가의 명품 브랜드에 대한 소비욕구가 증가함에 따라 수입

편집매장이 급속히 성장하고 있다.

이러한 추세에 힘입어 한섬과 같은 제조업체에서는 직수입 시장 진출을 위해 별도 법인 무이아이엔씨를 설립하고 청담동에 대형 명품 편집매장을 운영하고 있다("한섬, 수입 편집매장 청담동에 오픈", 2002). 백화점 수입 편집매장에서는 직매입 상품 비중의 증가와 함께 자사 백화점에서만 단독 전개하는 상품을 늘려 차별화전략에 나섰고, 롯데닷컴은 인터넷을 통하여 직수입 편집매장 'BOSCO'를 운영함으로써 쇼핑의 편의를 도모하고 있다(〈그림 4-3〉). 또 비슷한 컨셉의 경쟁 브랜드를 함께 입점시키는 멀티 브랜드샵이 국내에 소개되지 않은 해외 브랜드나 유명 디자이너 상품을 소량씩 직수입해 판매하는 등 수입 편집매장과 멀티 브랜드샵이 혼합 형태로 발전하고 있다. 멀티 브랜드샵은 패션과 인테리어, 음반 등 주변 문화를 융합시킨 새로운 문화공간을 제시함에 따라 쇼핑을 하나의 라이프스타일로 승화시켰으며, 최근 들어서는 한 가지 패션 품목으로 전문화하는 형태를 보이면서 카테고리 킬러화되고 있다.

*출처: http://www.lotte.com

〈그림 4-3〉 롯데닷컴의 수입편집매장

제조 소매업(SPA, speciality store of private label apparel)은 원래 패션 전문점이 제조업체로부터 사입하여 판매만 하는 소매기능에서 더 나아가 직접 기획, 생산하는 제조 기능까지 갖춘 전문점이다. 그 시발점은 미국 전문점 체인인 '갭(GAP)'이 '좋은 상품을 부담 없는 가

격에'라는 소비자 요구에서 출발한 'SPA 기업 선언'에서 파생되었다. 대표적인 사업 전문점이었던 갭(〈그림 4-4〉)은 직접 디자인하여 기획, 생산하는 제조 기능을 갖추면서 SPA의 선도적 기업이 되었으며, 이외에 미국의 리미티드(Limited), 영국의 넥스트(Next)와 막스 앤 스펜서(Marks & Spencer) 등이 해당된다.

* 출처: www.blog.naver.com/ophion2, www.blog.naver.com/pinklucy1004

〈그림 4-4〉 갭 매장 내·외부

한국형 SPA로는 1994년에 도입된 도탈 캐주얼 홍콩 수입브랜드 지오다노, 2005년에 도입된 일본의 글로벌 SPA브랜드 유니클로 등이 대표적이며, 이외에 패스트 패션을 표방하면서 많은 패션업체들이 SPA형 브랜드 도입을 추진하고 있다. 특히 신세계인터내셔날, 롯데쇼핑, 한섬 등의 기업들은 수입 및 SPA형 브랜드 전개를 통해 얻은 노하우를 바탕으로 자체 브랜드 육성에 활용하고 있다("패션업체 수입사업 노하우로 자체 브랜드 육성", 2006).

한편으로는 남대문, 동대문 시장과 같은 재래시장이 선진 마케팅 기법을 도입하여 패션 타운을 형성하고, 중저가 의류를 취급하는 패션 전문몰의 대형화 현상이 나타나고 있다. 동대문 패션타운은 생산자 혹은 중간 상인이 소비자에게 직접 상품을 제공하고, 매장의 대형화로 쇼핑의 편의성까지 도모하면서 개성과 창의력이 돋보이는 디자인, 저렴한 가격 등으로 젊은 층의 관심을 끌고 있다. 하지만, 세계적인 유명 브랜드의 복제품, 값싼 중국 상품의 유입, 쇼핑몰의 포화상태 및 과잉 공급과 좋은 상품이 아니라 팔리는 상품을 만들고자 하는 디자이너들에 의해 성장이 저해되고 있다.

그러나 2005년 청계천이 복원되고 동대문이 관광특구로서의 면모를 갖추기 시작하면서 동

대문 패션타운의 재도약이 기대되며, 더욱이 인터넷 쇼핑이 활성화되면서 동대문 패션상품이 인터넷 패션 유통의 대부분을 점유하고 있다. 동대문 패션상품은 인터넷 창업자들의 선호도 1위 상품으로서, 패션과 유행을 추구하는 소비자의 욕구에 부합하고 지방 거주자들의 구매 욕구를 충족시키면서 저렴한 가격정책을 수립할 수 있는 최적의 상품이다. 다시 말해 인터넷이라는 신유통채널의 성장으로 인하여 동대문 패션상품은 시장 활성화의 새로운 기회를 창출하고 있는 것이다.

최근에는 멀티플렉스, 멀티 플레이어, 멀티 기능 등 '멀티'라는 컨셉이 중요한 키워드로 떠오르면서 이를 반영한 'Co-Partment Store'가 패션 유통의 새로운 코드로 부상하고 있다. 이 같은 키워드를 주도하고 있는 곳은 백화점으로 롯데, 현대, 신세계 등의 백화점에서는 메가샵에서부터 멀티 브랜드 편집샵, 토털샵 등 한 단계 진화된 MD를 구성하고 있다. 그 이유는 소비자들의 달라진 소비 행태에서 찾을 수 있는데, 지금의 소비자들이 쇼핑을 단순히 물건을 사는 행위가 아닌 즐거운 생활, 여가로 인식하고 쇼핑의 실용성과 합리성을 동시에 추구하며, 자신이 관심을 갖는 건강, 여가, 명품 등을 소비하는 가치 지향적인 소비 행태를 보이기 때문이다.

즉, 패션 소비자들이 차별화되고 독특한 장소에서, 즐겁고 행복한 감정을 느끼며 쇼핑하기를 원함에 따라 단순히 옷을 구입해야 하는 활동에서 벗어나 쇼핑에 오락적인 요소를 포함한 쇼퍼테인먼트(shoppertainment, shopping과 entertainment의 합성어)적인 쇼핑 문화가 추가된 것이다. 그로 인해 초대형 복합 쇼핑 공간에 패션 매장은 물론 멀티플렉스 영화관, 찜질방, 전자상가, 패밀리 레스토랑, 스포츠 센터 등이 포진한 라이프스타일 쇼핑 문화가 급속도로 파급되고 있다. 이러한 쇼핑 문화를 수용한 백화점에서는 단순한 판촉물 제공, 편의 제공, 무조건적 친절로서는 더 이상 소비자를 따라잡을 수 없다는 것을 인식하고 'Co-Partment Store'에 열을 올리고 있다("가치 소비와 쇼퍼테인먼트 쇼핑문화가 Co-Partment Store 찾아", 2005).

체계적이고 계획적인 거대 쇼핑몰의 증가, 유·아동 전문 쇼핑몰이나 홈 인테리어 매장과 같은 카테고리 킬러(category killer)의 확산, 해외 선진 시스템을 도입한 대형 아웃렛 타운의 형성, SPA 혹은 패밀리 브랜드의 종합 플래그십 스토어(flag ship store) 등의 성장에서 알 수 있듯이 앞으로 패션 유통의 키워드는 다극화(multi-polarization)이다. 여기에 문화, 예술, 오락, 오감(五感)이 융합되고 극도로 세분화된 타깃을 위한 셀렉트 샵(select shop), VIP 마케팅의 확산과 소수 프리미엄 고객을 위한 라인의 신설 등은 다양화·차별화로 대표되는 또 다른 축이라 할 수 있다(〈그림 4-5〉).

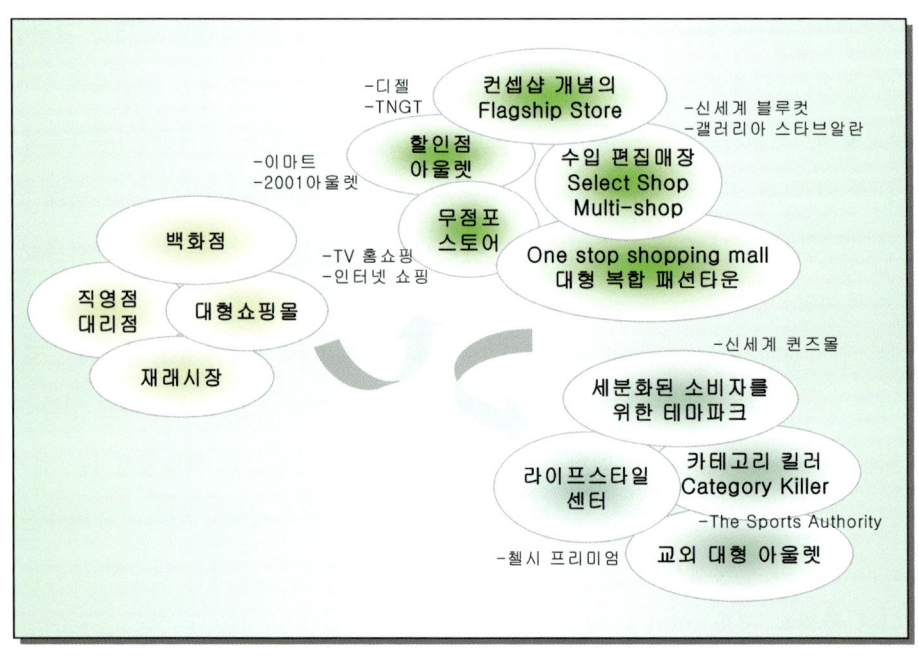

* 출처: 권영아(2005). 국내 패션마켓 현황 및 구조변화, 한국의류학회 6월 특강.

〈그림 4-5〉 패션유통구조의 성장

'제3차 유통혁명'으로 불리는 신유통 트렌드는 온라인 영역의 도입과 디지털 기술의 활용으로 유통부문에 정보화 개념이 도입되어 활용되는 것이다. 여기에는 B2B와 B2C를 포함한 온라인 기반의 전자상거래, 모바일 기기에 의한 M-commerce, TV홈쇼핑 및 T- commerce, 오프라인 유통업체의 온라인 강화를 통한 프로세스 혁신 등이 포함된다. 특히 케이블 TV나 인터넷 기반의 디지털 경제 확산은 소비자의 라이프스타일을 바꿔놓고 있으며, 이는 소비자 구매행태의 변화로 연결될 뿐 아니라 무점포 유통시장의 급속한 확산에 일조하고 있다. 인터넷 유통의 경우 제조를 기반으로 한 패션 브랜드는 물론 백화점, 할인점, TV 홈쇼핑 등의 진출과 인터넷 종합 쇼핑몰, 오픈마켓, 패션 전문 쇼핑몰 등의 증가로 지속적인 성장을 이룰 것이다.

2) 패션상품 유통구조의 변화요인

패션유통의 중심에 있던 백화점, 가두점에 할인점, 전문점이 가세하면서 유통 형태가 다양화되고, 정보 기술의 발전으로 소비자 행태가 변함에 따라 TV 홈쇼핑, 인터넷 쇼핑 등 무점

포 판매가 신유통채널로 부상하는 등 패션유통구조는 빠르게 변하고 있다. 이 중에서도 인터넷 쇼핑은 패션 소비자의 편리성 추구와 합리적 쇼핑성향, 시간절약 및 쇼핑 노력의 절감 등의 욕구와 맞물려 성장 잠재력이 높은 것으로 평가된다. 패션유통구조의 변화요인을 사회, 경제, 기술적인 측면과 소비자 측면으로 구분하여 살펴보면 다음과 같다(〈표 4-3〉).

〈표 4-3〉 패션 유통환경의 변화요인

구 분	내 용

사 회	• 도시화의 진전 및 도시로의 인구 집중 및 구매력 집중
	• 여성취업기회 확대, 맞벌이 부부 증가, 고령인구 증가
	• 가치관의 변화
	   – 주5일 근무제, 건강/레저/문화 등 관심
	   – 패밀리 레스토랑, 건강식 전문점 등 업종 컨셉 다양화

경 제	• 90년대 중반이후 경기침체
	   – 자동차, 반도체 등 주력산업의 수출부진
	   – 소비심리 위축 및 과소비 억제 유도
	   – 기업의 견실경영추구 및 구조조정
	   – 전략적 제휴의 활성화 및 구조조정
	   – 할인점 성장의 기폭제
	• 유통시장 개방으로 외국업체 대거 진출
	• 정부의 할인업태에 대한 긍정적 시각

기 술	• 정보화의 급속한 진전
	   – 유통기술 및 정보기술 고도화
	   – Database Marketing, Direct Marketing, 관계 마케팅 등
	• 케이블 TV 홈쇼핑, 온라인 쇼핑의 성장 및 확대

소비자	• 편리성 추구 및 간소화 지향 • 합리성, 가치지향, 가격지향 – 가치지향 점포 및 전문할인점 형태 점포 선호 • 시간절약 및 쇼핑노력 절감으로 One Stop Shopping 지향

사회적 측면

도시화가 진전되고 인구가 도시로 집중되면서 소비자들의 구매력이 도시를 중심으로 성장함으로써 도시로부터 유통이 발전되기 시작하였다. 이와 함께 여성의 취업기회 확대, 맞벌이 부부의 증가, 늦게 결혼하는 풍토로 인하여 여성의 소비력이 증가하였고, 그로 인해 원스톱 쇼핑이나 케이블TV 쇼핑, 인터넷 쇼핑 등이 시간적 여유가 부족한 이들의 욕구에 부합하는 유통채널로 부상하였다. 한편에서는 사회의 고령화 현상이 심화됨에 따라 중·노년층이 새로운 소비주체로 떠오르고 있다. 과거의 노년층과 달리 경제적 능력을 지니고 행복한 삶을 추구하는 실버 마켓을 대상으로 하는 산업이 본격적으로 성장함으로써 소외된 계층으로서 구매력이 낮다고 여겨지던 노인복에 대한 관심이 높아졌으며, 백화점 등에서는 노인들을 대상으로 한 마케팅이 활기를 띠고 있다. 또한 주5일 근무제의 확산으로 레저, 문화 등에 대한 관심이 증가하고 가족 단위로 여행을 즐기는 등 여가 시간의 활용이 중요해지면서 평일에는 외출복으로, 주말에는 레저복으로 입을 수 있는 캐주얼 정장이나 패밀리 브랜드가 증가하였다. 이와 같이 사회적 측면에서의 여러 가지 변화는 소비자의 구매행태에 영향을 미쳐 매장의 대형화나 멀티화, 교외형 복합매장, 신유통채널 등 패션유통의 다극화에 일조하고 있다.

경제적 측면

패션산업이 고부가가치산업으로 인식되면서 1970년대 중반 이후 대기업이 진출하고 1980년대 중소기업의 대거 참여로 패션유통망은 다양하게 확대되었다. 그러나 1990년대 중반이후 수출 부진 및 기업의 구조 조정, 정부의 과소비 억제 유도, 소비심리의 위축 등으로 인하여 사회 전반에 걸쳐 심각한 경기침체가 도래되었다. 이와 맞물려 유통시장의 개방에 따른 외국 유통업체의 대거 진출로 할인업태가 비약적으로 성장하였고, 이는 대형 할인점 및 패션 할인점 성장의 기폭제가 되었다. 가격 경쟁력으로 시장을 점유한 대형 할인점에서 패션상품의 비중이 커지기 시작하였으며, 이는 패션업계에도 영향을 미쳐 패션 아웃렛의 성장을 촉구하였다. 또한 시장개방과 병행수입이 허용되면서 경쟁력이 강한 외국 유명상표가 진출하고, 소비자들의 수입 브랜드 선호현상에 힘입어 세계적인 패션 유통업체들이 대형매장을 오픈, 패션 매장의 대형화 및 멀티화 현상이 나타났다. 매장의 멀티화는 소비의 양극화 현상 아래 고품질, 고기능, 고가격의 프리미엄 제품의 성장을 촉구하였으며, 지속적인 경기침체로 저가를 장점으로 하는 인터넷 쇼핑이 급성장을 이루었다.

기술적인 측면

기술과 정보의 급속한 진전은 패션 유통업에도 영향을 미쳐 유통 및 정보기술의 고도화는 물론 다양한 마케팅전략이 도입되었다. 특히 IT를 기반으로 CRM(고객관계관리), CSM(고객만족경영), SCM(공급망관리) 등 각종 비즈니스 프로세스의 혁신을 이루고, 보다 세부적인 소비자 정보를 기반으로 한 데이터베이스 마케팅, 관계 마케팅 등이 수립되었다. 패션기

업의 CRM 도입에 따른 마일리지 제공, DM, 이메일, e카드 및 핸드폰 문자메시지 발송 등은 고객과의 상호작용을 용이하게 하였으며, 고객의 데이터베이스 및 인터넷 비즈니스의 활용으로 고객의 개별 욕구를 충족시킬 수 있는 개인화 전략이 가능해졌다. 사용자가 시간과 장소에 구애받지 않고 자유롭게 네크워크에 접속하는 '유비쿼터스(ubiquitous)'가 본격적으로 산업전반에 응용되면서 패션과 IT의 접목현상이 나타났으며, TV 홈쇼핑과 인터넷 쇼핑의 성장 가도에서 't커머스'와 'm커머스'가 급부상하고 있다. 뿐만 아니라 구매, 생산, 재무, 물류 등의 전사적자원관리(ERP, enterprise resource planning)를 근간으로 상품기획, 전자카탈로그, 수출입관리, 구매시점관리(POS, point of sale)에서 머천다이징시스템, 경영정보시스템 및 사용자의 분석업무 지원을 위한 시스템까지 완벽한 전사 통합을 이루고 있다.

소비자 측면

공급에 비하여 수요가 많았던 시기에는 소비자를 고려하지 않고서도 기업은 매출 달성을 이룰 수 있었다. 그러나 공급이 수요를 초과하고 소비자들의 욕구가 다양화, 전문화, 개별화되면서 소비자 중심의 마케팅전략이 중요해졌다. 소비자의 욕구가 쇼핑시간의 감소, 구매비용의 축소, 대중적인 디자인을 선호하는 경제지향, 개별적인 편익을 중시하는 개인지향, 가격대비 높은 가치와 기능성을 추구하는 가치지향 등으로 변함에 따라 유통망의 다극화현상이 나타났고, 소비자 양극화의 심화는 신유통채널의 성장을 가속화시키는 계기가 되었다. 특히 합리적이면서도 가격 지향형 소비자의 증가는 전문 할인점, 원 스톱 쇼핑은 물론, 타 유통채널보다 저가격으로 판매하는 인터넷 유통채널의 성장 동력이 되고 있다.

이상에서 설명한 패션유통구조의 현황과 변화 추이를 고려해 볼 때 신유통채널의 등장으로 인한 패션유통의 다변화가 예상된다. 이는 사회, 경제, 문화적 변화와 기술의 발전, 소비자변화 등의 환경적인 요인과 행보를 같이하며, IT와 정보기술의 급속한 발전은 인터넷 유통채널의 성장과 함께 미래 유통채널의 등장을 가속화시킬 것이다. 따라서 패션 제조업체는 물론이거니와 소매업체, 패션 창업자들에게 있어 인터넷 유통채널의 활용과 인터넷 마케팅 및 인터넷 비즈니스에 대한 이해가 필수이다.

'패스트 패션'의 온라인 진출

'패스트푸드는 쇠락하지만 패스트 패션은 뜨고 있다'

최신 유행스타일의 옷을 빠르면 1일~2일 안에 소비자에게 선보이는 패스트 패션이 자리를 잡아가고 있다. 스페인의 '자라(ZARA)', 미국의 '포에버21', 스웨덴의 'H&M' 등 해외 유명 패스트 패션 브랜드들이 인터넷 오픈마켓과 해외구매대행 사이트를 통해 활발히 판매되고, 국내업체들도 패스트 패션을 표방하며 진출하고 있다.

이들은 다품종 소량생산을 기본으로 다양한 아이템의 옷을 조금만, 그러나 빨리 만들어 빠르게 회전시키는 것이다. 따라서 소비자 입장에서는 최신 유행스타일의 옷을 저렴하게 살 수 있고, 기업의 입장에서는 재고부담을 줄이면서 고객을 확보할 수 있다.

패스트 패션의 특성은 소비자 접근을 용이하게 하기 위해 가격이 저렴한 편이며, 제품주기가 짧다 보니 히트상품일지라도 대량생산되는 일이 드물다. 또한 유행에 민감하기 때문에 옷의 품질과 상관없이 한 시즌이 지나면 다음 시즌에는 폐기처분되는 경우가 많다.

국내 브랜드로는 '매긴나잇브리지', '에고이스트' 등을 운영하는 아이올리의 '플라스틱아일랜드'와 '마루', '노튼' 등을 운영하는 예신퍼슨스의 '허스트'가 대표적인 패스트 패션이다. 국내 소비자들이 유행에 민감하고 패션 주기가 매우 짧아 패스트 패션 브랜드의 성장은 한동안 지속될 것으로 전망된다.

또한 동대문 사입제품과 자체 기획력을 합쳐 빠르고 다양한 트렌디 상품을 강점으로 내세우며 가두점에서 한때 기세를 올렸던 여성복 브랜드들의 온라인 진출이 늘고 있다. 그 이유는 가두점 매출이 둔화된 데다 인터넷 쇼핑몰이 강력한 경쟁자로 부상하는 데 기인한다.

여성복은 타 복종에 비해 온라인 유통에서 약세였으나, 동대문 사입을 기반으로 한 업체들이 저렴하고 트렌디한 패스트 패션을 판매하면서 시장점유율이 크게 확산추세. 최근에는 무조건 싼 제품이 아니라 디자인과 퀄리티를 높인 중가 이상의 제품의 판매도 늘고 있다.

도희트웨니원컴퍼니는 명동의 '소울21'과 '트웨니원뉴욕' 등 오프라인 매장에 이어 자체 인터넷 쇼핑몰을 오픈, 오프라인과 온라인 매장의 연계를 통한 공격적인 마케팅에 나섰다. 여성 커리어 '라미네뜨'를 전개하는 모즈인터내셔널은 오프라인 매장 전개를 잠정 중단하고 온라인에 주력하고 있으며, 호주 SPA 브랜드 'TAP'도 오프라인 대형상권 진출과 더불어 온라인 사업진출을 구상 중이다.

- 어패럴뉴스(2006. 05. 30)
- 한국섬유신문(2007. 01. 08)

3. 패션상품의 인터넷 유통전략 및 구현

1) 패션상품의 인터넷 유통전략

패션상품은 백화점이나 대리점, 할인점, 전문점 등을 통하여 소비자들이 직접 실물을 보고 입어보면서 구매하는 형태가 일반적이다. 그러나 인터넷의 등장 이후 소비자들은 쇼핑을 하기 위해 점포를 찾을 필요 없이 편안하게 집에서 컴퓨터 화면만 보고서도 패션상품을 구매할 수 있다. 이와 같이 컴퓨터가 제공하는 가상공간에서 소비자가 상품을 찾아 쇼핑하고 구매할 수 있는 가상 시장(cyber market)을 활용하여 기업이 제품을 판매하는 전략이 바로 인터넷 유통전략이다. 인터넷 유통과 다른 유통경로와의 차이점은 공간성이며, 인터넷에서는 대리점, 백화점과 같은 건물이 아니라 컴퓨터 속의 가상공간에서 모든 거래가 이루어진다.

인터넷으로는 단순한 공산품이나 생활 잡화에서부터 각종 컴퓨터 소프트웨어나 가전제품, 의류, 패션잡화, 화장품 등은 물론 카드, 꽃 등의 소품을 비롯하여 각종 예약이나 콘텐츠, 무형의 서비스에 이르기까지 거의 모든 분야의 상품을 판매할 수 있다. 패션과 관련하여서는 남녀 정장과 단품류, 캐주얼의류, 스포츠웨어, 아동복에서 속옷, 액세서리, 잡화류 및 패션관련 콘텐츠와 서비스 등 무궁무진하다. 이러한 상품들의 인터넷 유통은 크게 직접판매와 간접판매로 구분된다. 직접판매는 해당 기업에서 자사 홈페이지를 개설하여 이를 통해 판매하는 형태이고, 간접판매는 유통업자가 각 기업의 제품이나 서비스를 제공받아 인터넷 쇼핑몰에서 판매하는 형태를 일컫는다. 유통과정에 포함되는 비즈니스의 영역은 다음과 같으며, 〈그림 4-6〉과 같이 다양하게 나타날 수 있다.

- B2C: 기업이 인터넷 쇼핑몰을 통해 소비자를 대상으로 하는 전자상거래
- B2B: EDI를 통한 전자문서교환, 전자시장, 전자조달 등을 포함한 기업 간 거래
- C2C: 벼룩시장, 소리바다 같은 P2P 서비스를 이용한 소비자 간 거래
- C2B: 역경매, 공동구매처럼 소비자가 기업을 대상으로 하는 전자상거래
- B2G: 기업이 정부를 대상으로 하는 전자상거래
- G2B: 정부가 기업을 대상으로 하는 전자상거래
- G2C: 전자민원처리, 공과금납부 등 정부가 소비자를 대상으로 하는 전자상거래
- B2E: 기업이 기업 내 직원을 대상으로 하는 전자상거래

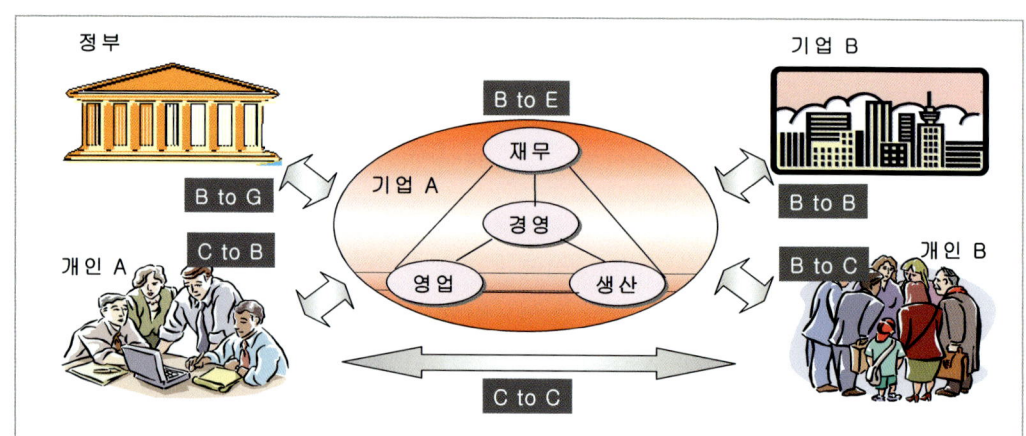

〈그림 4-6〉 인터넷 유통의 비즈니스 영역

　기업의 입장에서 그들의 목표 및 전략에 따라 인터넷 유통을 운용할 수 있으나, 기존의 일반 유통과 어떻게 조화시키는가가 가장 큰 문제이다. 예를 들어, 패션상품과 같이 대리점제가 발달한 상품의 경우 대리점주에게 일정 지역의 판매권을 부여하기 때문에 기업의 인터넷 유통은 계약 위반이 될 수 있다. 1999년에 인터넷 유통을 선언한 리바이스가 유통업자들의 반발로 인터넷 판매를 중단한 사례에서 알 수 있듯이 기업이 인터넷 유통을 적용하기 위해서는 해결해야 할 점이 많다. 때문에 인터넷에서 유통되는 패션상품은 종합 쇼핑몰이나 오픈마켓, 패션 전문 쇼핑몰 등을 통해 판매되는 동대문, 남대문 등의 도매시장 상품이 대부분이다. 여기에 백화점, 할인점 등의 소매업체 인터넷 쇼핑몰에서 판매되는 브랜드 상품이나 유명 브랜드의 이월상품, 직수입 브랜드 상품, 패션 제조업체와 프로모션 등에서 개발한 인터넷 전용 브랜드, 중국 등지의 아웃소싱을 통해 생산한 패션상품 등이 인터넷으로 유통되고 있다.

　인터넷의 등장으로 인한 유통구조의 변화에서 가장 주목받는 개념은 '중개소멸'과 '재중개'이다. 중개소멸(dis-intermediation)은 제조사에서 도매상, 소매상 등의 중개상을 거쳐 소비자에게 전달되는 전통적인 유통구조와 달리 인터넷 유통은 제조사가 직접 소비자와 접촉, 판매할 수 있어 중개상을 거치지 않는다는 뜻이다. 〈그림 4-7〉과 같이 기존의 선형적 구조에서는 몇 단계의 유통채널을 거치는 과정에서 중개상의 이익 때문에 제조원가에 비하여 최종 소비자 가격이 매우 높아진다. 예컨대 제조원가가 10,000원인 패션상품이 유통 단계별로 12,000원, 14,000원, 16,000원 등으로 가격이 높아져 결국 소비자는 20,000원에 구매하는 시스템이다.

이는 지리적 여건, 인력 등의 이유로 제조사가 최종 소비자와 직접 접촉하기가 매우 어려웠기 때문인데, 인터넷이 등장하면서부터는 웹 사이트를 통해서 제조사가 소비자에게 직접 판매가 가능해졌다. 앞서 예와 비교할 때 제조사가 인터넷에서 15,000원에 판매해도 제조사 입장에서는 3,000원의 이익을, 소비자 입장에서는 5,000원의 이익을 볼 수 있다. 이렇듯 인터넷 유통에서 중개소멸이 가능해짐에 따라 제조사는 보다 저렴한 가격으로 소비자에게 상품을 제공하고, 채널유지비용을 절감하며, 고객의 욕구를 정확히 파악하게 되었다. 한편으로 인터넷 유통은 다양한 정보서비스 사이트, 쇼핑몰, 전자시장 등에서의 전자적인 중개상을 등장시켰는데, 예를 들어 옥션(www.auction.co.kr)은 판매자와 소비자 사이에 경매라는 서비스를 제공하는 새로운 중개상이라 볼 수 있다. 이러한 현상을 일컬어 재중개(re-intermediation)라고 한다.

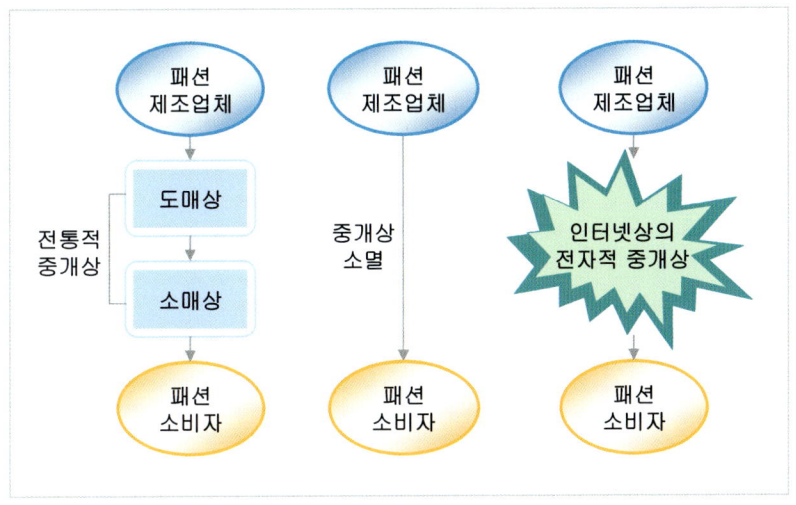

* 출처: 임규건 외(2005). e-비즈니스 경영. 서울: 이프레스, p.66.

〈그림 4-7〉 중개소멸과 재중개

이러한 특징적인 요소로 인하여 인터넷 유통은 기존 유통에 혁신적인 변화를 초래하면서 신유통채널로 급부상하였고, 그 시발이 기업이 소비자에 판매하는 소매형태, 즉 B2C 전자상거래에 있다고 하여 'e-retailing'이라 부른다. 전통적인 상거래 방식에 비하여 인터넷을 기반으로 하는 e-retailing은 시간과 공간에 구애 받지 않고 기업이 소비자와 직접 만날 수 있으며, 고객의 수요를 보다 정확하게 알 수 있고, 쌍방향 의사소통이 가능하며, 점포 운영 및 관리 비용이 저렴하고 용이하다. 또한 중간 유통단계를 거치지 않고 소비자와 직접 연결함으로

써 유통비용을 절감할 수 있으며, 지역적 제약이 없어 새로운 시장 진입이 비교적 쉽다(〈표 4-4〉). 소비자의 입장에서는 상품에 대한 정보 검색 기능과 상품 비교가 가능하여 보다 효율적이고 합리적인 쇼핑을 할 수 있고, 상품이나 배송, 기업 등의 정보에 접근이 용이하며, 구매비용을 절감할 수 있다.

〈표 4-4〉 e-retailing과 전통적인 상거래 방식의 비교

구 분	e-retailing	전통적인 상거래 방식
유통채널	기업↔소비자	기업→도매상→소매상→소비자
거래대상지역	전 세계(Global)	일부지역(Closed)
거래시간	24시간	제한된 영업시간
고객수요파악	온라인으로 수시획득	영업사원이 획득
마케팅활동	쌍방향 통신을 통한 1대1 마케팅	구매자 의사에 상관없는 일방적 마케팅
고객대응	고객요구의 신속한 파악	고객요구 포착이 어렵고 대응지연
판매거점	Cyber Space	Real Space

* 출처: 임규건 외 (2005). e-비즈니스 경영. 서울: 이프레스, p. 67.

그러면 소비자와 기업 간의 인터넷 거래 프로세스를 생각해 보자. 패션상품을 판매하는 기업은 고객에게 물품정보를 보여주며, 이때 물품정보는 e-카탈로그로 보이거나 검색엔진을 통하여 검색할 수 있고, 이메일을 통한 푸시 마케팅(push marketing)으로 얻을 수 있다. 상품정보를 본 고객은 기업에게 주문정보와 지불정보를 전송하는데, 주문서를 바로 작성하거나 구매하고자 하는 상품을 장바구니(shopping cart)에 담은 후에 주문서를 작성하는 과정을 거친다. 그다음 지불정보(신용카드, 현금입금, 실시간계좌이체, 이머니 등)를 입력하고 구매요청을 통해서 주문정보와 지불정보를 전송하며, 기업은 고객이 수신한 지불정보를 금융기관에 보내서 확인한다.

고객의 대금지불이 확인되면 기업은 주문 상품을 택배회사를 통하여 고객에게 배송하고, 고객은 주문하고서 1일~2일 후에 상품을 받으며, 주문 과정에서 발생한 주문 정보나 결제 정보, 개인 정보는 물론 모든 정보의 흐름은 보안을 위해서 각종 암호화 기법과 인증서, 보안 프로토콜 등을 사용하여 보호된다. 이는 패션 기업이 자사 웹 사이트에서 직접 상품을 판매하는 경우

이고, 재중개상인 종합 쇼핑몰이나 오픈마켓 등을 통할 때는 〈그림 4-8〉과 같이 재중개상 웹 사이트에서 상품공급업체에게 출하 정보를 보내고 상품대금을 지급하는 과정이 포함된다.

패션 브랜드의 인터넷 유통은 자사 웹 사이트를 통하여 직접 판매하거나 종합 쇼핑몰, 오픈 마켓 등에 입점할 수 있으며, 인터넷 상인에게 납품할 수도 있다. 또 인터넷에서 패션상품의 창 업은 인터넷 쇼핑몰을 직접 운영하거나 종합 쇼핑몰, 오픈마켓 등에 입점하여 상품을 판매할 수 있으며, 소호몰 등의 형태를 활용하기도 한다. 어떤 형태로 인터넷에 진출하든지 간에 인터 넷 유통이 판매자와 소비자 모두에게 다양한 이점을 제공하고 있다는 사실이 중요하다.

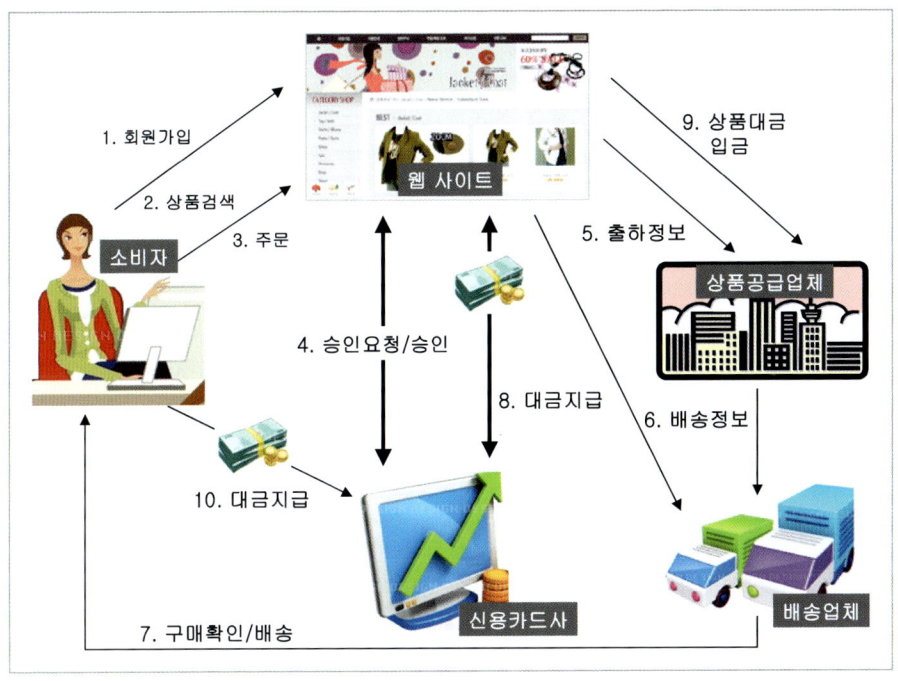

〈그림 4-8〉 인터넷 거래 프로세스

2) 패션상품의 인터넷 유통 구현

인터넷을 통한 패션상품의 유통은 e카탈로그, 디렉토리, 비교구매, 경매와 역경매, 소비자 간 전자상거래(C2C EC) 등으로 구현될 수 있다(임규건 외, 2005). 이를 통한 인터넷 소매 (e-retailing)에서 성공하기 위해서는 차별화된 상품전략, 사이트 운영전략에서의 디자인과 구

조, 쉬운 검색 시스템, 사이트에 대한 신뢰구축, 사이트의 지속적인 변화 및 운용이 필요하다. 특히 패션상품은 계절별로 신상품이 출하되고 소비자 니즈(needs) 및 유행에 민감하기 때문에 신속한 업데이트와 함께 고객의 욕구를 파악하고 불만을 해결하려는 노력이 요구된다.

(1) e-카탈로그(e-catalog)

e-카탈로그는 상품에 대한 멀티미디어 정보를 담고 있는 상품소개 페이지로서, 전자 카탈로그를 의미한다. 초기에는 HTML 위주의 전자 카탈로그가 주를 이루었으나 동영상, 애니메이션, 3D 등의 형태로 바뀌고, 모든 접속자에게 동일한 카탈로그를 보여주는 방식에서 접속자 개별로 다른 카탈로그를 보여주는 맞춤형 전자 카탈로그 형식으로 변하는 추세다. 패션상품은 타 상품에 비하여 색상이나 디자인, 소재, 사이즈 적합성 및 맞음새 등의 구현이 소비자 구매에 중요한 역할을 담당하므로 멀티 형태의 카탈로그 방식을 채택하는 것이 바람직하다. 또한 의류는 물론 액세서리, 패션 소품 및 잡화 등을 활용한 머리끝에서 발끝까지의 스타일 연출이 요구되는 상품으로서, 한 가지 아이템을 구입하는 과정에서 관련 아이템의 구매를 유도할 수 있다. 따라서 개인의 체형이나 취미, 관심사, 선호 브랜드 등을 바탕으로 개개인에게 적합한 아이템을 추천하는 맞춤형 카탈로그를 제공한다면 소비자의 긍정적인 구매의사결정을 이끌 수 있다.

일반적으로 인터넷 종합 쇼핑몰이나 소매업체의 인터넷 쇼핑몰에서는 카탈로그와 e- 카탈로그를 동시에 활용하는 촉진전략을 구사한다. 예를 들어, 다음에서 운영하는 디앤샵(d&shop)은 고객이 매월 첫 구매를 할 때마다 그달에 제작된 카탈로그를 함께 배송하고, 카탈로그에 수록된 상품마다 고유번호를 부여하여 그 번호를 e-카탈로그에서 검색하여 주문하는 고객에게 쿠폰가로 제공하고 있다. 또한 TV 홈쇼핑 전문업체인 GSeshop은 상품 카테고리를 12개로 분류한 다음 각 카테고리별 e-카탈로그를 모니터상에서 볼 수 있도록 구현하고 있으며(〈그림 4-9〉), 카탈로그를 신청하면 집으로 우송해주는 시스템을 갖추고 있다.

* 출처: http://www.gseshop.co.kr

〈그림 4-9〉 e-catalog

(2) 디렉토리(directory)

패션 기업은 디렉토리 서비스를 통해서 상품정보를 고객에게 보여줄 수 있다. 디렉토리 서비스는 X.500 프로토콜을 이용하여 제공되는데, 전화번호부처럼 인터넷 사용자에 대한 기본 정보를 담고 있는 화이트 페이지(white page), 도메인명 등록정보 조회 서비스인 Whois 서비스(www.whois.nic.or.kr), 업종별 혹은 분야별 전화번호를 웹상에 정리해 놓아 상품 혹은 서비스 구입의 의사결정에 도움을 줄 수 있는 옐로페이지(yellow page) 등이 포함된다. 대부분의 정보 검색 사이트들이 디렉토리 서비스를 제공하고 있으며, 패션 분야의 디렉토리 서비스 제공 사이트로는 〈그림 4-10〉에서 제시한 인짱닷컴(www.inzzing.com)이 있다. 소비자들이 디렉토리 서비스를 이용하는 방법은 인터넷 화면의 주소입력창에 원하는 한글 혹은 영문 도메인을 입력하거나 네이버, 야후 등의 검색 사이트에 접속하여 직접 검색 혹은 카테고리를 통하여 검색할 수 있다.

패션상품의 검색어로는 인터넷 패션 쇼핑몰, 패션 쇼핑몰, 패션 브랜드, 패션 사이트처럼 패

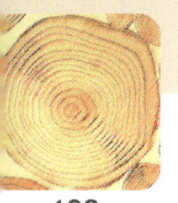

션이라는 단어를 이용한 것과 여성복, 남성복, 캐주얼웨어, 아동복, 속옷 등과 같이 카테고리별 검색어, 여성상의와 여성정장, 남성셔츠, 남아동 실내복 등 아이템을 활용한 단어, 그리고 로맨틱 스타일, 유행 스타일, 밀리터리 스타일, 연예인 스타일 등 스타일별 검색어가 있다. 패션관련 인터넷 쇼핑몰의 도메인을 알지 못하거나 다양한 인터넷 쇼핑몰을 검색하기 원할 때는 검색 사이트에서 검색어를 입력하면 쉽게 사이트를 찾을 수 있다. 그러나 패션상품과 관련하여 너무 많은 사이트가 등록되어 있고, 검색 시스템을 활용해도 원하는 쇼핑몰을 찾기 힘들기 때문에 패션상품과 관련하여 포괄적이면서도 체계적인 전문 검색 사이트의 필요성이 대두된다.

* 출처: http://www.inzzang.com

〈그림 4-10〉 패션상품 디렉토리 서비스

(3) 비교구매(comparison shopping)

비교구매란 소비자가 시중에 판매되고 있는 모든 상품에 대한 가격 및 정보 등을 수집하여 비교한 후 자신이 가장 원하는 상품을 선택하여 구입하는 것을 말한다. 비교구매를 지원하는 방법은 비교검색 사이트, 검색엔진과 디렉토리 서비스, 메타 검색엔진, 비교구매 에이전트 등이 있다. 단편적인 예로 소비자가 영양 에센스의 성능, 가격 등을 비교하고자 할 경우

검색 사이트나 비교구매 사이트를 통하여 '영양 에센스'를 검색하면 인터넷에서 판매되고 있는 다양한 상품의 상세정보와 가격정보 등을 비교할 수 있다(〈그림 4-11〉). 현재까지는 소비자의 가격비교를 이용한 구매의사결정지원이 주를 이루고 있는데, 향후에는 상품의 특성이나 품질, 서비스 등까지 비교할 수 있는 시스템의 구현이 필요하다. 또한 비교구매를 활용하여 인터넷 소비자들이 보다 합리적, 효율적인 구매행위를 할 수 있으나, 동일상품 혹은 유사상품에 대하여 각 사이트별로 다른 용어와 물품번호가 사용되고 있어 용어나 상품명에 대한 표준화가 요구된다.

* 출처: http://www.omi.co.kr

〈그림 4-11〉 비교구매사이트의 '에센스' 검색 화면

비교구매 사이트는 웹 사이트 내에서 제공하는 상품비교 정보를 소비자가 분석, 탐색한 결과 구매가 일어날 때 수수료를 받거나, 광고게재를 통하여 수익이 발생한다. 인터넷상에서 실시되고 있는 비교구매모델로는 단순비교모델과 다척도 비교모델, 판매구성전문가 시스템모델, 제조업자 시발모델, 비교유통자모델, 경쟁자 시발모델 등이 있으며, 그 특성은 다음 〈표 4-5〉와 같이 요약할 수 있다.

제Ⅱ부 패션상품의 인터넷유통

122

〈표 4-5〉 비교구매모델

구 분	정의 및 특징	비교구매 예
단순비교모델	• 공급자가 제시한 가격 등의 단순사양 비교구매를 지원 • 초기 에이전트에 의한 비교구매 서비스	• bargain finder(저렴한 상품을 찾아다니는 사람)나 서적관련 비교구매 서비스
다척도 비교모델	• 사용자의 요구사항에 대해 판매자는 상품의 부분 사양을 제공하고, 이들 후보상품들에 대해 여러 가지 척도를 적용하여 최종 상품의 선택을 유도	• 동 기종 후보상품들을 비교 후 선택 구매
판매구성 전문가 시스템모델	• 전문가 시스템의 추론기능을 이용하여 구매자 상황에 맞게 사양을 변경하거나 제품의 구성을 변경하는 기능을 제공	• 상품추천→대안상품 제시→구매유도 과정으로 시스템을 운영
제조업자 시발모델	• 상품 제조사가 비교주체가 되어 동일 상품군을 판매하는 판매자들을 비교대상으로 삼아 경쟁적 비교를 시행	
비교유통자 모델	• Brokeing 중간자 구조를 갖는 비교 유통자가 제공한 계약상품에 대해 즉각적인 비교지원	• 구매자는 검색창에서 원하는 상품군의 리스트를 선택 • 판매자는 다른 판매자의 상품과 가격을 비교하여 즉각적인 가격 조정이 가능
경쟁자시발 모델	• 가장 적극적인 형태의 비교구매모델 • 경쟁적 비교구매 촉발 시장 안에 존재하는 경쟁자가 특정 판매자를 비교대상으로 삼는 형태	• 비교대상이 명확하고 경쟁비교 촉발 전략이 훨씬 정교하며 적극적임

* 출처: http://blog.naver.com/73031215의 내용을 연구자가 재정리함

(4) 경매와 역경매(auction & reverse-auction)

인터넷상에서는 판매자와 구매자 간의 상호작용을 통한 가격협상이 가능한데, 그 대표적인 예가 경매와 역경매이다. 경매는 물건을 사려는 구매자가 여럿일 때 값을 가장 높이 부르는 사람에게 파는 것으로 단수의 판매자와 다수의 구매자 사이에서 이루어진다. 그러나 대부분의 인터넷 경매는 최고가를 입찰한 1명에게 낙찰되는 것이 아니라 판매자가 '낙찰 수 5개'와 같이 낙찰자의 명수를 미리 결정하여 두면 여러 명의 소비자가 가격을 제시하고, 낙찰 범위에 든 사람들에게 낙찰을 하는 방식으로 실행되고 있다. 이와 달리 역경매는 단수의 구매자와 다수의 판매자 사이에서 일어나는 것으로, 구매자가 가격을 제시하면 다수의 판매자가 경쟁을 하여 가격을 결정하는 방식을 일컫는다.

경매와 역경매의 프로세스를 요약하면 〈그림 4-12〉와 같으며, 패션상품은 역경매보다는 경매를 통하여 소비자에게 공급되는 예가 많다. 패션기업의 경매 시스템 도입은 인지도가 높은 경매 사이트에 입점하거나 자사 웹 사이트에서 제공하는 등 다양한 방법으로 이루어진다.

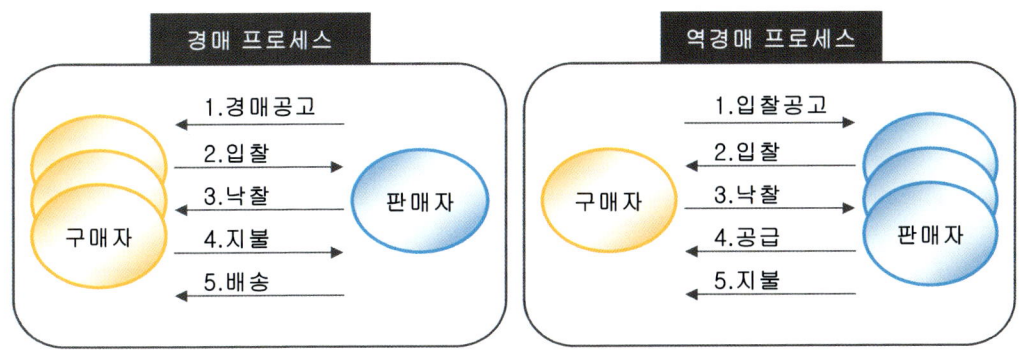

〈그림 4-12〉 경매와 역경매 프로세스

경매와 역경매는 판매자와 구매자가 서로의 가치와 필요에 따라 유동적으로 판매가를 결정하기 때문에 판매자가 일방적으로 가격을 결정하는 방식보다 효용성이 높다. 대부분의 경매사이트에서는 최저가에서 시작하는 경매방식을 수행하고 있으며, 천 원에서 시작하는 천 원 경매를 실시하는 사이트가 많다. 그러나 입찰자가 적어 1,000원에 낙찰될 경우 판매자의 판매거부가 상당수 있어 소비자 입장에서 여러 가지 주의가 요구된다. 또한 믿을 만한 경매 사이트를 선정해야 하며, 패션상품의 경우 시즌상품에 대한 경매가 치열하므로 시즌이 아닌 상품을 선택하면 낙찰 가능성이 높고 낙찰가가 낮다. 치열한 경쟁이 예상되는 시즌상품을 낙찰 받고자 한다면 느긋하게 기다렸다가 경매 5분 전에 임박해서 배팅을 시도하는 것이 효과적이며, 입찰자가 많을 경우 시중가보다 비싼 가격으로 낙찰 받을 수 있으므로 시중가격이 어느 정도인지를 미리 확인해야 한다.

(5) C2C EC(customer to customer electronic commerce)

C2C는 소비자와 소비자 간의 직거래를 의미하며, 대표적인 예가 벼룩시장이다. 그 유형으로는 벼룩시장 등에 목록을 광고하여 거래로 연결하는 목록화 방식, 개인의 웹 사이트나 커뮤니티 게시판 등을 이용하여 개인 간의 거래를 하는 개인 서비스 방식, 소리바다(soribada), 냅스터(napster) 등의 P2P 서비스를 이용한 상품 또는 서비스를 전자적으로 물물교환하는 방식 등이 있다. 일반적으로 패션상품의 C2C는 벼룩시장 전문 사이트를 이용하거나 옥션 등의 직거래 코너, 일반 쇼핑몰에서의 벼룩시장 게시판, 인터넷 커뮤니티 게시판 등을 통하여 이루어진다. 이와 같은 소비자 간의 거래가 경매와 연결되어 최고 입찰가를 기입한 구매자에게 낙찰되는 방식을 많이 취하고 있는데, 특히 명품 시장에서 C2C 거래가 활발한 편이다.

오픈마켓 '패션' 성공사례

■ 파쿠

'파쿠'라는 상호로 인터넷 의류 쇼핑몰 시장에 돌풍을 일으킨 30대 젊은 사장 이기훈. 이태원에서 여성의류 소매점포를 운영하다가 크게 수익을 보지 못하던 그에게 희망의 서곡이 울린 것은 새로운 유통활로를 모색하면서부터였다. 동대문으로 사업거점을 옮긴 후 2004년 하반기부터 오픈마켓에 관심을 가지고 네티즌들의 쇼핑습관을 분석하기 시작했다.

그리고 2005년 4월 오프라인 샵을 모두 정리하고 오픈마켓으로 사업기반을 옮겼다. 오프라인에서의 오랜 경험과 온라인에서의 새로운 시도는 곧 엄청난 시너지 효과를 발휘했다. 5명 인원으로 오픈마켓에 입점한 첫 해에 80억 원의 매출을 기록한 것이다. 이렇게 성공한 비결은 적절한 타깃층을 대상으로 한 가격과 디자인, 서비스 혁명에 있다.

또한 단가를 낮추기 위하여 생산기지를 중국에 둔 것이 주효했던 것. 여기에 최신 유행 스타일을 빠르게 공급함으로써 패션에 민감하면서도 가격 민감도가 높은 10대들이 좋아할 만한 브랜드가 탄생했고, 그것이 바로 '파쿠'였다. 9,800원짜리 청바지로 수개월간 베스트셀러 상품으로 등극할 정도였으며, 가격 대비 높은 품질, 그리고 철저한 서비스로 재구매율을 높인 것도 성공요인이었다.

'파쿠'는 2006년 매출이 150억 원에 달했으며, 현재 상하이, 베이징까지 생산기지를 넓혀 청바지 단일 품목에서 다품목의 패션상품을 취급하고 있다.

■ 클러버

'남들이 하는 건 거들떠보지도 않습니다.'
이는 오픈마켓에서 클럽웨어를 전문으로 판매하고 있는 의류업체 '클러버' 최상현 사장의 신조이다.

그는 2002년 동대문 쇼핑몰에서 여성의류 점포를 운영했지만, 1년 만에 접고 도매대행 인터넷업체에 입사했다. 그러나 창업의 꿈을 쉽게 포기하지 못해 2005년 6월 오픈마켓에 입점, 다시 여성의류에 도전했다. 오프라인 판매경험과 인터넷업체에서 일한 노하우가 있었음에도 불구하고 인터넷시장의 치열한 경쟁으로 인해 판매량이 1일 3건~4건 정도에 불과했다.

아이템을 찾기 위해 연예인들의 프로필 사진을 보던 그는 여자 댄스 그룹의 과감한 의상에 눈길이 갔다. 이를 계기로 캐주얼 의류 판매를 접고 2005년 10월 '클러버'라는 이름으로 미니샵을 열었다. 이때만 해도 홍대 주변의 클럽이 인기를 끌고는 있었지만 클럽웨어라는 상품군은 제대로 정립되지 않았었다.

클럽의상을 판매한지 두 달 만에 1일 100건까지 판매량이 늘어나면서 점점 입소문도 나고, 단골 고객이 많아지기 시작했다. 개성을 중시하는 클럽웨어 구매자들의 특성상 소위 말하는 '대박상품'을 터뜨리기는 힘들지만, 독특한 스타일에 해외배송 대행 서비스까지 실시하고 오프라인 클럽파티 등을 개최하여 인지도를 높이고 있다.

- 매일경제(2007. 01. 07)

4. 패션상품의 인터넷 유통 현황 및 전망

인터넷 상거래는 저비용, 국제성, 상호작용성, 진입의 용이성 등이 특징이며 저렴한 가격, 시간 절약에 따른 편리한 쇼핑, 풍부한 상품 정보, 고객 맞춤 서비스 등이 가능하기 때문에 빠른 트렌드 변화, 소비자 욕구의 개별화 및 다양화에 대응해야 하는 패션산업의 특성에 부합하는 비즈니스 형태이다. 초기에는 사이즈나 품질을 확인하고 구매하는 패션상품의 특성상 온라인 사업이 어려울 것으로 예상되었으나, 인터넷 쇼핑몰의 교환, 환불, A/S 등 다양한 서비스와 구매 위험을 낮출 수 있는 정보 제공, 공동 구매 등의 저렴한 가격 및 편리성 등으로 패션상품의 인터넷 구매가 꾸준하게 증가하고 있다.

통계청(2007)에 의하면, 2006년 11월 인터넷 쇼핑몰 사업체 4,524개의 인터넷 쇼핑몰 총 거래액은 1조 2,453억 원으로 전월 대비 14.9%, 전년 동월대비 22.9% 증가세를 보였다. 이 중 B2C 규모는 8,191억 원으로 전월에 비하여 12.0%(880억 원), 전년 동월에 비해서는 17.7%(1,231억 원) 증가하였고, 전년 동월대비 의류/패션 및 관련상품, 여행 및 예약서비스 등의 매출이 크게 늘어난 것으로 나타났다(〈표 4-6〉).

〈표 4-6〉 인터넷 쇼핑몰 거래액 규모 및 증가추이

(단위 : 백만 원, %)

구 분	2005년		2006년				전월 대비		전년동월 대비	
	11월	구성비	9월	10월	11월	구성비	증감	증감률	증감	증감률
상품 및 서비스 거래액	1,013,091	100.0	1,196,914	1,083,416	1,245,265	100.0	161,849	14.9	232,174	22.9
·B2C 거래액	696,017	68.7	816,418	731,067	819,079	65.8	88,012	12.0	123,062	17.7
·C2C 포함	970,212	95.8	1,159,515	1,046,928	1,207,342	97.0	160,414	15.3	237,130	24.4

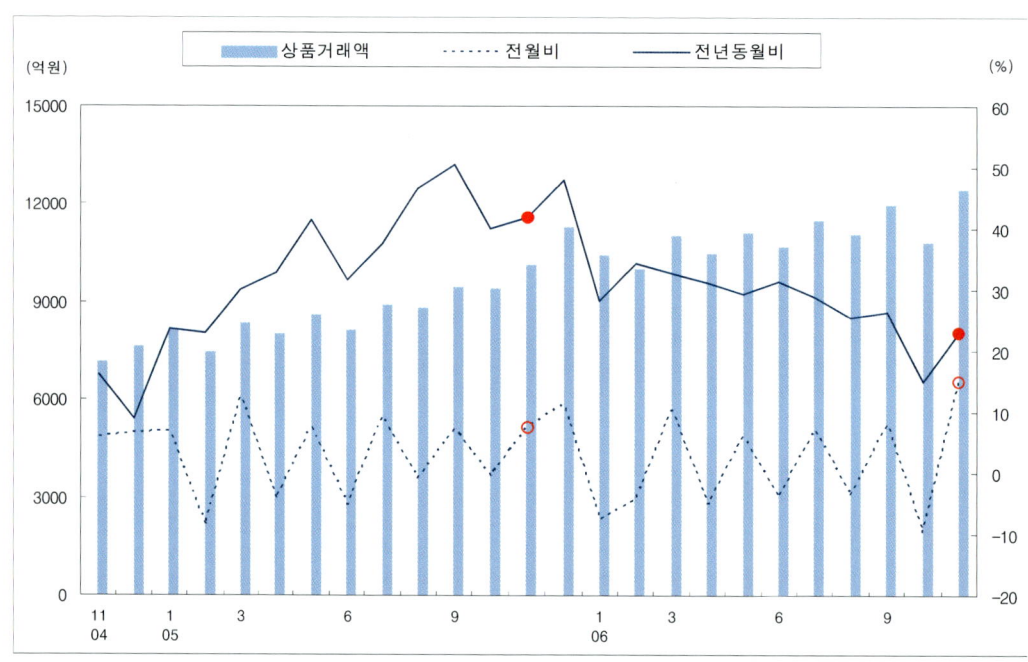

* 출처: 2006년 통계청자료

상품군별 구성비는 〈표 4-7〉과 같이 의류/패션 및 관련상품(20.3%), 가전/전자/통신기기
(16.2%), 여행 및 예약서비스(13.5%), 생활용품/자동차용품(9.9%), 컴퓨터 및 주변기기
(8.9%)의 순이었으며, 전년 동월 구성비와 비교하여 의류/패션 및 관련상품은 1.7%p, 아동/
유아용품은 1.0%p 증가한 반면, 식음료 및 건강식품은 0.8%p 감소하였다. 특히 패션상품의
경우 백화점의 전년 동월 대비 매출신장률이 20%~30%를 넘지 못한 데 비하여 온라인 몰
에서는 97.2%의 매출 증가율을 보여 인터넷 유통채널을 통한 거래가 지속적인 성장을 보일
것으로 전망된다.

〈표 4-7〉 상품군별 인터넷 쇼핑몰 거래액 규모

(단위 : 백만 원, %)

구 분	2005년		2006년				전월 대비		전년동월 대비	
	11월	구성비	9월	10월	11월	구성비	증감	증감률	증감	증감률
계	1,013,091	100.0	1,196,914	1,083,416	1,245,265	100.0	161,849	14.9	232,174	22.9
①컴퓨터/주변기기	92,720	9.2	109,611	94,769	111,272	8.9	16,503	17.4	18,552	20.0
②S/W(게임S/W 등)	8,513	0.8	6,376	5,685	7,111	0.6	1,426	25.1	-1,402	-16.5
③가전/전자/통신기기	168,891	16.7	158,831	152,884	201,678	16.2	48,794	31.9	32,787	19.4
④서적	41,476	4.1	53,918	44,851	49,717	4.0	4,866	10.8	8,241	19.9
⑤음반/비디오/악기	8,668	0.9	6,215	6,364	7,003	0.6	639	10.0	-1,665	-19.2
⑥여행/예약서비스	128,376	12.7	170,324	169,275	168,195	13.5	-1,080	-0.6	39,819	31.0
⑦아동/유아용품	42,819	4.2	60,115	54,389	64,150	5.2	9,761	17.9	21,331	49.8
⑧식음료 및 건강식품	47,122	4.7	65,518	47,170	49,031	3.9	1,861	3.9	1,909	4.1
⑨꽃	3,664	0.4	3,562	3,069	3,824	0.3	755	24.6	160	4.4
⑩스포츠/레저용품	34,089	3.4	43,303	39,888	44,476	3.6	4,588	11.5	10,387	30.5
⑪생활용품/자동차용품	104,867	10.4	112,345	111,187	123,400	9.9	12,213	11.0	18,533	17.7
⑫의류/패션관련상품	188,369	18.6	215,900	206,956	252,721	20.3	45,765	22.1	64,352	34.2
⑬화장품/향수	52,851	5.2	61,569	54,862	62,329	5.0	7,467	13.6	9,478	17.9
⑭사무/문구	9,695	1.0	11,773	10,512	12,847	1.0	2,335	22.2	3,152	32.5
⑮농수산물	23,072	2.3	46,048	21,685	24,010	1.9	2,325	10.7	938	4.1
⑯각종서비스	7,085	0.7	5,026	5,001	5,163	0.4	162	3.2	-1,922	-27.1
⑰기타	50,814	5.0	66,479	54,867	58,338	4.7	3,471	6.3	7,524	14.8

이와 같이 인터넷 패션시장이 확대된 이유는 기존 유통채널의 문제점인 지역적인 한계를 극복하고, 인터넷 쇼핑몰을 통해 제공되는 상품의 수가 많으며, 반품과 교환, 환불, A/S 등의 서비스가 용이하다는 점에 기인한다. 일견에서는 옥션, G마켓 등 온라인 마켓 플레이스의 환경이 패션상품의 거래에 적합하기 때문에 온라인 마켓 플레이스가 성장하면서 인터넷 패션시장이 확대된 것으로 보고 있다. 이들 마켓 플레이스는 인터넷 쇼핑몰과 달리 다수의 판매자가 자유롭게 입점할 수 있고, 상품등록도 무제한 가능함으로써 상품구색을 중시하는 패션상품 소비자들의 욕구를 충족시킬 수 있다. 또한 판매자들의 경쟁이 치열하다 보니 마켓 플레이스의 패션매장은 그 어떤 전문가가 꾸민 매장보다 알찬 구성에 유행 상품, 다양한 판매

기법, 오프라인 매장보다 훨씬 저렴한 가격 등으로 판매가 빠르게 증가하고 있다. 더욱이 대부분의 마켓 플레이스가 채택하고 있는 '에스크로 시스템(〈그림 4-13〉)'은 소비자가 구매를 확정해야만 판매자에게 대금이 지급되도록 되어 있어 패션상품 소비자의 구매위험을 낮추고 있다("온라인 마켓 패션천하", 2006).

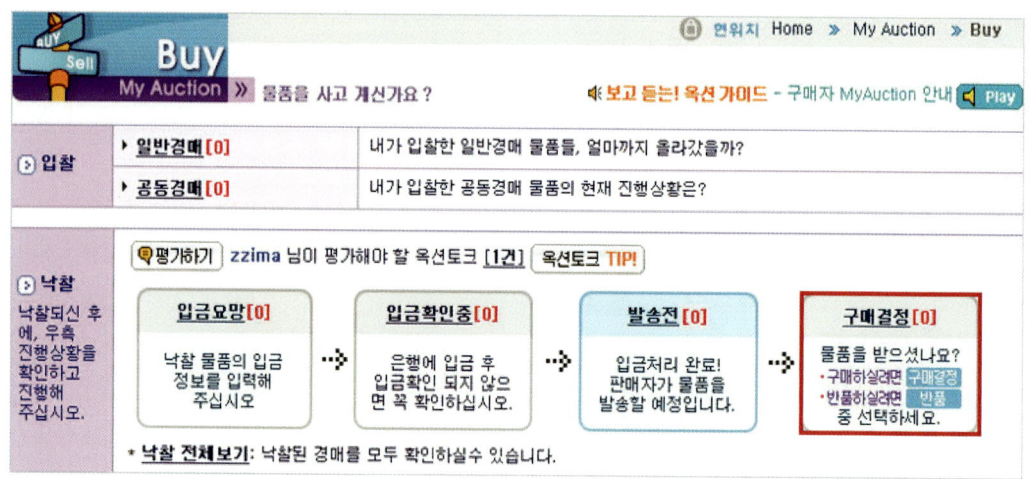

* 출처: http://www.auction.co.kr

〈그림 4-13〉 마켓 플레이스의 에스크로 시스템

　2006년 11월을 기준으로 인터넷에서의 패션상품 거래액을 취급상품 범위와 쇼핑몰 운영형태별로 구분하여 알아본 결과는 〈표 4-8〉과 같다. 취급상품 범위에 따라서는 종합몰과 전문몰로 나눌 수 있는데, 의류/패션 관련상품 거래액은 종합몰의 총 거래액 9,158억 원에서 2,268억 원(24.77%), 전문몰의 총 거래액 3,294억 원에서 258억 원(7.83%)이었다. 그리고 운영형태에 따라 온라인 전문 사업체의 총 거래액 7,546억 원에서 2,178억 원(28.86%), 온/오프라인 병행 사업체의 총 거래액 4,505억 원에서 348억 원(7.72%)인 것으로 밝혀져 온라인 전문 종합몰에서 패션 상품의 판매가 활발하게 일어나고 있었다.

<표 4-8> 의류/패션 관련상품의 인터넷 거래액 규모

(단위 : 백만 원)

구 분	종합몰		전문몰		온라인전문몰		온/오프라인병행몰	
	총 거래액	의류/패션 관련상품	총 거래액	의류/패션 관련상품	총 거래액	의류/패션 관련상품	총 거래액	의류/패션 관련상품
2001	2,259,715	144,966	1,087,352	30,912	1,390,662	104,439	1,956,405	71,441
2002	4,389,126	470,136	1,640,751	67,268	1,973,686	224,493	4,056,191	312,910
2003	5,108,126	614,934	1,946,692	115,000	2,401,107	375,829	4,653,711	354,105
2004	5,620,687	777,586	2,147,418	156,217	3,824,930	610,887	3,943,175	322,916
2005	7,415,033	1,388,095	3,260,563	195,005	5,913,345	1,287,161	4,762,250	295,939
2006.11	915,831	226,825	329,433	25,896	754,697	217,843	450,568	34,878

* 출처: 2006년 통계청자료.

과거에 비해 온라인과 오프라인을 병행하는 소매 기업의 증가가 두드러져 유통시장의 멀티채널(multi-channel)화가 진전되고 있는데, 그 주요 동인은 최근 몇 년간 등장했던 뉴미디어와 신규 판매망, 그리고 소비자의 소비행태 변화에 있다. 인터넷 쇼핑채널은 주로 오프라인 채널로부터 전환이 이루어지고 있으며, 인터넷 소비자의 증가로 인하여 백화점과 할인점의 이용이 급격히 감소하고 있는 추세다(<그림 4-14>). 인터넷 소비자들의 충성구입비율이 타 채널보다 높은 점을 고려할 때 이와 같은 쇼핑채널의 전환은 일회성이 아니라 지속적으로 타 채널을 이용하려는 완전 전환현상이라고 할 수 있다. 이에 따라 백화점과 할인점, 전문점 등은 오프라인에서 발생한 소비자 이탈을 막기 위하여 인터넷 쇼핑채널을 병행하는 등 다양한 전략을 시행하고 있지만, 온·오프라인 병행업체보다 온라인 전문업체의 점유율이 높아 온·오프라인 병행업체의 인터넷 활용 및 전략 수립이 요구된다.

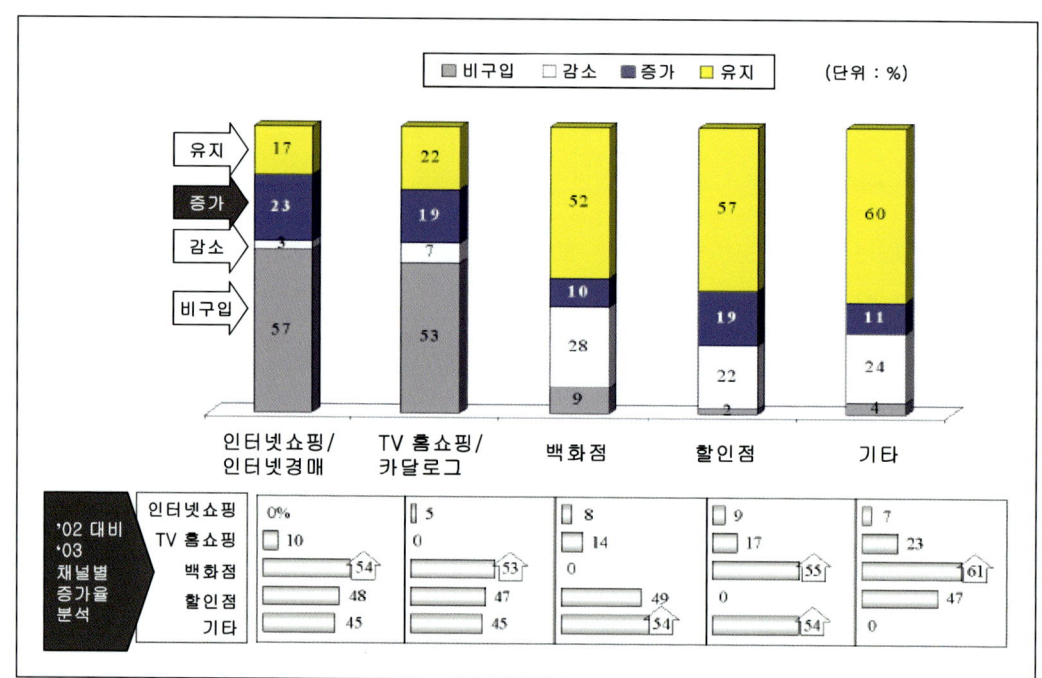

* 주: 본 수치의 해석방법은 다음과 같음.
  예) '02년도 대비 '03년도 인터넷 쇼핑 증가자(23%)는 TV 홈쇼핑 감소자의 10%, 백화점 이용 감소자의 54%, 할인점 이용 감소자의 48%, 기타 장소 감소자의 45%가 인터넷 쇼핑으로 유입함으로써 발생함.
* 출처: 홍동표 외(2004). 국내 인터넷 쇼핑시장 분석 및 전망. p.24.

〈그림 4-14〉 쇼핑채널 전환 증가현상

인터넷에서 판매하고 있는 패션상품의 대다수는 동대문 등의 재래시장 상품이다. 현재 인터넷에서는 동대문 패션 전문몰이 130여 개인데, 동대문 제품으로 소호몰을 운영하는 개인까지 합하면 5천여 명의 상인이 활동하고 있다. 동대문디지털협회의 조사에 의하면 2006년 인터넷 동대문 쇼핑몰의 매출이 전년 대비 30% 이상 늘어났으며, 이는 인터넷 이용자의 증가와 함께 상인들이 직접 참여할 수 있는 오픈마켓이 상승세를 보이면서 매출 규모와 외형이 크게 확대된 것으로 밝혀졌다. 전문 쇼핑몰에서는 B2C만이 아니라 B2B의 형태를 취하기도 하였으며, 일부 도매상인들은 온라인 판매업자에게만 판매할 목적으로 상품을 생산하는 경우도 있었다. 오픈마켓 형태의 동대문 패션 전문몰로 유명한 '동대문닷컴(〈그림 4-15〉)'은 오픈 3년 만에 회원 수 150만 명을 확보, 2005년 매출이 220억 원에 달했다. 동대문 소매 쇼핑몰인 '두타'는 '두타닷컴'을 오픈했고, '헬로우에이피엠'은 상인들이 직접 상품을 올려서 판매할 수 있는 오픈마켓 형태의 인터넷 쇼핑몰을 운영중이다("동대문에 인터넷 패션 전문몰만 130여 개", 2006).

* 출처: http://www.ddm.com

〈그림 4-15〉 동대문닷컴

한편으로, 브랜드 아웃렛이나 재래시장 저가 의류 판매처로 인식되어 온 인터넷 쇼핑몰의 패션상품이 상품의 다양성과 빠른 속도, 자체 기획 생산을 통한 상품력 제고 등을 통해 저가 시장만이 아니라 중가, 중고가 시장 등 상품의 고급화 추세를 보이고 있다. CJ몰은 패션잡화 및 액세서리 전문 '연예인 파파라치샵'을 운영 중인데, 유명 연예인이 착용한 아이템의 정품을 국내외에서 소싱하여 판매함으로써 1일 최고 방문객이 17만 명을 상회할 정도이다. CJ몰은 저가 마켓과 차별화된 상품을 공급한다는 방침 아래 국내에 선보이지 않은 해외 브랜드를 주로 소싱하고 있으며, 패션 트렌드를 이끄는 연예인을 활용하여 정품 신상품만을 고가에 판매함에도 불구하고 소비자들의 반응은 폭발적이다(〈그림 4-16〉). 마찬가지로, 스타 마케팅을 활용하고 있지만 중저가 상품을 주로 공급하는 G마켓의 '스타샵'은 매달 새로운 연예인을 섭외하여 소호몰 운영자들에게 공지하면 그 스타의 컨셉에 적합한 상품들을 업체 측에서 제안하는 방식으로 운영된다. 이러한 추세에 힘입어 옥션에서도 스타샵, 디자이너 브랜드샵 및 명품샵 등을 운영하고 있으며, 저가 상품만을 주로 찾던 패션 소비자들이 중고가 혹은 고가 일지라도 타 상품과 차별화된 패션상품에 기꺼이 지불할 의사를 보이고 있다.

* 출처: http://www.cjmall.com

〈그림 4-16〉 CJ몰의 정찬 스타샵

　이와 같이 인터넷상의 스타마케팅이 성공함에 따라 연예인들의 인터넷 창업이 증가세를 보인다. 연예인들은 패션 리더의 입장에서 트렌드를 선도하기 때문에 일반인들의 패션 스타일에 영향을 미치고, 유명세로 인하여 일반인의 관심을 충분히 유도함으로써 인터넷에서의 성공률이 상당히 높다. 그 대표적인 예가 개그맨 김주현이 그의 아내와 함께 운영하는 동대문 패션 전문몰 '따따따(www.ddaddadda.co.kr)'이다. 따따따는 연예인이 운영하는 쇼핑몰로 인기를 끈 것이 아니라, 일반 개인 창업자와 동일한 방식으로 인터넷 쇼핑몰을 오픈하여 홍보, 관리함으로써 인지도를 높였다. 개그맨 김주현의 창업비용은 2,000만 원이었으며, 신상품을 매일 업데이트할 정도로 쇼핑몰을 관리하여 1년 3개월 만에 월 매출 3억 원을 넘어섰다 ("개그맨 김주현, 인터넷 쇼핑몰 큰 손", 2006).

　2년 동안 뉴욕에서 유학생활을 한 경험을 바탕으로 방송인 박경림은 온라인 패션 브랜드 '뉴욕스토리'를 런칭, 동대문 전문 쇼핑몰과 달리 자체 기획한 디자인과 직접 제작을 기반으로 G마켓, 디앤샵, 네이트, 하프클럽 등의 인터넷 쇼핑몰에 입점하여 판매하고 있다("방송인 박경림, 인터넷 쇼핑몰 홈런", 2006). 그러나 반품, 교환이 되지 않고 가격에 비해 품질이 떨

어진다는 소비자 반응이 다소 있어 스타의 명성만으로 성공할 수 있을지는 미지수이다. 이 외에 탤런트 김준희는 동대문 소싱과 자체 제작을 겸하고 있는 독특한 컨셉의 여성의류 쇼 핑몰 에바주니(www.evajunie.com, 〈그림 4-17〉)를 오픈하여 한 달 만에 월 매출 10억을 달 성하는 등 높은 성과를 보이고 있다("탤런트 김준희, 쇼핑몰로 월 10억 벌어요", 2006).

* 출처: http://www.evajunie.com

〈그림 4-17〉 김준희의 에바주니

인터넷은 패션기업의 새로운 유통채널에서 기업 비즈니스의 혁신적인 변화까지 도모할 뿐 아니라 관련 전문가나 일반인, 상인 및 연예인들의 창업 창구로서의 역할을 수행한다. 인터넷 창업 시 가장 선호하는 아이템이 의류 및 패션 관련상품이며, 이들 상품으로 스타 사장이 된 10대, 20대 창업자들도 나올 정도이나 실패하는 쇼핑몰도 많아 창업 시 주의가 요구된다.

신세계유통연구산업소의 '2007년 유통 전망보고서'에 따르면, 유통업계의 3대 키워드는 'C·A·N(Consumer confidence, Amenity, New format)'으로 상품 전반에 대한 소비자의 신뢰를 높이고, 소비의 양극화 현상에 따라 명품 마케팅이 확산되며, 신업종에 대한 시장 전 반의 기대감이 높아질 것으로 예상했다. 소매시장 규모에 있어 할인점(27조 7천억 원)과 백 화점(18조 7천억 원)과의 격차가 더 커지고, 오픈마켓의 급성장으로 경쟁이 가속화되고 있는 인터넷 쇼핑몰이 2009년에는 백화점을 추월하여 2대 업태로 떠오를 것으로 보았다.

이런 현상들로 미루어 볼 때 앞으로의 패션 유통에서 인터넷의 영향력을 무시할 수 없다. 브랜드력이 약한 국내 패션기업이 글로벌 브랜드로 성장하기 위해서는 인터넷을 활용한 패션상품의 유통이나 인터넷 마케팅 및 e비즈니스의 활용이 필수적이다. 그럼에도 불구하고 타 산업군에 비하여 패션 기업의 인터넷 활용은 비교적 저조한 편이며, e비즈니스를 바탕으로 한 마케팅 전략조차 수립되지 않은 상황이다. 변화하는 사회 현상과 맞물려 시장 성장을 도모하고자 하는 패션 기업이라면 이제 인터넷의 활용에 대하여 고민하고 적극적으로 수용해야 할 것이다.

또한 미래의 유통채널로 떠오르고 있는 't커머스'와 'm커머스'에도 패션 기업의 관심이 요구된다. t커머스의 t는 '텔레(tele)' 혹은 '텔레비전(television)', '텔레커뮤니케이션(tele-communi- cation)'을 뜻하며, TV를 중심으로 하는 방송통신 매체를 활용한 상거래를 의미한다. TV를 통해 상품 콘텐츠를 송출하는 TV 홈쇼핑의 연장선으로 보기 쉬우나 서비스 내용 및 수준이 TV 홈쇼핑과 비교할 수 없을 정도로 높고, 쌍방향 커뮤니케이션을 기반으로 TV 리모콘을 통해 상품 주문과 결제가 가능하다. 한국디지털위성방송(KDB), GS·현대 홈쇼핑 주도로 시작된 데이터 쇼핑 방송이 디지털미디어센터(DMC) 구축 등 디지털화가 본격화됨으로써 t커머스 시장이 새로운 전기를 맞고 있다. 더욱이 초고속 인터넷 망으로 제공되는 양방향 텔레비전 서비스인 IPTV(internet protocol television)가 상용화되면 무점포 소매시장에 일대 변혁이 일어날 것으로 예상된다. IPTV는 초고속 인터넷을 이용하여 정보 서비스, 동영상콘텐츠 및 방송 등이 텔레비전 수상기로 제공되기 때문에 컴퓨터에 익숙하지 않은 사람이라도 리모콘을 이용하여 간단한 인터넷 검색에서 영화감상, 홈쇼핑, 홈뱅킹, 온라인게임 등 인터넷의 다양한 정보 및 부가서비스를 제공받을 수 있다. 이럴 경우 컴퓨터를 잘 다루지 못하는 세대까지 TV를 이용하여 간편하게 쇼핑할 수 있어 인터넷 쇼핑몰에서의 패션상품 구매확률이 더욱 높아지게 되므로, 미래의 패션시장을 선점하고자 하는 패션 기업이라면 인터넷과 TV용 패션 브랜드의 런칭을 고려하거나 이를 활용한 홍보전략을 수립해야 할 것이다.

아직은 단초기나 통신 속도 때문에 기대만큼 시장이 성숙되지는 않았지만, W-CDMA(wideband code division multiple access) 등 모바일 환경에 따른 m커머스 시장도 크게 확대될 것으로 전망된다. 현재로서는 통신사업자와 인터파크 등 일부 쇼핑몰 업체에서 시범 서비스를 하고 있는 수준에 불과하나 조만간 주요 유통채널의 하나로 자리잡을 것이다. 이에 따라 패션 소비자의 구매행동에 많은 변화가 예측됨으로써 패션 기업에서는 다가올 미래 유통에 적극적으로 대처할 수 있는 방안을 확보해야 한다.

Case. 패션 전문몰 '인짱닷컴'

설립일	2002.04
사업분야	패션 소비자를 대상으로 동대문 패션상품 판매
매출액	2005년 30억 원
종업원 수	10명(2005)
업계위치	랭키닷컴 선정 보세의류 쇼핑몰 분야 10위/61개

성장요인	활용방안 및 노하우
가격의 차별화	시즌 또는 월 단위로 이벤트를 기획, 최고 50% 이상 세일
DB의 이용	회원가입 시 기록을 바탕으로 상품구매계획
실시간 고객대응	코디스타일 코너를 통해 실제로 입어보는 효과를 연출
인터넷 공동체	사용 후기에 평점을 매기게 하여 다른 고객이 쇼핑에 참고
전략적 제휴	현대택배와 같은 건물에 임대, 빠르고 안전한 배송에 만전

인짱은 '인터넷이 짱인 세상'의 준말로, 블로그를 통한 패션 콘텐츠의 제공, 커뮤니티의 활용 등으로 네티즌과의 친밀감을 형성하고 동대문 의류를 저렴하게 제공하는 패션 전문몰이다. 2003년 동대문 패션전문 최고의 인기사이트로 선정되었으며, 상품 판매는 물론 사이트 내에 인터넷 패션 쇼핑몰의 검색 기능을 제공함으로써 이용자 편의를 도모하였다. 동대문 도매시장에 오프라인 매장을 가지고 있고, 시즌이나 월마다 최고 50% 바겐세일을 시행하는 등 인터넷을 통한 초저가 정책을 잘 이용하고 있다. 안전하고 빠른 배송을 위해 택배회사와 같은 건물에 임대하고 있으며, '코디스타일룩' 코너를 통하여 고객이 실제로 입어보는 효과를 느끼게 한 점이 차별화된다.

이제는 힘들게 다리품 팔면서 매장을 돌아다닐 필요도 없이 패션 소비자들은 언제, 어디서라도 쇼핑을 할 수 있다. 동일한 패션상품일지라도 가격이 더 저렴한 곳이 어디인지를 즉각적으로 확인하고, 패션 정보가 열악한 지역에 거주할지라도 유행에 앞서가는 아이템을 구입할 수 있다. 이 모든 것이 가능해진 것은 인터넷이 안겨준 생활 혁명 때문이다. 인터넷의 등장은 패션 소비자들의 구매패턴을 변화시켜 자신이 원하는 시간에 집에서 쇼핑하는 구매자들이 갈수록 늘고, 이에 따라 패션상품을 취급하는 인터넷 쇼핑몰이 증가 일로에 있다. 또한 패션 상품의 유통구조에 큰 변화를 일으켜 인터넷 비즈니스를 얼마나 활용하는가가 패션 사업의 성공여부를 좌우할 정도다.

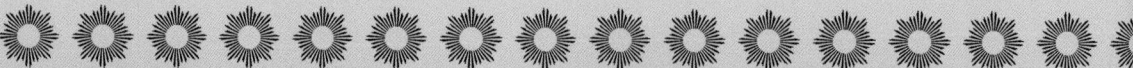

제Ⅲ부

인 터 넷 쇼 핑 몰 과 패 션 소 비 자

제5장 인터넷 쇼핑몰의 이해

제6장 인터넷 패션 소비자

제5장 인터넷 쇼핑몰의 이해

　패션 소비자들 사이에 인터넷 사용이 점차 확산, 일상화되면서 패션상품 관련 인터넷 쇼핑몰의 규모와 종류가 매우 다양해지고 있다. 그러나 패션상품을 취급하는 인터넷 쇼핑몰 현황이나 이에 대한 개념 및 특성에 대해서는 정확하게 밝혀진 바가 없다. 본 장에서는 패션상품을 중심으로 인터넷 쇼핑몰의 개념 및 분류, 그 특징을 알아보고, 인터넷 쇼핑몰과 일반 쇼핑몰을 비교하여 고객만족을 이끄는 인터넷 쇼핑몰의 요건을 살펴본 후 패션 전문 인터넷 쇼핑몰의 리스트를 작성한다.

1. 인터넷 쇼핑몰의 개념 및 분류

1) 인터넷 쇼핑몰의 개념

　인터넷 쇼핑시장은 1990년대 후반부터 급속히 증가한 인터넷 이용인구와 더불어 빠르게 성장하여 초기 준비단계에서 확산단계를 지나 성장단계에 진입하고 있다. 준비단계(readiness, 1998년~1999년)는 인터넷 쇼핑 인지도를 구축하는 단계로서 인터넷 전문 업체를 중심으로 시장이 형성되어 잠재시장을 확보한 시기이다. 확산단계(intensity, 1999년~2002년)는 인터넷 쇼핑 구매자수의 증가로 인하여 인터넷 쇼핑시장이 급격하게 팽창하고 오프라인 기반 유통업체 및 홈쇼핑 기반 업체들이 인터넷에 진출하면서 인터넷 쇼핑몰 업체수가 크게 증가하여 경쟁강도가 높아진 단계이다. 이 당시 인터넷 쇼핑몰에서는 저가정책을 통한 가격우위전략으로 시장을 확보하였지만, 성장단계(Growth, 2002년 이후)에 와서는 가격만이 아니라 무료배송, 지식쇼핑, 다양한 정보제공, 이벤트 등 비가격 경쟁전략으로 고객을 유치하고, 인터넷 쇼핑 수요 증가와 함께 비용구조가 안정화되면서 인터넷 쇼핑몰의 수익성이 확보되기 시작한다. 인터넷 쇼핑시장의 발전단계를 도식화하면 〈그림 5-1〉과 같다(홍동표 외, 2004).

이와 같은 발전단계를 거치고 있는 인터넷 쇼핑은 인터넷상의 통신판매를 의미하며, 카탈로그나 홈쇼핑 채널에 의존하지 않고 전자통신망, 즉 인터넷으로 쇼핑과 주문은 물론 대금결제까지도 한꺼번에 행하는 보다 진보한 형태의 판매방식이다(박태경, 1995; 키도야스유키, 1995). 또한 기업과 소비자 간의 전자상거래(B2C EC)를 대표하는 것으로, 현실 세계의 소매점포를 가상공간에 구현하여 통화 인프라를 통해 인터넷상의 쇼핑몰 홈페이지에 상품정보를 제공하고, 이곳에 접속한 이용자가 쇼핑, 주문 후 대금 결제를 하면 이용자가 원하는 장소까지 배달을 하여 주는 기존 통신판매보다 진일보한 판매형태를 말한다(이태희, 2001).

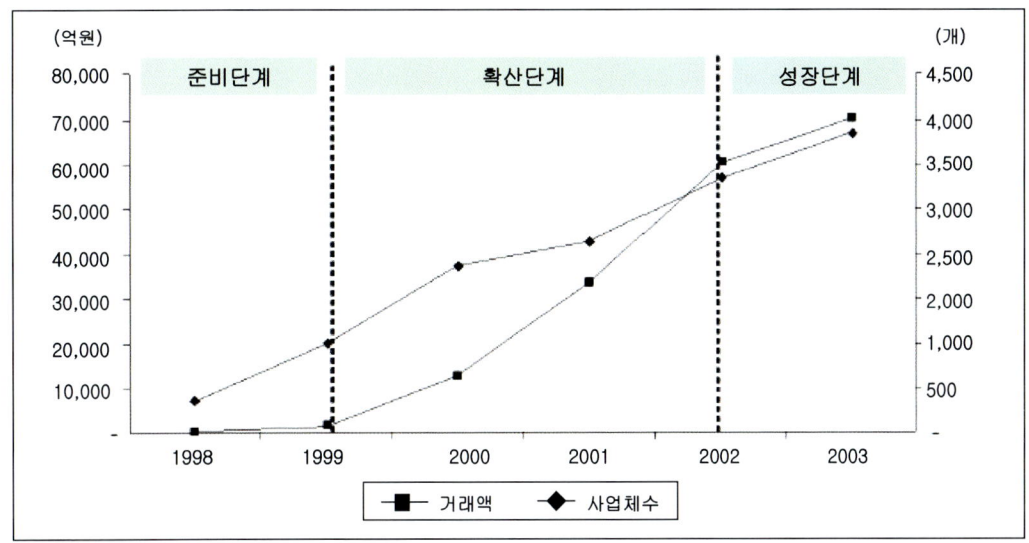

*출처: 홍동표 외(2004). 국내인터넷 쇼핑시장분석 및 전망. KISDI, p.9.

〈그림 5-1〉 인터넷 쇼핑 발전단계

인터넷 쇼핑몰을 일컬어 Hoffman and Novak(1996)은 '인터넷 상거래를 위한 제품의 광고 및 전시가 전자쇼핑몰을 통해 이루어지고, 서버에 여러 가지 제품에 관한 가격, 구조, 특징들의 자료가 저장되어 있으며, 다양한 분야의 제품들을 포함한 온라인 상점들의 집합'이라고 하였고, Janal(2000)은 '소비자가 접속하는 공통 인터넷 주소에 존재하는 모든 사업체의 집합'이라고 하였다. 이재규(1997)에 의하면 인터넷 쇼핑몰은 '다른 사람과의 상호작용, 즉 보는 것과 보게 하는 것, 만나는 것과 만나주는 것처럼 실행하는 사람과 실행의 결과를 받는 사람의 광경'이라고 정의됨으로써 인터넷 쇼핑몰은 다른 사람과의 상호작용을 통하여 쌍방향

의사소통이 가능한 온라인 상점이라 할 수 있다.

우리나라 전자상거래법에서는 인터넷 쇼핑몰을 '컴퓨터와 전자, 통신, 설비 등을 이용하여 재화나 용역을 수주 또는 제공할 수 있는 기능을 가진 시스템'이라고 하였으며, 다른 한편에서는 '소비자가 자신의 장소(사무실, 집 등)에서 원격정보 커뮤니케이션 시스템을 통하여 시장 내의 다른 모든 참가자와 의사소통을 하면서 구매 또는 거래를 하거나, 그러한 구매 및 거래를 완료하도록 하는 정보시스템'이라고 하였다(지효원, 2000). 그러므로 인터넷 쇼핑몰(internet shopping mall)은 소비자의 구매과정이나 판매형태, 시스템적인 특성 등의 관점에서 다양하게 정의되며, 인터넷 몰(internet mall), 가상몰(virtual mall), 전자몰(electronic mall), 가상 점포(virtual storefront), 전자 쇼핑몰(electronic shopping mall), 온라인 점포(online store front), 사이버 쇼핑몰(cyber shopping mall)이라고도 불린다.

백과사전에서는 간단하게 인터넷상의 상거래 공간이라고 정의하면서 인터넷 쇼핑몰 혹은 사이버몰은 컴퓨터 통신망과 가상세계를 뜻하는 사이버 공간과 보행자 전용 상가를 뜻하는 쇼핑몰의 합성어로, 인터넷의 가상공간에 상품을 진열하고 판매하는 상가를 말한다. 뿐만 아니라 기업과 소비자 사이에 이루어지는 전자상거래의 가장 대표적인 형태로서, 쇼핑몰 운영자가 상품의 이미지와 정보를 컴퓨터 화면으로 볼 수 있도록 진열해 놓으면, 소비자들이 상점 사이트를 방문하여 상품을 찾아 주문하고 대금을 지불하면 주문한 상품이 고객에게 배달된다. 따라서 전 세계 인터넷 사용자를 고객으로 거래할 수 있는 새로운 교역 형태라고 할 수 있다.

이와 같은 인터넷 쇼핑몰은 무점포 판매형태의 하나로서 판매자 입장에서 볼 때 현실세계에서의 물리적인 상점이 아닌 인터넷상의 가상세계에서 점포를 운영하는 것이다. 그러므로 실제 매장을 갖추는 데 비하여 비용이 적게 들고, 시간·공간적 제약이 없으며, 건물 임대료 등 운영비가 크게 줄어든다. 소비자 입장에서는 직접 매장을 찾는 일 없이 언제, 어디서라도 컴퓨터와 네트워크만 있으면 인터넷상의 점포에 접속하여 전시된 상품의 세부정보 및 가격, 품질 등을 확인하면서 주문하고, 집에서 편하게 배달 받을 수 있는 쇼핑이 가능하다. 소비자들의 인터넷 쇼핑 가능성이 급격하게 증가하면서 가상공간에 설치된 인터넷 쇼핑몰의 수가 기하급수적으로 늘어나고 있으나, 전 세계 네트워크인 만큼 정보가 방대하고, 표적 고객에게 어필하기가 쉽지 않으며 반품, 교환, A/S, 보안 등 해결해야 할 문제점이 많다.

2) 인터넷 쇼핑몰의 분류

인터넷 쇼핑몰은 판매방식에 따라 〈표 5-1〉과 같이 직접 판매형과 간접 판매형으로 분류할 수 있다. 직접 판매형은 제조업자나 판매자, 유통업자가 인터넷 쇼핑몰을 통하여 고객이 필요로 하는 상품을 판매하고 상품에 대한 품질보증과 배달의 책임에 직접적인 연관이 있는 판매형태인 반면, 간접 판매형은 판매하는 상품의 품질보장과 배달 등에 인터넷 쇼핑몰이 간접적인 책임이 있는 경우로서 구매자와 상품을 판매하는 판매자, 제조업자 및 유통업자를 중간에서 상호 중개하는 역할을 수행한다. 다른 말로 직접 판매형은 판매자 위주 쇼핑몰, 그리고 간접 판매형은 중개자 위주 쇼핑몰이라고 한다.

〈표 5-1〉 인터넷 쇼핑몰의 판매유형

| 구 분 | 인터넷 쇼핑몰의 책임 | | 특 징 | 예 |
	품질보증	상품배달		
직접 판매형	직 접		인터넷 쇼핑몰이 쇼핑몰을 통해 판매되는 상품의 품질보증 및 배달에 직접적인 책임이 있는 유형	판매자 위주 쇼핑몰
간접 판매형	간 접		인터넷 쇼핑몰이 쇼핑몰을 통해 판매되는 상품의 품질보증 및 배달에 간접적인 책임이 있는 유형	중개자 위주 쇼핑몰

* 출처: 김창수, 김효석(1998). 인터넷 쇼핑몰의 분류모형 개발과 특성분석. 한국 CALS/EC학회지, 3(1), 96-115.

▌판매자 위주 쇼핑몰

대다수의 B2C 전자상거래 쇼핑몰로서, 판매자가 자신의 서버에 쇼핑 사이트를 만들어 놓으면 구매자들이 접속하여 주문하는 형태이다. 구매자들이 판매자 사이트에 접속하여 물품정보를 검색하고, 물품을 선택하여 쇼핑 카트에 넣은 후 지불정보를 입력, 구매요청을 하는 시스템으로 운영되므로 모든 정보처리가 판매자 사이트에서 이루어진다.

■ 중개자 위주 쇼핑몰

중개자가 쇼핑 사이트를 개설하고, 판매자와 구매자가 중개자 사이트에 접속하여 판매와 구매활동을 하는 경우로서 오픈마켓의 대부분이 이에 해당한다. 중개자는 거래 환경의 제공을 통하여 수수료나 광고 수입을 얻으며, 소비자의 신뢰 구축을 위하여 판매자를 관리하고 구매의 안전 및 보안, 편의를 제공한다.

인터넷 쇼핑몰에서 판매되는 상품의 유형은 〈표 5-2〉에서처럼 단일유형과 다중유형으로 구분할 수 있다. 단일유형은 꽃이나 책, 여성의류, 유아용품 등과 같이 단일 업종의 상품을 말하고, 남성의류, 패션잡화, 액세서리 등 업종이 다소 상이한 상품들일지라도 하나의 통일된 이미지로 그룹화할 수 있으면 단일유형에 포함된다. 이에 비해 다중유형은 판매되는 상품이 둘 이상일 뿐 아니라 하나의 이미지로 통일화시킬 수 없는 상품유형을 지칭한다.

〈표 5-2〉 인터넷 쇼핑몰의 상품유형

구 분	설 명	예
단일유형	단일 업종의 상품유형	책, 꽃, 여성의류 등
	판매되는 상품의 업종이 둘 이상일지라도 하나의 이미지로 그룹화할 수 있는 상품유형	남성의류, 패션잡화, 액세서리 등
다중유형	판매되는 상품의 업종이 둘 이상이면서 하나의 이미지로 그룹화시킬 수 없는 상품유형	인터넷 백화점 등

* 출처: 김창수, 김효석(1998). 인터넷 쇼핑몰의 분류모형 개발과 특성분석. 한국 CALS/EC학회지, 3(1), 96-115.

앞서 설명한 인터넷 쇼핑몰의 판매유형과 상품유형에 근거하여 인터넷 쇼핑몰은 종합중개형, 종합직판형, 전문중개형, 전문직판형으로 나뉜다(〈표 5-3〉). 인터넷쇼핑몰의 판매유형이 간접판매이고 취급하는 상품의 유형이 다양하면 종합중개형, 간접판매이지만 단일유형의 상품을 판매하면 전문중개형, 직접판매이면서 상품의 유형이 다중유형이면 종합직판형, 그리고 직접판매에 단일유형의 상품을 판매하면 전문직판형이라 할 수 있다.

〈표 5-3〉 인터넷 쇼핑몰의 판매 및 상품유형에 따른 분류

구 분		인터넷 쇼핑몰의 판매유형	
		간접판매	직접판매
인터넷 쇼핑몰의 상품 유형	다 종	종합중개형	종합직판형
	단 일	전문중개형	전문직판형

* 출처: 김창수, 김효석(1998). 인터넷 쇼핑몰의 분류모형 개발과 특성분석. 한국 CALS/EC학회지, 3(1), 96-115의 내용을 연구자가 재정리함.

이를 더욱 세분화하여 인터넷 쇼핑몰의 유형을 분류한 임규건 외(2005)에 의하면, 품질보증과 대금결제, 배달 등에 관한 쇼핑몰의 책임을 직접, 간접, 무관, 중개로 보고 〈표 5-4〉와 같이 전문몰, 종합몰, 제조업자형, 단순링크형, 입주형으로 구분하였다. 여기서 전문몰은 특정 물품이나 서비스만을 전문적으로 취급하는 특화된 쇼핑몰의 형태이고, 종합몰은 백화점처럼 여러 가지 상품을 취급하는 양판점 형태로서 통상 몰앤몰(mall & mall) 방식의 쇼핑몰들을 지칭한다. 이는 전문쇼핑몰들을 모아 고객이 한 곳에서 쇼핑을 즐길 수 있는 원스톱 쇼핑기능을 제공한다. 제조업자형은 제조업자가 사이트를 가지고 직접 마케팅을 통해 직접판매를 하는 경우이고, 단순링크형은 쇼핑몰의 URL을 링크하여 둔 사이트이며, 입주형은 EC 호스팅 업체 등에서 일정요금을 받고 쇼핑몰을 입주시킴으로써 서비스를 제공하는 것이다.

〈표 5-4〉 인터넷 쇼핑몰의 책임에 따른 분류

구 분	인터넷 쇼핑몰의 책임			비 고
	품질보증	대금결제	배 달	
전문몰	직접	직접	직접	전문상품 취급, 전문정보 제공
종합몰	직접	직접	직접	백화점형, 유통업의 연장
제조업자형	직접	직접	간접	직접 마케팅(direct marketing)
단순링크형	간접	무관	간접	쇼핑몰 링크 제공
입주형	간접	중개	간접	다수 업체의 가입

* 출처: 임규건 외(2005). e-비즈니스 경영. 서울: 이프레스, p.73.

또한 이호배(1997)는 실제 운영되고 있는 전자 쇼핑몰의 유형과 형태, 제품속성을 기준으로 인터넷 쇼핑몰을 구분하였다(〈표 5-5〉). 유형별로는 종합 쇼핑몰과 전문 쇼핑몰로 나뉘는데, 종합 쇼핑몰은 인터넷 쇼핑몰을 통해 다양한 상품을 온라인 판매하는 기업으로서, on/off-line

병행과 on-line 전문 쇼핑몰로 세분할 수 있다. 가령 오프라인상의 백화점이 인터넷에 쇼핑몰을 구축한 경우는 on/off-line 병행이고, 오프라인 기반 없이 온라인에서만 판매하는 유통채널은 on-line only이다. 전문 쇼핑몰은 다양한 상품을 취급하지 않고 특정분야의 상품을 중심으로 인터넷을 구축한 기업들이 해당된다. 이는 직판점과 유통점으로 세분되는데, 직판점은 제조업자의 직접 마케팅 경로로서 자사 웹 사이트를 통해 고객이 직접 상품을 구매할 수 있는 것이고, 유통점은 기존의 유통업체가 새로운 소매 유통경로를 인터넷상에 구축한 경우이다.

〈표 5-5〉 인터넷 쇼핑몰의 유형, 형태 및 제품속성에 따른 분류

유형별 분류	형태별 분류	제품속성별 분류	실제 구현 예
종합 쇼핑몰	on/off-line 병행	–	롯데닷컴, e신세계
	on-line only	–	인터파크
전문 쇼핑몰	직판점	디지털 제품	대한항공, 아시아나항공
		물리적 제품	제일제당
	유통점	디지털 제품	Finos 티켓
		물리적 제품	종로서적, 교보문고

*출처: 이호배(1997). 사이버 마케팅으로 인한 마케팅 패러다임의 변화. 서울: 영진출판사, p.79.

이종환(2001)은 인터넷 쇼핑몰 업체들의 경쟁력을 기준으로 하여 인터넷 기술을 기반으로 하는 쇼핑몰, 브랜드력과 마케팅에서 강점을 지니고 있는 오프라인 유통 기반 쇼핑몰, 엄청난 트래픽을 기반으로 다양한 부가서비스로 유입된 방문자를 쇼핑으로 유도하고 다수의 공급업체를 입점시켜 입점비와 수수료를 받는 포탈 기반 쇼핑몰로 분류하였다. 이를 요약 설명하면 다음 〈표 5-6〉과 같다.

〈표 5-6〉 인터넷 쇼핑몰의 경쟁력에 따른 분류

분 류	장 점	수익모델	쇼핑몰의 예
인터넷 기술 기반	공급망관리시스템 (SCM)	상품을 직매입하여 판매하거나, 판매액의 일정부분을 공급업체에서 받는 수수료	인터파크, 삼성몰
오프라인 유통기반	신뢰도와 브랜드 파워	직매입 후 판매 또는 판매수수료	롯데닷컴, GS-eshop
포탈기반	인력 및 인프라에 대한 투자가 적은 저비용 고효율구조	입점비 및 판매수수료	야후, 다음, 엠파스, 네이버 등 포탈업체

* 출처: 이종환(2001). 인터넷 쇼핑몰의 분류와 차이점 비교. e-commerce, p.84.

요약하면, 기반으로 하는 사업이 무엇인가에 따라 포탈기반 쇼핑몰(traffic mall), IT기반 쇼핑몰, 전문 유통점 기반의 쇼핑몰로 분류하고, 운영형태에 의해서는 온라인 전문 쇼핑몰과 온/오프라인 병행 쇼핑몰로 나눌 수 있다. 포탈 기반의 쇼핑몰은 야후, 다음, 네이버 등 트래픽이 많은 포탈에서 자사 사이트 내에 상점 또는 쇼핑몰을 입점시켜 수수료를 받는 몰앤몰 형태의 쇼핑몰이고, IT기반의 쇼핑몰은 삼성몰, 인터파크 등과 같이 인터넷 IT를 기반으로 쇼핑몰을 런칭하여 오프라인에 없었던 유통 및 쇼핑관련 브랜드를 짧은 시간 내에 런칭한 쇼핑몰을 말한다. 그리고 전문 유통점 기반의 쇼핑몰은 롯데닷컴, e-현대, GS eshop 등 오프라인에서 유통기반을 가지고 온라인으로 진출한 쇼핑몰로서 TV 홈쇼핑 등의 무점포 거래기반 쇼핑몰과 오프라인 점포기반 쇼핑몰이 포함된다. 이를 기준으로 패션관련 쇼핑몰은 다음과 같이 분류할 수 있다.

- 포탈 기반 쇼핑몰에 입점한 소호 쇼핑몰
- IT기반 쇼핑몰에서의 패션 카테고리
- 전문 유통점 기반 쇼핑몰에서의 패션 카테고리
- TV 홈쇼핑 등 오프라인 거래기반 쇼핑몰에서의 패션 카테고리
- 오프라인을 기반으로 한 패션 브랜드 쇼핑몰
- 인터넷 패션 전문 쇼핑몰
- 온/오프라인 병행의 패션 전문 쇼핑몰 등

한편, 인터넷 쇼핑몰은 직영몰, 종합몰, 전문몰, 임대몰로도 구분되는데, 직영몰은 브랜드파워를 가지고 있으면서 시장 점유율이 높은 제조 및 서비스업체가 자사 상품 및 서비스만으로 쇼핑몰을 운영하는 경우이다. 종합몰은 상품 및 서비스를 대규모로 유통하는 업체가 상품 기획, 대량구매, 첨단물류설비 등을 전략적 우위로 유통채널 다변화를 위해 인터넷을 통해서 상품 및 서비스를 제공하는 것이며, 전문몰은 특정영역의 상품 및 서비스를 전문적으로 유통하는 업체가 해당분야에서의 경험을 바탕으로 상품 및 서비스를 제공하는 것이다. 그리고 임대몰은 인터넷 쇼핑몰 구축 및 운영에 필요한 경험과 지식, 인프라를 전략적 우위로 쇼핑몰 임대서비스를 제공하는 형태로서, 이들 인터넷 쇼핑몰의 특성을 비교하면 〈표 5-7〉과 같다 (정영철, 2002).

<표 5-7> 인터넷 쇼핑몰의 분류 및 특징

구 분	정 의	주요특징	비 고
직영몰 (단일상품 판매)	제품 및 서비스 제조업체가 낮은 가격을 전략적 우위로 유통비용 혁신을 위하여 직접 인터넷을 통해 상품 및 서비스를 판매	저렴한 가격에 쇼핑몰기능 및 이용자층, 상품종류가 한정적임, 전체 매출액 대비 구성비 미약(구성비 급증예상)	주로 제품 및 제조사 홍보가 목적, 수익성이 낮음. 대부분 정적인 홈페이지 수준 예) LG패션, 시스코, DELL, 영진닷컴
종합몰 (종합상품 판매)	제품 및 서비스를 대규모로 유통하는 업체가 상품기획, 대량구매 및 첨단물류설비를 전략적 우위로 유통채널 다변화를 위해 인터넷을 통해 상품 및 서비스를 판매	저렴한 상품가격, 다양한 상품 및 서비스, 편리한 구매과정, 제한된 상품 정보	직접적인 수익창출을 위해 쇼핑몰을 운영, DBMS를 통한 기존 정보시스템과 통합 체제 구축 예) 한솔CNS, 삼성몰, 롯데닷컴
전문몰 (전문상품 판매)	특정부문의 상품 및 서비스만을 전문으로 유통하는 업체가 해당 분야에 대한 전문적인 정보와 경험을 전략적 우위로 상품 및 서비스만을 전문적으로 판매	해당분야의 다양한 상품과 서비스, 다양한 상품정보 및 수준 높은 분야정보, 광고 수익 발생, 커뮤니티 활성화	직접적인 수익창출, 쇼핑몰의 차별화 전략, 집중화된 마케팅 역량 수행으로 매출액 증가 예) 용산쇼핑, 종로서적, 패션플러스, 아마존
임대몰 (쇼핑몰임 대)	인터넷 쇼핑몰을 운영하는 데 필요한 지식, 기술과 장비를 보유하고 있는 사업자가 쇼핑몰 개설, 운영·관리에 필요한 기술을 전략적 우위로 IT부문 노하우 및 장비, 설비를 임대, 관리	신뢰할 수 있는 시스템·사업체, 다양한 상품 및 서비스의 제공, 각종 이벤트 개최	직접적인 수익창출, 쇼핑몰의 대형화전략, 관리·영업과 생산·마케팅의 분업화를 통한 매출액증가 예) 인터파크, 메타랜드, Buy & Joy

* 출처: e-commerce(2001). 인터넷 쇼핑몰 창업 강좌. 2001년 1월호. p.49.

　　패션상품은 제조업체의 브랜드 파워가 매우 높음에도 불구하고 제조업체에서 직접 인터넷 쇼핑몰을 운영하는 경우는 드물다. 이는 패션상품의 유통구조상의 문제점에 원인이 있으며, 인터넷에서 유통되고 있는 대부분의 패션상품은 동대문 등의 재래시장 상품이거나 소매업체에서 판매하는 패션 브랜드 상품, 그리고 제조업체에서 인터넷 쇼핑몰에 납품한 상품 등으로 이루어진다. 따라서 패션 브랜드 상품은 종합몰과 전문몰을 중심으로, 재래시장 상품은 종합몰, 전문몰, 임대몰 등을 통하여 판매되고 있다.

　　Forrester Research(2000)에 의하면 소비자들의 인터넷 쇼핑몰 유형의 선택은 상품의 종류에 따라 달라지며, 흔히 구입하는 서적의 경우 전문몰을 선호하는 반면 전자제품, 의류와 같이 신중한 구매를 요하는 상품은 공신력있는 종합몰을 선호한다. 이는 송지희(2001)의 연구에서도 유사하게 나타나 서적/CD, 컴퓨터관련용품은 전문몰을, 의류와 식료품 등은 종합몰을

선호하였다. 특히 의류는 인터넷 구매 시 위험을 크게 인지하는 상품으로서 소비자들은 교환 및 반품, A/S 등에서 신뢰할 수 있는 종합몰이 안전하다고 여기고 있다. 또한 주부집단을 대상으로 인터넷에서의 패션상품 구매경험을 연구한 이은진(2005)은 패션 소비자들이 선호하는 인터넷 쇼핑몰의 유형이 경매 혹은 직거래 장터(28.71%), 종합 쇼핑몰(24.33%), 전문 유통점 쇼핑몰(21.17%), 패션 전문 쇼핑몰(12.04%) 등이었으므로 인터넷에서 패션상품의 유통을 도모하는 기업이나 개인은 오픈마켓, 종합 쇼핑몰, 전문 유통점 쇼핑몰 등의 입점을 고려해야 한다고 지적하였다(〈표 5-8〉).

〈표 5-8〉 주부집단의 이용경험이 있는 인터넷 쇼핑몰 유형

구 분	빈도 (%)
옥션, G마켓 등 경매 혹은 직거래 장터	236 (28.71)
삼성몰, 인터파크, 디앤샵 등 종합 쇼핑몰	200 (24.33)
롯데닷컴, e-현대, 신세계, GS eshop 등 전문 유통점 쇼핑몰	174 (21.17)
인터넷 패션 전문 쇼핑몰	99 (12.04)
포탈(네이버, 야후, 다음 등)에 입점한 소호 쇼핑몰	94 (11.44)
패션 브랜드 쇼핑몰	19 (2.31)
합 계	822 (100.00)

2. 인터넷 쇼핑몰의 특징

인터넷 쇼핑몰은 전자상거래의 한 형태로서 '인터넷을 기반으로 한 기업과 소비자 간의 상품 및 서비스의 거래'를 의미한다. 다시 말해 거래주체가 직접적으로 만나지 않고 인터넷을 통해 판매 및 구매, 마케팅, 광고, 대금 결제 등의 상거래 절차를 수행하는 것이다. 전자상거래라 함은 제품, 정보 및 서비스 등을 컴퓨터 네트워크를 통해 거래하는 프로세스를 뜻하며, 개방형인 인터넷상의 거래 활동은 물론 EDI(electronic data interchange), CALS(commerce at light speed)와 같은 폐쇄형까지 포함하는 개념이다. 인터넷이 확산되기 전에는 EDI, CALS 등이 전자상거래의 주류를 이루었으나, 최근 들어 인터넷의 웹 사이트를 기반으로 하는 인터넷 쇼핑몰이 급성장을 보이고 있다. 다음의 〈그림 5-2〉는 전자상거래와 인터넷 상거래의 범위를 도식화한 것이다.

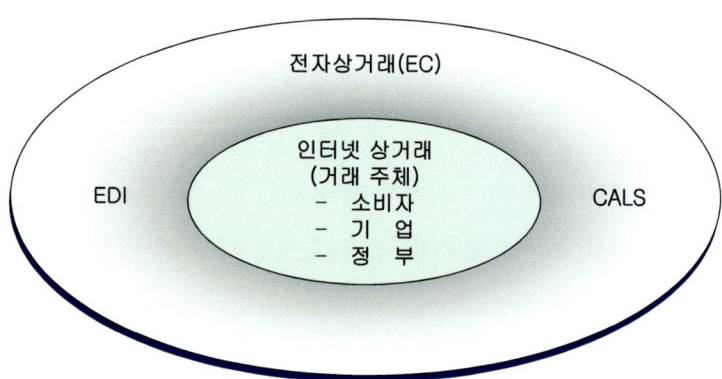

〈그림 5-2〉 전자상거래와 인터넷 상거래의 범위

기업과 소비자 간의 인터넷 상거래는 인터넷 쇼핑몰이 대표적이지만, 이외에 인터넷 경매, 인터넷 상점 등이 속한다. 〈표 5-9〉에서 알 수 있듯이 상품기획 혹은 연구개발, 구매조달과 생산, 판매 및 유통, 고객 서비스 등의 업무에 따라서 인터넷 상거래를 7가지 정도로 분류할 수 있다.

〈표 5-9〉 기업과 소비자 간 인터넷 상거래 형태

업무 과정	기업과 소비자 간 거래
상품기획/연구개발	• E-mail 인터뷰 조사 • 인터넷 투표
구매조달/생산	• 인터넷 경매
판매/유통	• 인터넷 상점 • 인터넷 쇼핑몰
고객 서비스	• 인터넷 관고 및 홍보 • 고객지원 DB

* 출처: LG주간경제(1999).

인터넷 쇼핑몰은 기술적인 측면에서는 전자상거래, 마케팅 분야에서는 인터넷 마케팅의 하위 영역에 속하므로 전자상거래, 인터넷 마케팅, 인터넷 상거래라는 개념적 차이에 의해 각각의 영역에서 그 특징을 살펴볼 수 있다. 하지만, 네트워크상에 연결된 컴퓨터를 매개로 하는 상거래 수단이라는 공통성을 가짐으로써 인터넷 마케팅 시스템적인 측면에서 다음과 같은 특징을 보인다(정영철, 2002; Benjamin & Wigand, 1995).

🌱 시공 초월

인터넷 쇼핑몰은 시간과 공간을 초월하는 상거래 수단을 제공한다. 즉, 사이버 시스템에서는 모든 구매자와 판매자가 지리적, 시간적인 제약 없이 상호 접속되며 구매자와 판매자의 직접 연결이 가능하다.

🌱 시장 접근성 및 정보의 개방성

온라인 시장은 전통적인 유통경로와 달리 시장 접근에 패쇄적이지 않고, 모든 구매자가 필요한 정보에 자유롭게 접근할 수 있으며, 마케터도 손쉽게 시장 조사를 실시할 수 있다.

🌱 상호작용성과 DB 구축 용이

인터넷 쇼핑몰은 상호작용성이 우수하고 데이터베이스의 구축이 용이하다. 소비자와 온라인 마케팅 시스템 간의 인터페이스는 시장 선택을 쉽고 직관적으로 하도록 하며, 전자적 시장은 상호작용성을 지원하여 기업이 고객행동에 동태적으로 적용할 수 있다. 또한 기업은 고객의 데이터베이스를 구축하여 소비자 니즈를 충족시킬 수 있는 마케팅 수단을 강구한다.

🌱 off-line 상거래보다 저렴한 비용

인터넷 쇼핑몰은 기업과 고객에게 저렴한 비용의 효익을 제공한다. 특히 고성능 컴퓨터 시스템에 의하여 고속으로 저렴하게 저원가의 거래조정을 촉진하며, 유통과정의 축소로 인한 가격인하가 가능하다.

인터넷 쇼핑몰의 특징을 소비자와 기업의 입장에서 살펴보면, 소비자는 24시간 365일 시간에 구애받지 않고 원하는 물건을 집에서 편하게 구입할 수 있고, 상품에 대한 정보 검색을 통하여 상품 선택이 용이함으로써 충동구매를 줄이고 계획구매를 할 수 있다. 더욱이 한 자리에서 여러 쇼핑몰의 상품 비교가 가능함은 물론 구매 장소의 이동이 손쉬우며, 구매활동에 드는 시간과 비용을 절감할 수 있다. 그러나 광대한 정보로 인하여 원하는 물건을 쉽게 찾기가 힘들고, 다리품을 팔면서 시각적인 즐거움과 다양한 먹거리 및 볼거리를 제공하는 오프라인 쇼핑에 비하여 쇼핑의 즐거움이 떨어지는 단점을 가진다.

기업은 한정적인 물리적 공간에 비하여 무한한 상품전시 공간을 확보하고 인적, 물리적 자원감축으로 효율적인 경영을 달성할 수 있다. 전 세계의 소비자를 대상으로 마케팅을 펼칠 수 있음과 동시에 중간물류 및 유통비용의 감소로 보다 효과적인 전략 수립이 용이하며, 고

객의 소비동향 및 니즈를 파악하기가 수월하다. 이에 반해 판매자들이 고객과 직접 대면을 통한 판매활동을 펼칠 수 없고 배달, 보완 등의 문제점이 수반된다. 〈표 5-10〉은 소비자와 기업의 측면에서 인터넷 쇼핑몰의 장단점을 정리한 것이다.

〈표 5-10〉 인터넷 쇼핑몰의 장단점 비교

구 분	장 점	단 점
소비자	• 상품 비교 및 상품 선택 용이 • 구매활동의 시간 및 비용절감 • 구매행위의 편의성 증대 • 시간과 장소에 구애 없이 구매 가능 • 다양한 상품정보의 검색 가능 • 구매장소의 이동용이 • 사전조사를 통한 계획 구매 용이	• 인터넷의 정보가 광대하여 원하는 상품을 쉽게 찾기가 어려움 • 쇼핑의 즐거움이 오프라인 쇼핑보다 떨어짐
기 업	• 무한한 상품전시 공간 • 인적, 물리적 자원 감축으로 효율적인 경영 • 전 세계의 소비자를 대상으로 마케팅 활동 • 적정 재고관리를 통한 재고비용 절감 • 광고비, 운영비, 유통비 등의 절감 • 고객의 소비동향 및 니즈 파악 용이 • 고객 서비스의 개선	• 고객과 대면 마케팅을 펼칠 수 없음 • 보안 및 배달 등의 문제점 발생

* 출처: 심지미(2002). 인터넷 쇼핑몰에서의 관계몰입과 구매의도에 미치는 영향에 관한 연구.

인터넷 쇼핑몰의 특징 및 속성과 관련된 선행 연구를 살펴보면, GNU(Georgia Institute of Visualization and Usability Center, 1995)의 조사에서는 인터넷 쇼핑몰 업체가 가지는 속성을 보안, 신뢰성, 정보의 질, 적시배달, 접속의 편리성, 용이한 환불, 용이한 주문, 편리한 주문취소, 저렴한 가격, 지불과정의 편리성, 소비자 서비스 등을 제시하고 있다. 이와 관련하여 서문식, 김상희(2002)는 인터넷 쇼핑몰의 특징 요인을 신뢰성, 고객 서비스, 콘텐츠, 제품, 보안 및 결제, 상호작용성으로 보았으며, Kim and Lim (2001)은 소비자가 쇼핑 시 중시하는 요인인 엔터테인먼트, 편리성, 신뢰성, 정보 품질, 속도 등의 5가지가 웹 사이트 속성이라고 주장하였다.

주문처리과정과 상품관련 속성의 두 가지 측면에서 인터넷 쇼핑몰의 속성을 연구한 김태하(1997)는 주문처리 과정과 관련된 속성으로 정보검색의 용이성, 주문 상품의 종류, 상품정보의 양, 주문방식의 편의성, 주문 비용, 주문 처리의 정확성, 주문취소의 용이성을, 상품관련

속성으로는 상품의 가격, 상품의 질, 주문 후 배달시간, 제품의 안전한 배달, 불만처리 등을 제시하였다. 이와 같이 학문적인 관점에서는 소비자들이 인지하는 인터넷 쇼핑몰의 속성에 대한 연구가 대부분이며, 기업의 관점에서 인터넷 쇼핑몰의 이점 및 속성에 대한 연구는 이루어지지 않고 있다.

한편, 소비자들은 구매를 할 때 상표뿐 아니라 상점을 선택한다. 유통채널의 선택에 있어 소비자들이 고려하는 요인으로 입지, 시간 편의성, 상점 분위기, 상품 및 가격 정보, 상호작용 및 서비스 등을 들 수 있다. 그런데 전자상거래 마케터에게는 일반 점포선택과의 공통점보다 차이점이 더 큰 관심의 대상이다. 즉, 소비자들이 일반 점포대신에 전자상거래를 선택할 수 있게끔 차별성이 강조되어야 인터넷 구매를 이끌 수 있으므로 인터넷 쇼핑몰과 전통적 쇼핑몰의 비교를 통해 차이점을 확실히 인지할 필요가 있다.

기업과 소비자 간의 거래에 있어 인터넷 상거래와 기존 상거래의 특성은 〈표 5-11〉에서처럼 유통채널, 거래대상지역, 거래시간, 판매방법, 고객정보획득, 마케팅활동, 고객대응 및 소요자본 등의 관점에서 비교할 수 있다. 인터넷 쇼핑몰은 기업이 소비자에게 직접 마케팅이 가능한 유통채널로 전 세계 소비자를 대상으로 24시간 영업 가능하고, 인터넷 네트워크를 통하여 정보탐색에 의한 판매가 이루어지며, 고객정보를 온라인으로 수시 획득함과 동시에 쌍방향 커뮤니케이션으로 고객의 요구에 즉각적으로 대응할 수 있다. 이에 반해 기존 쇼핑몰은 전통적인 상거래 형태로서 판매지역 및 영업시간이 한정적이고, 상점 전시를 통한 판매가 이루어지며, 일방적인 마케팅을 실시함으로써 고객 불만에 대한 대응력이 떨어지고, 고객정보의 획득이 인터넷 상거래보다 용이하지 않다.

<표 5-11> 인터넷 쇼핑몰과 전통적인 쇼핑몰과의 특성비교

항 목	인터넷 쇼핑몰	기존 상거래
유통채널	• 기업→인터넷→소비자	• 기업→도매상→소매상→소비자
거래대상지역 거래시간	• 전 세계가 판매 대상 • 24시간 영업	• 일부지역 판매에 한정 • 제한된 영업시간
판매거점 및 방법	• Market Space(네트워크) • 정보에 의한 탐색	• Market Space(시장, 상점) • 전시에 의한 판매
고객정보획득	• 온라인으로 수시 획득 • 재입력이 필요 없는 디지털데이터	• 시장조사 및 영업사원이 획득 • 정보 재입력이 필요함
마케팅활동	• 쌍방향 통신을 통한 1:1마케팅 • 상호작용	• 구매자의사에 상관없는 일방적 마케팅
고객 대응	• 고객 불만에 즉시 대응 • 고객니즈를 신속히 포착	• 고객 불만에 대응 지연 • 고객니즈 포착이 느림
소요 자본	• 인터넷 서버 구입 및 유지비	• 토지, 건물 등의 구입에 거액의 자금소요

* 출처: 김성희 외(2000), 인터넷과 전자상거래. p.261.

　　인터넷 쇼핑몰과 물리적 매장(<그림 5-3>)의 유사한 특징은 신뢰성과 가치, 고객서비스, 제품이고, 인터넷 쇼핑몰만의 특징은 콘텐츠, 보안 및 결제, 상호작용성이며, 물리적 매장만의 특징은 시설, 입지, 분위기이다. 특히 인터넷 쇼핑몰은 고객이 직접 매장을 방문하지 않기 때문에 직접 방문하는 듯한 생동감 및 빠르고 용이한 이동이 중요하고, 카드결제가 일반적이므로 관련 정보의 유출에 따른 보안문제 및 다양한 결제수단을 제공해야 하며, 기업과 고객과의 상호작용성이 매우 중요하다. 반면에, 물리적 쇼핑은 매장의 직접 방문을 통하여 구매가 이루어지므로 매장의 휴식 공간, 여가활용 공간, 레저 공간, 점포배치 등이 중요하고, 교통이 용편의나 매장의 위치 등이 특징적인 요소이다. 이러한 관점에서 서문식, 김상희(2000)는 인터넷 쇼핑몰의 특징적인 요소를 신뢰성, 고객 서비스, 콘텐츠, 제품, 보안 및 결제, 상호작용성으로, 물리적 매장의 특징을 가치, 고객 서비스, 시설, 제품구색, 입지, 분위기로 보고 <표 5-12>와 같이 요약하였다.

〈그림 5-3〉 온라인 패션 쇼핑몰과 오프라인 패션 전문샵

〈표 5-12〉 인터넷 쇼핑몰과 물리적 매장의 특성비교

인터넷 쇼핑몰		물리적 매장	
구 분	특징적 요소	구 분	특징적 요소
신뢰성	배달날짜 준수 취급하는 상품에 대한 신뢰 쇼핑몰의 명성	가치	가격의 적절성 세일 상품의 가치 제품의 신뢰성 및 가치
고객 서비스	용이한 반품 및 환불 신속한 전화 응답 서비스 즉각적인 A/S 및 불만처리 주문에서 결제까지의 짧은 시간 주문에서 배송까지의 짧은 시간	고객 서비스	종업원의 지식 및 친절 종업원의 구매강요 설명의 적절성 A/S 및 반품, 환불 정책 배달 및 설치서비스
콘텐츠	쇼핑몰 디자인 및 메뉴구성 전시된 제품의 생동감 상품 검색 기능의 제공 ID와 비밀번호의 로그인 상품 전시 및 인터페이스	시설	일반시설 매장 내 휴식 및 레저 공간 매장 내 여가활용 공간 점포배치 매장의 혼잡성
제품	다양한 가격대의 제품 다양한 제품종류 및 상표 여러 제품의 비교쇼핑 취급하는 제품의 품질	제품구색	제품 및 상표의 다양성 유명 상표의 구비 패션 상표의 구비
보안 및 결제	보안시스템 결제와 대금지불 방법 결제수단의 다양성	입지	위치 교통 이용 편의 주변 상가
상호 작용성	제품에 대한 상세한 정보 및 추가정보 게시판 및 커뮤니티의 활성화 다양한 부가정보 제공 전화응답서비스의 24시간 운용 즉각적인 불만 확인 및 응답	분위기	디자인 조명 공기의 청결정도 매장 내 음악 실내장식

* 출처: 서문식, 김상희(2002). 인터넷 쇼핑몰 특징과 감정적 반응과의 관계에 관한 연구. 마케팅연구, 17(2), p.119.

인터넷 패션 쇼핑몰의 속성에는 상품 유형성, 상품 구색, 마케팅 지원, 신속성, 지명도 및 신뢰성, 편리성 등이 포함되며, 소비자들은 점포구매에 비해 인터넷 쇼핑에서 상품의 품질 보증이나 확인, 보안 및 결제 등에 대한 위험을 더 많이 지각한다. 특히 인터넷 패션 소비자들은 첫째, 상품 검색에서부터 주문서 입력 및 취소가 편리하고, 둘째, 상품 및 서비스의 검색이 쉽고 빨라서 쇼핑시간이 단축되며, 셋째, 언제, 어느 때라도 원하는 시간에 편하게 쇼핑할 수 있고, 넷째, 게시판이나 전자우편, 무료 전화 등을 이용하여 개별 상담이 가능하며, 다섯째, 풍부한 상품 정보나 설명 등이 제공되는 인터넷 쇼핑몰에 대해 긍정적인 평가를 하고 있다. 이와 함께 개인정보의 보안, 컴퓨터 시스템의 안전, 지불수단의 안전 등과 같은 보안성, 쇼핑의 즐거움과 재미의 요소인 오락성이 구매결정의 중요한 요인이 될 수 있다.

3. 인터넷 쇼핑몰 평가모델

일반적으로 인터넷 쇼핑몰의 평가는 웹 사이트 평가모델을 사용한다. 국외의 웹 사이트 평가모델로는 일본 전자상거래실증추진협의회(ECOM)의 평가모델과 Webjectives Research의 웹 사이트 평가 프로세스 모델(Website Evaluation Process Model), Selz와 Schubert의 WA 모델(Web Assessment Model) 등이 있고, 국내에는 한국 인터넷 대상의 평가모델, 한국능률협회컨설팅의 평가모델, 한국일보의 Hit Web Site Award 평가모델 등이 있다. 웹 사이트 평가모델은 평가목적에 따라 평가관점과 평가영역이 상이하고 평가대상에 따라 큰 차이를 보이는데, 인터넷 쇼핑몰의 속성평가와 직접적인 관련성이 있는 대표적인 평가모델로는 Webjectives Research와 한국능률협회컨설팅의 평가모델을 들 수 있다.

1) Webjectives Research의 Website Evaluation Process Model (http://www.surveysite.com)

Webjectives Research사는 웹 사이트를 분석하거나 마케팅 전략을 컨설팅하는 회사로서, 기업이 Webjectives Research사에 웹 사이트 분석을 의뢰할 경우 경쟁회사나 동종회사의 웹 사이트와 상호비교까지 가능하다. 이 회사의 웹 사이트 분석 기준은 크게 웹 사이트의 시각

적 특징 평가와 디자인·기능 평가, 방문자 만족도 평가로 나누어져 있다. 시각적 특징 평가의 세부 항목은 내용, 시각적 매력, 그래픽, 독창성 등이 포함되고, 디자인·기능 평가는 레이아웃과 구성, 정보와 콘텐츠의 수집 편의성, 사이트 방문이나 서핑 속도, 네비게이션 등으로 구성된다. 또한 방문자 만족도 평가는 방문자의 만족·불만족 등을 중심으로 그들의 평가 및 재방문 여부를 측정하는 것이다(〈표 5-13〉).

〈표 5-13〉 Webjectives Research사의 웹 사이트 평가 기준

평가기준	평가 내용
시각적 특징 평가	내용(content)
	시각적 매력(visual attraction)
	그래픽(graphics)
	독창성(uniqueness)
디자인·기능 평가	레이아웃·구성(layout·organization)
	정보와 콘텐츠의 수집 편의성(ease of finding information·content)
	사이트 방문·서핑 속도(speed of moving around site)
	네비게이션(navigation lease of moving around site)
방문자 만족도 평가	방문자가 얼마나 만족하였는가?
	방문자가 사이트 방문 중 혼란을 느끼지 않았는가?
	방문자가 좌절한 경험이 있는가?
	방문자가 지루하였는가, 흥미로웠는가?
	방문자의 기대에 부응하였는가?
	방문자의 사이트에 대한 평가는 어떠한가?
	방문의 경험을 통해 방문자들이 재방문할 것인가?

평가항목에 대한 점수를 배정하여 점수가 높을수록 뛰어난 웹 사이트로 평가하며, 방문자의 재방문 여부는 Quadrant Analysis를 이용하여 측정한다. 이는 방문자가 중요시하는 요소와 방문율을 두 축으로 방문자의 평가를 4분면에 정리함으로써 상관관계를 보여주는 분석방법이다. 〈그림 5-4〉에서 제시된 분석에서는 샘플 사이트의 재방문 요소를 가장 방해하는 문제점이 콘텐츠(contents)이고, 장점은 독창성(uniqueness)으로 나타나 있다.

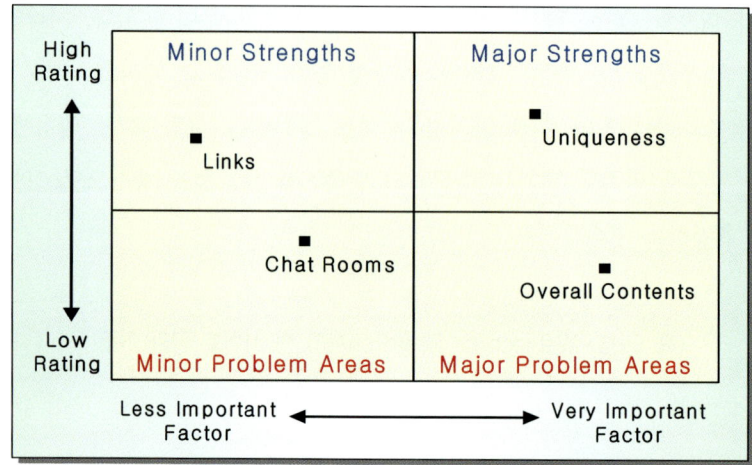

〈그림 5-4〉 웹 사이트 Quadrant Analysis

2) 한국능률협회컨설팅의 평가 기준(http://www.kmac.co.kr)

"대한민국 1위" 웹 사이트 인증기관인 한국능률협회컨설팅은 인터넷을 통한 부가가치의 창출을 꾀하는 국내 인터넷 기업에게 베스트 웹 사이트의 모델을 제시한다. 인증 과정에서 사용된 평가 방법은 이전의 일괄적이고 포괄적인 방법에서 벗어나 전문가와 네티즌 설문평가를 병행하며, 웹 사이트를 5개 분야 70개 부문으로 세분화한 다음 평가 가중치의 변화와 전문가 평가부분 등을 통하여 보다 세밀한 평가를 시도하고 있다. 이 중 쇼핑몰 및 기업 간 거래 분야는 〈표 5-14〉에서처럼 14개 분야로 세분화되는데, 섬유·패션, 무역의 e-마켓플레이스는 동종 분야 전문가 그룹이 평가한다.

〈표 5-14〉 쇼핑몰과 기업 간 거래 분야 웹 사이트 분류

구 분	세부 분야	
쇼핑몰	종합쇼핑몰	컴퓨터/가전 전문 쇼핑몰
	서적 전문 쇼핑몰	식품 전문 쇼핑몰
	장난감/완구 전문 쇼핑몰	팬시용품 전문 쇼핑몰
	CD/음반 전문 쇼핑몰	공동구매
	경매	물물교환
기업 간 거래	MRO e-마켓플레이스	섬유/패션 e-마켓플레이스
	화학 e-마켓플레이스	무역 e-마켓플레이스

  웹 사이트 평가 시에는 시스템 관련 요인과 콘텐츠 및 고객 서비스 관련 요인으로 구분하여 평가하며, 각 평가 기준별로 점수를 부여하여 점수가 높을수록 우수사이트로 인정하고 있다. 분야별 평가 항목에 따른 평가 배점은 〈표 5-15〉와 같고, 〈표 5-16〉은 웹 사이트 평가 내용을 정리한 것이다.

〈표 5-15〉 웹 사이트 분야별 평가 배점

구분 분야	평가 배점								
	상호 작용성	편리성	시각 디자인	보안성	콘텐츠 다양성	콘텐츠 신뢰성	가격 비용	개별성	종합 만족도
쇼핑몰(기업 간 거래)	9(13)	14(15)	7(5)	12(9)	15(14)	14(13)	11(9)	8(11)	11(11)
금융서비스	12	14	6	15	10	15	8	9	11
포털/정보제공	12	14	6	8	15	15	5	14	11
문화(사이버 교육)	13(14)	12(9)	11(8)	8(6)	15(14)	14(15)	5(13)	11(10)	11(11)
홍보/고객서비스	15	14	10	8	12	15	5	10	11

* 9개 항목 총점 100점 만점

〈표 5-16〉 웹 사이트 세부 평가 내용

구 분	항 목	평가 내용	
시스템 관련 요인	상호작용성	·신규고객에 대한 혜택 ·고객 대응의 신속성 여부 ·다양한 커뮤니케이션 제공 여부	·재방문 고객의 인지 여부 ·배송 통보 및 수령 확인 여부
	편리성	·상품/서비스의 검색편리성과 정확성 ·주문 정보 입력 간결성 ·사이트 로드 속도 ·구매의사결정을 위한 적절한 용어 사용 여부 ·주문 관련 안내 메시지 및 고객 실수로 인한 에러 복구 메시지	·사용편리를 극대화한 네비게이션 구조 ·주문 취소 및 환불의 편리성 ·과거 구매내용에 대한 리스트 제공
	시각 디자인	·상품에 대한 시각적인 흥미 ·디자인의 호환성 ·시각적 피로감 여부 ·이미지나 아이콘이 전달하고자 하는 메시지의 적절성 여부	·콘텐츠와 디자인의 조화 여부 ·사이트 레이아웃 및 디자인의 통일성 ·다운로딩 속도를 고려한 디자인 여부
	보안성	·기업의 보안정책 ·신용카드나 온라인 입금과 관련된 보안 정책의 명확성 여부 ·패스워드 분실 시 본인만 확인 가능한 기능 제공 여부	·보안 인증 절차의 존재 여부

구 분	항 목	평가 내용	
콘텐츠/ 고객 서비스 관련 요인	상품/콘텐츠 다양성	·웹사이트 구성이 고객중심인지의 여부 ·상품의 다양성 ·상품 부가정보의 풍부성 여부	·사이트 목적에 맞는 다양한 표현 형태 ·상품 설명의 충분성 여부 ·상품/콘텐츠의 차별성
	상품/정보의 신뢰성	·과거 방문고객의 니즈를 반영하여 자주 업데이트하는지의 여부 ·배송지연, 제품파손, 사후서비스 등에 대한 보상정책의 명확성 여부 ·재고량과 배송 가능 시간의 제공 여부 ·고객의 서평 제공 여부 ·외부정보제공 시 출처의 명확성 여부 ·주문 취소 및 환불 정책	
	가격비용	·제공되는 가격정책과 가격 산정의 기본적인 기준에 대한 정보제공 여부 ·제품의 가격 이외에 발생하는 비용에 대한 명확한 명시 여부 ·제품의 가격경쟁력 여부	
	정보의 개별성	·상품 촉진을 위한 정보의 개인화 여부 ·개별화된 추천 및 추천의 적합성 여부 ·주문 정보에 대한 개인화 여부 ·포장/카드에 대한 개인화 여부 ·고객별 관심 상품에 대한 지속적인 정보 제공 여부	
	종합적 사이트 만족도	·주문에 대한 정확하고 신속한 배송처리 ·상품에 대한 만족도 ·웹 사이트에서의 쇼핑 만족도 ·고객 대응에 대한 만족도 ·웹/이메일 이외의 고객 접점의 관리 및 통합성 여부	

* 자료원 : http://www.kmac.or.kr

　이상에서 살펴본 바와 같이 웹 사이트 평가모델은 평가목적에 따라 평가관점과 영역이 상이하고, 특히 평가대상에 따라 차이를 보인다. 패션전문 쇼핑몰의 평가 기준은 인터넷 쇼핑몰 평가 항목을 중심으로 평가되어야 하며, 우수한 쇼핑몰을 운영한다는 것은 고객 만족도와 재방문율이 높은 웹 사이트를 운영한다는 뜻이므로 시스템적인 측면은 물론 상품, 콘텐츠, 서비스 등 종합적인 사이트 만족도를 높여야 한다.

Case. 종합 쇼핑몰 '인터파크'

설립일	1997. 10. 01
사업분야	인터넷 쇼핑 종합몰
매출액	02.12:1350억 원, 03.2: 약 2800억 원
종업원 수	197명(03.2)
업계위치	랭킹닷컴 선정, 종합쇼핑몰 1위/236개

성장요인	활용방안 및 노하우
가격의 차별화	화장품 무료배송, 서적 1권도 무료배송, 어린이도서 3만 종 30%~40% 할인, 인문사회 베스트셀러 30종 35% 할인
DB의 이용	개인별로 쇼핑관리와 다양한 서비스를 제공
실시간 고객대응	One Stop Shopping & Paymant 정책, 신 고객보상 제도, 2001년부터 전담서비스 운영
인터넷 공동체	SOS 고객게시판을 통하여 '칭찬합시다' 운동을 전개. 좋은 상품, 편리한 서비스, 상호의견을 교환
전략적 제휴	·사업초기부터 Mall & Mall 사업을 진행, 중소상인들과 연계해 쇼핑몰을 운영

인터파크는 우리나라 인터넷 쇼핑몰 중 종합쇼핑몰 1위의 기업으로서 경기가 위축된 상황에서도 화장품 무료 배송과 도서판매 성수기인 겨울 방학을 맞이하여 책 1권도 무료 배달이라는 선심 정책으로 매출을 급신장시켰다. 사업초기 Mall & Mall 방식의 도입과 원스톱쇼핑을 위해 11만 가지 이상의 상품을 인터넷 매장에 배치함으로써 고객 편의를 도모하고, 국내 인터넷 쇼핑몰 성장의 견인차 역할을 하고 있다. 랭킹닷컴에 의한 순위(2004. 6. 16)는 종합쇼핑몰 점유율 28.13%로 1위인데, 2위 GS e-shop의 점유율 13.99%와 점유율 11.53%로 3위인 CJ몰을 훨씬 능가한다.

4. 인터넷 쇼핑몰의 요건

오늘날 기업 활동 중 고객만족 관련활동은 매우 중요한 역할을 하며, 가상환경하에서도 예외는 아니다. 특정 가상점포에 만족한 이용자는 특정 가상몰의 웹 사이트를 재방문 혹은 재구매할 수 있고, 특정 웹 사이트에 만족한 고객이 전하는 구전효과는 신규고객을 창출하는 이점이 있다. 반면 웹 사이트에 불만족한 이용자들은 본인만이 아니라 주위의 잠재고객도 잃게 만들므로 인터넷에서의 고객만족과 불만족에 대한 이해가 요구된다. 고객만족(customer satisfaction)에 대해서는 일회적 거래를 기준으로 하는가, 여러 차례에 걸친 거래경험을 기준으로 하는가의 두 가지 관점에서 정의되고 있다.

첫째는 거래 특유적(transaction-specific) 관점으로서 기대-불일치 패러다임에 기초하여 개별거래에 대한 성과를 기대와 비교함으로써 만족여부를 판단하는 것이고, 둘째는 누적적(cumulative) 관점으로서 개별거래에 대한 만족경험들이 누적된 전체적인 평가결과로 나타나는 것이다. 거래 특유적 고객만족이 특정제품 또는 서비스 접점에 대해 구체적인 진단정보를 제공할 수 있으나, 과거, 현재, 미래의 성과를 나타내주는 보다 근본적인 지표로는 누적적 고객만족이 더 적절하다. 그러면 고객만족을 이끄는 인터넷 쇼핑몰의 요건은 무엇일까? 이에 관해 기존의 선행연구(김선숙, 2005; 오상현 외, 2001; 조광행, 임채운, 1999; Fornell et al, 1996)에서는 다음의 여섯 가지 요건을 언급하고 있다(〈그림 5-5〉).

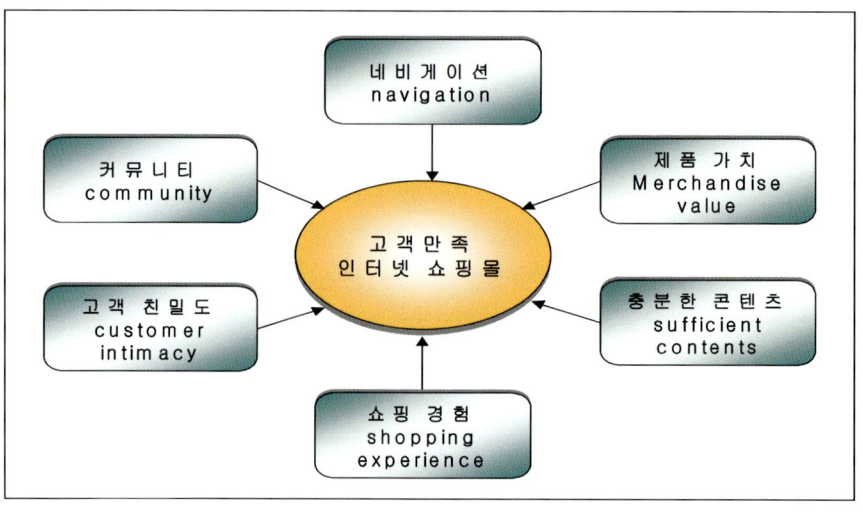

〈그림 5-5〉 고객만족 인터넷 쇼핑몰의 요건

1) 네비게이션(navigation)

인터넷 쇼핑몰은 그 특성상 기업 측의 시스템에 의존하여 서비스를 제공하기 때문에 다수의 고객이 접속하였을 때에 이들의 요구를 효과적으로 수용해야 한다. 인터넷 쇼핑의 실제 사용과 관련하여 소비자의 사용용이성에 영향을 미치는 요인으로 웹 사이트의 탐색과정, 접속 및 대기시간, 웹 사이트의 구성 등을 들 수 있다(Hoffman et al., 1995). 다시 말해 인터넷 쇼핑몰의 접속, 트래픽 및 네비게이션 등의 특성은 인터넷 쇼핑을 사용하는 소비자들의 몰입과 구매만족도에 영향을 준다. Selz and Schubert(1998)에 의하면 전자상거래를 위한 웹 사이트 평가 시 '원하는 정보로의 접근이 용이하고 이해하기 쉽게 제공되는가', '빠른 로딩 타임을 제공하는가', '지리적 위치에 관계없이 이용 가능한가'와 같은 네비게이션이 중요하였다. 또한 웹 쇼핑에 대한 고객들의 반응을 연구한 Jarvenpaa and Todd(1997)는 쇼핑이 용이하고 시간이 절약됨은 물론 원하는 상품이나 서비스를 빠르게 찾아주며, 고객이 필요한 정보획득을 할 수 있도록 접속과 반응시간을 관리해야 할 것을 주장하였다. 따라서 인터넷 쇼핑몰 이용자들이 원하는 상품정보에 최단의 경로로 접근할 수 있는 네비게이션의 구축은 고객 만족도를 높일 수 있는 주요 요인이다.

2) 제품 가치(merchandise value)

일반적으로 가치는 사람들이 제품이나 서비스를 통해 기대하는 이익이나 혜택을 뜻하며, 소비자들의 구매결정에 있어 가격보다 더 중요하게 작용한다. 제품의 지각된 가치는 소비자가 제품을 통해 얻는 이익과 이를 위해 지불하는 비용 사이의 상대적 교환관계로서, 소비자는 가격보다 상위의 개념인 가치에 근거하여 구매결정을 한다. 이와 관련하여 Zeithaml(1988)은 마케팅 분야의 가치에 관한 연구들을 검토하여 가치의 개념을 정리하였다. 가치는 첫째, 가격이 낮은 데 비하여 품질이 뛰어날 때 소비자들이 인지하는 것이고, 둘째, 소비자들에게 제공되는 편익이며, 셋째, 소비자가 얻고자 하는 혜택을 위하여 지불하는 것이다. 가치의 혜택개념은 지각된 품질이나 내생적, 외생적인 모든 속성을 포함하고, 비용에는 소비자가 희생하는 금전적, 비금전적인 모든 비용(시간, 노력, 편리성)이 속한다. 타 유통채널과 비교하여 인터넷의 저렴한 가격이 소비자들의 구매의도를 이끄는 이유가 되고 있으나, 구매에 따른

가치를 중시하는 소비자가 증가하고 있으므로 인터넷 쇼핑몰에서 제품의 가치를 높일수록 고객 만족도가 높아져 재구매의도가 향상될 것이다.

3) 충분한 콘텐츠(sufficient contents)

인터넷에서 고객 만족도를 높이기 위해서는 현실 세계와는 다른 차별화된 가치의 제공이 필수적이다. 동일한 상품일지라도 제공되는 정보에 따라 상품 및 서비스의 가치가 다르게 결정될 수 있으므로 인터넷에서는 정보의 역할이 특히 중요하다(아이비즈넷, 2000). Lydon(1982)은 인터넷 쇼핑몰의 특성상 소비자가 실질적으로 제품을 체험할 수 없기 때문에 쇼핑몰의 제품 정보를 근거로 하여 소비자의 구매의사결정이 이루어진다고 하였고, 이건창, 정남호(2000)는 인터넷 쇼핑몰의 제품 정보와 같은 충분한 콘텐츠와 편리하고 시각적인 탐색 시스템의 제공이 고객의 구매의도를 증가시킨다고 하였다. 인터넷 상거래는 오프라인 상거래에 비하여 제품 특성 및 가격에 대한 정보를 얻는 검색 및 통신비용이 낮은 반면, 정보 내용의 품질이 높아 고(高) 시장효율성을 구현할 수 있으므로 인터넷의 다양한 정보제공은 소비자들의 구매의사결정을 위한 필수불가결한 요소이면서도 오프라인 유통에 대한 경쟁력이 될 수 있다.

인터넷 쇼핑몰에서 고객의 구매를 위하여 제공하는 정보는 크게 4가지로 구분되는데, 상품 설명이나 이미지 등의 기본 상품관련정보, 상품 구매 시 구매요령을 알려주는 구매 가이드(guide) 정보, 쇼핑몰의 객관적 판매 자료를 통해 구매확신을 도와주는 객관적 자료정보, 그리고 쇼핑몰 운영자가 제시하는 추천 상품, 기획전 등의 마케터주도정보 등이다(김선숙, 2002). 이러한 정보를 통해 소비자들의 구매의사결정에 필요한 충분한 콘텐츠를 제공해줌으로써 인터넷 쇼핑몰에서는 고객 전환율을 높이고 고객 만족도를 향상시킬 수 있다.

4) 쇼핑 경험(shopping experience)

인터넷 쇼핑에 대한 소비자의 지각된 유용성은 웹 사이트에서의 쇼핑 경험에 영향을 받으며, 가상점포의 웹 사이트는 소비자에 의해 자율적으로 선택되기 때문에 소비자를 끌어들일 수 있는 요소를 갖추어야 한다. 시각적인 요소 이외에 쇼핑에 필요한 정보를 제공하고, 인터넷 쇼핑을 재미있는 놀이나 쇼핑 경험으로 지각하게끔 오락적인 측면까지 제공해야 한다. 이

와 같은 정보와 오락이 조화를 이루면서 방문자들이 관심을 가질 수 있는 흥미로운 내용으로 구성될 경우 소비자들의 구매 가능성은 훨씬 높아질 것이다. 인터넷 쇼핑몰에서의 패션상품 구매는 다양한 상품구색과 비교 구매의 가능, 저렴한 가격, 편리하고 시간이 절약되는 등의 장점으로 인하여 꾸준한 증가세를 보이지만, 색상과 소재, 품질, 서비스 등에서 기존의 유통채널보다 높은 수준의 위험을 지각함과 동시에 개인정보 유출, 신용카드 노출 등에 대한 위험도 수반된다. 그러나 인터넷을 통해 한 번이라도 패션상품을 구매한 소비자가 그렇지 않은 소비자보다 위험지각이 낮고 인터넷 쇼핑 경험자가 재구매자로 이어질 가능성이 더 높으므로(조영주 외, 2001; 홍동표 외, 2004), 인터넷 쇼핑몰에서의 쇼핑 경험을 이끌 수 있는 다양한 요인 제공의 중요성이 부각된다.

5) 고객 친밀도(customer intimacy)

인터넷상의 가상점포는 제품만이 아니라 고객 서비스를 제공하는 곳이다. 고객과의 관계를 지속적으로 관리하고 호의적인 친밀감을 형성하여 나날이 높아지고 있는 고객의 요구수준 및 기대를 충족시킬 경우 기업은 고객의 재구매율을 높임과 동시에 동종 업계에서 경쟁우위를 점할 수 있다. 전자상거래를 위한 웹 사이트 평가요인 중 고객배려와 관련된 요인으로 Selz and Schubert(1998)는 헬프 데스크(help desk), 피드백 반응 시간 등의 접촉가능성, 개인별로 맞춤화된 시작 페이지 제공, 고객의 프로파일에 따른 개인화 정도, 사용하기 쉬운 장바구니 기능 등을 언급하였고, Jarvenpaa and Todd(1997)는 고객의 라이프스타일이나 원하는 쇼핑방식과의 부합성정도, 전자우편이나 채팅 기능을 통한 응답성, 고객 개개인의 요구를 이해하고 조절하는 능력 등을 지적하였다.

한편, Wiersema(1996)는 고객 친밀도를 달성하기 위한 단계로 Tailoring, Coaching, Partnering의 3가지를 제시하였다. 첫 번째 Tailoring 단계에서는 고객의 요구사항 및 문제를 정확하게 파악하고 그에 대한 적절한 해결책을 제공한다. 두 번째 Coaching 단계는 고객에 대한 교육, 반복 학습을 통해 고객의 행동을 바꿈으로써 고객이 더 나은 결과를 얻도록 하며, 세 번째 Partnering 단계에서는 기업이 동반자로서 고객과 함께 공동의 목표를 추구하며 일하는 단계이다. 이와 같이 고객의 친밀감을 높이고자 하는 기업의 노력은 고객과의 관계마케팅을 확대시켜 결국에는 보다 많은 충성고객을 확보할 수 있다.

6) 커뮤니티(community)

커뮤니티는 원래 공동체, 지역사회 등을 나타내는 말로서, 인터넷상의 커뮤니티는 현실 세계가 아니라 가상 세계에 구축된 가상 공동체, 즉 통신망을 사용하는 사람들 간에 형성된 사회관계를 의미한다. 다시 말해 인터넷상의 가상 세계에서 만난 사람들이 만들어가는 공동의 협동 과정이자 서로 다른 마음과 생각이 만나 새로운 아이디어와 생각을 낳는 창조적인 움직임이라 할 수 있다. 이러한 커뮤니티를 통하여 고객의 결속력 및 충성도를 구축할 수 있고, 구매자가 단순히 물품을 구매하는 행위로만 그치는 것이 아니라 물품에 관한 다양한 정보를 공통의 관심사를 가진 사람들에게 전파시킬 수 있다. 그러므로 인터넷 쇼핑몰의 커뮤니티 구축은 일시적인 수익창출에서 벗어나 고객과의 장기적이고 지속적인 관계 유지를 통하여 고객 충성도를 이끌어내는 중요한 전략이다.

가상 환경에서 고객들 간의 관계구축의 필요성을 역설한 Armstrong and Hagel(1996)에 의하면 고객은 특정 환경 내에서 자신과 비슷한 상황에 있는 다른 고객과 상호작용하려는 욕구를 지니며, 그러한 상호작용의 결과는 총체적 지식과 경험으로써 향후 기업의 마케팅 전략에 활용되어 기업과 고객 모두에게 가치를 줄 수 있다. 따라서 가상 환경에서 기업이 성공하기 위해서는 고객과의 관계구축은 물론 고객 간의 관계구축도 동시에 고려해야 한다고 주장하였다. 오프라인 거래와 달리 온라인 거래에서는 쇼핑몰을 방문하는 고객들 간의 정보교류가 가능한 것이 특징이므로, 커뮤니티(〈그림 5-6〉) 등으로 고객 간의 관계 결속을 강화하고 강한 소속감을 느끼게 하면 장기적인 관계 강화에 도움이 될 것이다.

...

* 출처: http://www.jackie.co.kr

〈그림 5-6〉 인터넷 패션 쇼핑몰의 커뮤니티

패션상품 고유의 특성을 고려해 보건대 인터넷 쇼핑몰의 요건 중에서도 제품 가치와 충분한 콘텐츠, 커뮤니티가 인터넷 패션 소비자들에게 특히 중요할 것으로 생각된다. 패션상품은 고부가가치 상품으로서 가격에 비하여 고객이 인지하는 높은 가치가 고객 만족도를 이끌 수 있으며, 실물을 직접 보지 못하고 구매하는 위험지각이 타 상품보다 높기 때문에 충분하면서도 상세한 상품정보의 제공이 필요하다. 또한 판매자와 구매자가 직접 대면하지 않는 가상공간에서 구매가 이루어져 고객에 대한 판매자의 즉각적인 반응 및 고객 간의 커뮤니케이션이 결정적인 역할을 수행한다. 따라서 성공적인 인터넷 패션 쇼핑몰이 되기 위해서는 고객과의 관계 마케팅은 물론 상품에 대한 충분한 정보 제공, 가격 대비 높은 품질 가치, 우수한 서비스 및 신뢰감 등이 구현되어야 할 것이다.

5. 인터넷 패션 쇼핑몰 리스트

야후와 네이버, 다음 등의 검색엔진과 순위 사이트 랭키닷컴에 등록되어 있는 인터넷 패션 쇼핑몰을 여성의류와 남성의류, 패션잡화 및 액세서리, 패션 브랜드와 멀티샵 등으로 구분하여 살펴보면 다음과 같다.

여성의류 쇼핑몰

쉬즈굿닷컴 (www.shezgood.com)

명품스타일 쇼핑몰, 압구정동에 오프라인 매장 운영
동대문 사입 제품과 자체제작 상품으로 구성
여성 보세의류 인지도 1위로서 의류, 잡화, 액세서리 판매

샵걸즈 (www.shopgirls.co.kr)

헐리웃 스타일 보세의류 쇼핑몰
아이템별, 컬러별 스타일 제안 및 상품 상세정보
포인트 적립, 구매후기 이벤트, 싸이 홈피를 통한 홍보

스타일바이수 (www.stylebysoo.net)

사랑스런 여자가 되는 곳, 명품스타일 쇼핑몰
명품스타일 의류와 구두, 가방 등 잡화 판매
구매후기를 통한 적립금 이벤트 등 커뮤니티 운영

붐붐걸 (www.bb-girl.co.kr)

최신 패션 트렌드를 한눈에 볼 수 있는 쇼핑몰
럭셔리한 캐주얼스타일, 헐리웃 스타일 패션 상품
헐리웃 인기스타일 및 패션 코디 제안

오렌지스타일 (www.orangestyle.co.kr)

럭셔리한 명품스타일 쇼핑몰
가격 대비 좋은 품질의 상품을 아이템별로 제공
1:1 상담, 구매후기 등 고객과의 활발한 상호작용

지니지니 (www.jineejinee.com)

럭셔리 & 트렌디한 최신 유행스타일의 인기 쇼핑몰
보그, 헐리웃, 럭셔리, 니쁜, 클럽 등 스타일별 코디
쇼핑몰 내에서 한 권의 매거진을 보는 듯한 느낌

지아 (www.geogia.net)

두터운 매니아층이 형성된 명품형 정장이 많은 쇼핑몰
시즌별 유행스타일 제안, 블랙 & 화이트 색상 중심

핑크홀릭 (www.pink-holic.net)

로드샵에서 인터넷 쇼핑몰까지 간지나는 옷, 핑크홀릭
트렌디한 명품스타일 코디 제안, 연예인 협찬
수원에서 오프라인 매장 운영, 의류, 잡화, 액세서리 판매

큐큐 (www.qq.co.kr)

아베크롬비, DKNY 등 명품스타일 의류 및 잡화 판매
가격별 사은품 제공, 구매후기 이벤트, 수다방 운영

스타일티바 (www.styletiba.com)

스타일이 살아나는 감각적이면서도 정감어린 쇼핑몰
티바 블로그에서 매거진, 다이어리, 나도 디자이너 운영
아이템별로 이야기 있는 사진과 상세 상품정보 제공

볼터치걸 (www.boltouch.com)

캐주얼하면서도 섹시한 스타일의 쇼핑몰
섹시한 클럽의상, 귀여운 액세서리와 편안한 신발 판매
패션 및 뷰티 정보 제공, 구매후기 Queen 선발

프린세스걸 (www.princessgirl.net)

귀엽고 깜찍한 공주스타일, 일본스타일 의류 쇼핑몰
트렌디한 코디스타일 제공, 최신유행 상품 제공

돌팝 (www.dollpop.co.kr)

센스 있는 여성을 위한 그녀들의 쇼핑몰
돌팝 매거진, 헐리웃 파파리치 등 패션 정보 제공

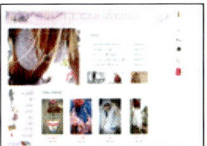

바이샬 (www.byshal.com)

트렌디한 연예인 스타일의 토탈 의류 쇼핑몰
동대문 사입제품과 직접 제작한 소품 등으로 구성
감각적이면서도 독특한 스타일의 상품이 많은 곳

코발트 블루 (www.cobalt-blue.co.kr)

명품스타일에 트래디셔널 정장스타일 쇼핑몰
뉴요커풍의 심플 & 모던한 의류 판매

3B 동대문 패션 (www.3b.co.kr)

최신 유행스타일의 동대문 패션 쇼핑몰 1위
다양한 아이템의 여성·남성 의류 및 잡화 판매
기획 특가전, 일본 스타일, 스페셜 아이템 제공

다홍 패션몰 (www.dahong.co.kr)

동대문 스타일의 패션 상품 천국
다양하고 감각적인 여성·남성 의류 및 잡화 판매
피팅 모델 모집사이트 운영, 도매몰 운영, 상품후기

선덕여왕 패션몰 (www.sdking.com)

명품 및 일본스타일, 최신 유행상품
여성의류 쇼핑몰은 물론 오픈마켓에서도 파워셀러
구매후기 적립금, 경매, 오늘만 이 가격 등 다양한 이벤트

따따따 (www.ddaddadda.co.kr)

개그맨 김주현 부부가 운영하는 패션 쇼핑몰
캐주얼 & 감각적인 유행스타일의 의류/잡화 판매
구매후기 적립금, 따따따 구매제품의 벼룩시장 제공

핑키걸 (www.pinkygirl.co.kr)

아베크롬B 등 캐주얼 명품스타일의 인기 쇼핑몰
젊고 감각적인 패션 매거진처럼 상품정보를 제공
나도 핑키걸, 벼룩시장 게시판, 싸이 홍보전략

에바주니 (www.evajunie.com)

탤런트 김준희가 운영하는 패셔너블한 감각의 쇼핑몰
의류 및 패션잡화, 액세서리 판매, 럭셔리샵, 패션매거진

마이레이디 (www.mylady.com)

패션 쇼핑몰의 포털, 다양한 상품판매와 공동구매 운영
방송인 박경림의 뉴욕스토리 입점, 쇼핑 하이라이트 제공

이스타샵 (www.estarshop.com)

스타샵 종합쇼핑몰, 연예인 전문 쇼핑몰
연예인 감각의 스타일리쉬한 패션상품 및 정보 제공
스타 브랜드샵의 운영으로 퀄리티를 높인 것이 특징

오가게 (www.orage.com)

패션 IT 기업 (주)트라이씨클의 패션 트렌드 쇼핑몰
독자적이면서도 세련된 감각의 스타일별 상품 제공
T.P.O에 따른 패션 제안 등 패션정보, 1:1 상담 가능

마마스빈티지 (www.mamasvintage.co.kr)

유럽 및 빈티지 스타일의 수입 여성의류 쇼핑몰
쉬폰 소재와 시에나 밀러스타일 빈티지 아이템 전문
미국에서 소량수입, 싸이월드 클럽 운영

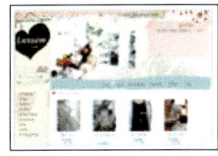

러브미 (www.luvme.co.kr)

여성스럽고 사랑스런 분위기의 수입 여성의류 쇼핑몰
끌로에풍, 쉬폰 스타일의 옷이 많은 곳
싸이월드 홍보, 커뮤니티 운영 등 다양한 전략 활용

트왕(www.twang.co.kr)

명품 스타일의 수입보세 인기 쇼핑몰
캐주얼, 니트, 원피스, 정장 등 아이템별 상세 코디정보

마스뮬리 (www.mass-mouly.com)

명품스타일의 수입보세 의류 쇼핑몰
마크제이콥스, 클로에, 안나수이 스타일 판매

그여자네 집 (www.shezhouse.com)

스타일리쉬한 감각의 빅 사이즈 전문 쇼핑몰
영화 '미녀는 괴로워' 의상협찬, 체형커버 스타일 제안
일반 사이즈에서 상의 110, 하의 110 사이즈까지 판매

공구우먼 (www.09women.com)

여성의류 빅 사이즈 전문 쇼핑몰 인지도 1위
오프라인 매장 'SUCIA' 운영, 온/오프 시너지 효과
일반 사이즈에서 상의 120, 하의 110 사이즈까지 판매

남성의류 쇼핑몰

코디세일 (www.codisale.co.kr)

감각적인 남성을 위한 코디네이션 전문 쇼핑몰
의류 및 패션잡화, 액세서리로 구성, 패션 스타일 제안
매일 신상품 업데이트, 코디 충전, 경매, 커뮤니티 운영

코디프랜드 (www.codifriend.com)

보그스타일, 영캐주얼, 헐리웃스타일 등 감각 코디 제공
Zinif, from DOKYO, Youth AM 등 유명 보세의류 전문
남성 패션 매거진을 보는 듯한 상품 상세정보

어반뉴욕 (www.urbannewyork.co.kr)

남성의류 수입 쇼핑몰, 뉴욕의 감성적인 패션 스타일
가장 빈티지하면서도 시크한 뉴욕 스타일 제안

간지사랑 (www.gglove.co.kr)

스트리트 패션 남성 토탈 쇼핑몰
머리에서 발끝까지 트렌디 패션 및 일본스타일, 빈티지

유엘옴므 (www.ulhomme.com)

댄디한 스타일의 남성 정장 및 캐주얼 의류 쇼핑몰
연예인 협찬을 통한 검증된 스타일 상품 소개

스타일옴므 (www.stylehomme.com)

폴스미스, 댄디 스타일의 구제 쇼핑몰
미국, 일본, 유럽 등지에서 직접 선별한 상품 판매
상품후기를 통한 커뮤니티 강화, 의류 및 액세서리

케이맨 (www.kmen.co.kr)

빈티지 감각에 최신 유행스타일의 패션상품 판매
니뽄, 유로/댄디, 헐리웃 스타일 등 다양한 코디상품

엔피필 (www.npfeel.co.kr)

감각적인 캐주얼을 완성하는 일본, 뉴욕스타일 쇼핑몰
의류 및 패션잡화, 액세서리로 구성, NP 스타일 제안
코디 상담, 경매, 셀프 패션쇼, 중고장터 운영

간지나라 (www.ganzinara.com)

최신 유행스타일의 남성 토탈 쇼핑몰
의류 및 패션잡화, 액세서리로 구성, 일본스타일 중심
모델 콘테스트 개최, 경매, 커뮤니티 운영

스타일보이 (www.styleboy.co.kr)

세련된 유행스타일의 연출을 위한 스타일보이
다양한 이벤트 & 사은품 증정, 빈티지스타일 중심
트렌드 북을 통한 남성 패션스타일 제안, 커뮤니티 운영

미토샵 (www.mitoshop.co.kr)

캐주얼과 정장의 만남, 감각적인 코디 제안
빈티지스타일과 캐주얼 정장 중심, 모델 신청 코너 운영
캐그콘서트, 웃찾사 등 개그맨들의 의상협찬

정장닷컴 (www.jeongjang.com)

트래디셔널한 정장스타일 제안, 남성 정장 중심 쇼핑몰
심플 & 모던하면서도 연예인스타일의 정장 아이템
고객 제안 코너, 상품후기 이벤트, 1:1 문의 게시판 운영

샌드보이 (www.sand-boy.co.kr)

자체 제작으로 차별화된 남성 전문 쇼핑몰
명품스타일에 패셔너블한 연예인 감각을 연출하는 아이템
San파파라치, 패션트렌드 정보, 포토shot, Sdiary 등 운영

옷걸이옴므(www.otgerly.com)

유러피언 명품스타일의 세련된 남성 의류 쇼핑몰
연예인, 영화의상 협찬 등을 통한 검증된 스타일
감각적인 정장 스타일 제안, 상품 위주의 쇼핑몰 디자인

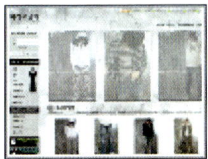

키 작은 남자(www.smallman.co.kr)

남다른 감각의 남성의류, 키 작은 남자를 위한 쇼핑몰
일본직수입에 일본스타일, 스몰사이즈 판매가 강점
키 작은 남자 코디법, 키 크는 요령 등 다양한 정보 제공

잡화액세서리 쇼핑몰

감각업닷컴 (www.gamgakup.com)
나만의 감각을 향한 무한질주, 패션잡화 전문 쇼핑몰
헐리웃스타일, 연예인스타일, 구제 등 스타일별 제안
연예인 및 드라마 협찬 등으로 인지도를 높임

캡이야 (www.capeya.co.kr)
벙거지, 야구모자, 비니, 니트모자 등 모자 전문 쇼핑몰
패션잡화 분야 인지도 1위, 단체모자 주문 가능
보세 및 브랜드 상품 등 다양한 모자 아이템을 취급

에스디디몰 (www.sddmall.com)
MCM 공식 직영몰, MCM 온라인 최저가 선언
연예인 협찬상품 단독 세일전, 트렌드 정보 제공

올리비나 (www.olivina.co.kr)
명품스타일의 핸드메이드 전문 액세서리 쇼핑몰
귀고리, 목걸이, 헤어액세서리, 세트 판매, A/S가능

디디니 (www.ddni.co.kr)
명품스타일의 여성·남성 수제화 전문 쇼핑몰
오프라인에서의 수제화 운영 경험을 바탕으로 오픈
매주 고객착화 우수작 선정 20% 할인쿠폰 증정

바이슈 (www.buyshu.co.kr)
명품스타일의 여성 수제화 전문 쇼핑몰
헐리웃스타일 제안, 유명 연예인 협찬으로 인지도 상승

골든듀 (www.goldendew.com)
여성·남성 주얼리 전문 브랜드 쇼핑몰
귀고리, 목걸이, 반지 등의 아이템, 웨딩 및 선물용 판매
온/오프라인 병행으로 인지도 상승, 럭셔리한 감각

클루 커스튬 주얼리 (www.clue.co.kr)
준보석이나 크리스탈 전문 주얼리 쇼핑몰
개성적이며 재밌고 독특한 디자인으로 패셔너블한 연출
온/오프라인 병행으로 매장이 핑크, 여성스런 분위기

패션 브랜드 쇼핑몰

하프클럽 (www.halfclub.com)

여성의류, 남성의류, 아동복 등 의류 브랜드 전문 쇼핑몰
유명 브랜드 상품의 365일 할인을 통한 시너지 효과

패션플러스 (www.fashionplus.co.kr)

최초로 오픈된 대규모의 패션 브랜드 종합 쇼핑몰
여성복, 남성복, 캐주얼, 아동복, 잡화, 수입명품 등 판매

패션스토리 (www.afteru.co.kr)

패션 브랜드 할인 전문 쇼핑몰
여성, 남성, 캐주얼, 키즈, 언더웨어, 액세서리 등 취급

바바클럽 (www.babaclub.com)

캐주얼, 남성, 여성 등 브랜드 의류 전문 쇼핑몰
의류, 잡화, 액세서리, 속옷 등을 20%~90% 할인 판매

코너스 (www.conus.com)

Urban Traditional Casual 브랜드
상품 및 카탈로그 소개, 매장 안내, 고객센터 운영

리바이스샵 (www.levisshop.com)

리바이스 공식 쇼핑몰
엔지니어드진, 타입1진, 오리지날진, 스페셜, 아웃렛
전문가 상담실, 고객불만 상담실, 제품리뷰 등 운영

패션피아 (www.fashionpia.com)

제일모직 의류 브랜드 쇼핑몰
빈폴, 후부, 라피도, 엠비오, 아스트라, 로가디스 등 취급
제일모직 패션상품권 판매, 단체 주문 가능

갭 (www.gap.com)

갭에서 운영하는 온라인 전문 의류 사이트
쇼핑몰 기능 제공, 컬렉션 정보 및 매장 위치 정보 제공

렉스테일러 와이셔츠 (www.rextailor.co.kr)

고품격 맞춤 드레스셔츠 및 와이셔츠 전문 쇼핑몰
스트라이프 셔츠, 드레스 셔츠, 넥타이, 커프스 등 판매
기호기적 및 할인상품, 맞춤 가능, 스타샵 운영

와투 (www.iwatoo.co.kr)

매스티지를 지향하는 명품스타일 여성의류 쇼핑몰
정장, 니트, 원피스, 수입 보세, 자체 제작 의류 판매

두산OTTO (www.otto.co.kr)

두산 OTTO에서 운영하는 패션 브랜드 전문 쇼핑몰
여성 및 남성 의류, 아동복, 패션잡화, 인테리어 소품 등
상품 카탈로그 소개 및 카탈로그 신청 안내

패션1번지 (www.fashion1st.co.kr)

브랜드 의류 전문쇼핑몰
여성, 남성, 아동 의류, 가방, 구두 등 패션잡화
미니샵을 통한 벼룩시장, 나만의 코디비법 등 커뮤니티

폴로박스 (www.polobox.com)

수입의류 전문 쇼핑몰
Polo, DKNY, Calvin Klein, banana republic, Gap 등
명품 브랜드별 의류와 가방, 모자, 액세서리 등 판매

이스타일짱 (www.estylezzang.com)

폴로전문 해외 직수입 브랜드샵
폴로, 타미, 아베크롬B, 갭, DKNY, CK, 랄프로렌 판매

멀티샵·기타

플레이어 (www.player.co.kr)

미국 직수입 멀티브랜드 샵, 오리지널제품 전문
나이키, 아이다스, 폴로, 뉴에라 등의 운동화, 의류 판매
랭키닷컴 1위, 스포츠서울 브랜드 대상 등 수상

ABC마트 (www.abcmartkorea.com)

온/오프라인 병행 슈즈 전문 멀티샵, 직수입 정품 브랜드
반스, 호킨스, 나이키, 아디다스, 컨버스, 리복 등 취급
웹진을 통한 정보제공, 물물교환을 통한 C2C 서비스

오리지날샵 (www.originalshop.co.kr)

아디다스, 나이키, 퓨마, 폴로 등 직수입 멀티샵
온라인 전문, 도·소매, 100% 오리지널 제품

스푼 (www.spoon.co.kr)

멀티샵 링크 사이트, 샵 홍보 및 커뮤니티 제공
물물교환을 통한 C2C 서비스, 정보 공유, 코디갤러리

체리네구제샵 (www.cherryne.com)

매니아층을 형성한 일본구제 쇼핑몰
일본 매장판 아디다스, 나이키, 퓨마 등을 정식수입

리바이스리미트 (www.levislimit.co.kr)

USA 직수업 리바이스 정품만을 판매하는 쇼핑몰
501, 엔진, 카고, 벨트 등 의류에서 잡화까지 판매

와싸다닷컴 (www.waassada.com)

구제 리바이스 등 구제 전문, 일본 직수입 쇼핑몰
구제매니아를 위한 매니아샵 운영, 다양한 아이템 판매

지퍼스 (www.jeepers.co.kr)

일본과 유럽에서 직수입한 제품을 판매하는 구제쇼핑몰
구제 매니아를 위한 곳, 빈티지샵 전문

리얼피키 (www.realpicky.com)

나이키, 써코니, 아디다스, 리복 등 직수입 멀티샵
미국 내 3천 평 정도 4개 매장과 사무실을 운영

탐낼탐 (www.tamneltam.com)

수입 빈티지스타일, 구제 여성의류 쇼핑몰
세상에 단 하나밖에 없는 의류소품이 가득한 곳
빈티지에 푹 빠진 친구 3명이 운영하는 독특한 몰

소나테 (www.sonate.co.kr)

아디다스, CK, 리바이스, 퓨마, 나이키, 바겐스탁,
타미, DKNY등 해외 유명브랜드 수입 멀티샵

슈즈모아 (www.shoesmoa.co.kr)

직수입 브랜드 멀티샵
나이키, 아디다스 슈즈 전문, 의류 및 액세서리 취급
퓨마, 버겐스탁, 컨버스 운동화, 져지 판매

이-멀티샵 (www.e-multishop.com)

직수입 정품 브랜드 전문 종합패션 쇼핑몰
폴로, 아베크롬B, CK, 리바이스, 아디다스 등 구매대행

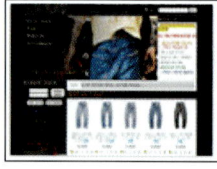

구제사조 (www.guje4jo.co.kr)

구제청바지 및 여성·남성의류, 잡화 전문 쇼핑몰
최고 품질의 제품 공급, 구제스타일 및 코디갤러리

멀티스토리 (www.multistory.co.kr)

직수입 정품 브랜드 멀티 샵
아디다스, 나이키, 스프링코트, 리바이스, 폴로, 주욕 등
오프라인 매장 경험을 바탕으로 오픈한 온라인 몰

제6장 인터넷 패션 소비자

패션 소비자가 변하고 있다. 이제는 쇼핑을 하기 위해 부산하게 준비하고, 복잡한 쇼핑몰을 돌아다닐 필요가 없어졌다. 저렴한 가격을 경쟁력으로 하는 온라인 쇼핑몰에서 패션 소비자들은 편안하게 패션상품을 구매할 수 있게 되었고, 인터넷을 이용하는 패션 소비자들의 라이프스타일은 패션상품의 유통에 지대한 영향을 미치고 있다. 본 장에서는 인터넷 패션 소비자들의 라이프스타일 및 구매특성과 함께 이와 관련된 선행연구를 심층 분석해 본다.

1. 인터넷 패션 소비자의 라이프스타일 특성

인터넷 사용자를 라이프스타일별로 유형화하여 고객집단별 구매탐색 매체를 제시한 김훈, 권순일(1999)은 소비자의 라이프스타일에 인터넷이 중요변수로 작용하고 있다는 것을 증명하였다. 인터넷으로 인한 사회 구성원들의 생활 및 사회흐름의 변화는 소비자들의 라이프스타일과 연관되며, 개인이 구축한 가치 및 인지를 표출하는 라이프스타일은 개인이 속한 문화 및 개별상황이 반영된 것이다(김시월 외, 2004). 인터넷에서는 고객 데이터를 보다 효과적으로 수집, 관리할 수 있어 기업의 고객화 전략 수립이 용이하고, 고객 세분화를 통하여 목표고객을 결정하거나 새로운 고객을 유인할 수 있다.

패션상품은 감성과 이미지를 중시하는 특징을 지님으로써 패션상품 소비자의 시장세분화에 라이프스타일 기준이 매우 중요하다. 일반적으로 패션 소비자들의 라이프스타일 유형은 유행선도형, 품질중시형, 실용주의형, 개성중시형, 의복무관심형 등으로 분류되어 왔다. 이와 관련하여 MBC 애드컴 마케팅플래닝팀(1997)에서 만 13세~만 59세 남녀 6,122명을 대상으로 조사한 라이프스타일 유형은 〈표 6-1〉과 같이 소극추종형(23.3%), 유행무관심형(21.3%), 품질중시형(19.8%), 실용중시형(17.9%), 유행민감형(17.7%) 등으로 나타났다.

각 유형별 특성을 살펴보면, 소극추종형은 10대~20대 중류층의 젊은 남성으로서 유행을

적극적으로 수용하지는 않지만 기피하지도 않으며, 유행무관심형은 30대~50대 중류층의 기혼 남성으로 유행에 관심이 없거나 전혀 신경을 쓰지 않는 사람들이고, 품질중시형은 30대~40대 고소득층의 기혼 남녀로서 고가의 유명브랜드 상품이나 품질을 중시한다. 10대~20대 미혼 여성과 20대~30대의 젊은 주부들로 이루어진 실용중시형은 싼 옷을 여러 벌 사는 알뜰한 실속 구매자로 자신의 선호 스타일을 구매하려는 의도가 강하고, 10대~20대의 학생으로 구성된 유행민감형은 패션에 관심이 많고 새로운 유행을 빨리 수용하는 패션 선도자라 할 수 있다.

〈표 6-1〉 패션 소비자의 라이프스타일 유형

구 분	비 중	특 성	
소극추종형	23.3%	10대-20대 중류층 젊은 남성	유행을 적극적으로 추종하지는 않으나 기피하지도 않는 중도적인 경향의 소비자
유행무관심형	21.3%	30대-50대 중류층 기혼 남성	옷차림이나 헤어스타일 등에 신경을 쓰지 않으며 유행에 관심이 없는 소비자
품질중시형	19.8%	30대-40대 고소득층 기혼	고가의 유명브랜드 상품이나 품질을 중시하는 소비자군
실용중시형	17.9%	10대-20대 미혼 여성 20대-30대 젊은 주부	세일, 할인매장 등을 이용하는 알뜰한 실속 구매파
유행민감형	17.7%	10대-20대 학생	패션에 관심이 많고 새로운 유행을 빨리 수용하는 패션 선도자

이와 같은 라이프스타일 특성은 인터넷 패션 소비자에게도 적용되지만, 인터넷이 지닌 고유의 특성으로 인하여 오프라인 소비자와는 다른 점이 몇 가지 있다. 다음 커뮤니케이션 (2001)에서 만 7세~만 69세 남녀 27만 2천여 명을 대상으로 조사한 결과에 따르면, 인터넷 소비자들의 라이프스타일 유형은 경제적효익추구형(31.0%), 편의추구형(27.0%), 수동적동조형(18.2%), 인터넷의존형(14.4%), 인터넷거래거부형(9.4%)으로 나타났다. 다음 〈표 6-2〉는 e-라이프스타일 유형별로 그 특성을 요약한 것이다.

〈표 6-2〉 e-라이프스타일 유형

구 분	비 중	특 성	
경제적 효익추구형	31.0%	높은 연령층 자영업자, 주부계층	인터넷 금융, 인터넷 뱅킹 외에는 인터넷에 별다른 매력을 느끼지 못하는 집단
편의추구형	27.0%	대학졸업이상 25세~29세의 젊은층 전문직, 자유직 등	인터넷을 적극적으로 이용하지만, 인터넷 의존도 및 게임, 오락, 문화분야의 이용률은 상대적으로 낮은 집단
수동적동조형	18.2%	18세 미만의 학생층	인터넷을 통해 게임, 오락을 즐기는 유형
인터넷의존형	14.4%	중산층, 대학생층 서울지역 거주자	일상에 필요한 정보를 인터넷을 통해 수집하거나 온라인 거래를 즐겨하는 집단
인터넷 거래거부형	9.4%	25세 이하 학생층이나 여성	인터넷을 이용하나 인터넷을 통한 거래행위에는 강한 거부감을 보이는 집단

고등학교 졸업이상에 높은 연령층일수록, 자영업자나 주부계층일수록 경제적효익추구형이 많았는데, 이들은 인터넷 금융, 인터넷 뱅킹 외에는 인터넷에 별다르게 큰 매력을 느끼지 못하는 집단으로 오프라인상에서는 가격에 민감해 상설할인매장을 주로 이용하는 실속파이다. 편의추구형은 인터넷을 적극적으로 이용하지만, 인터넷 의존형에 비해 인터넷 의존도 및 게임, 오락, 문화분야의 이용비율이 상대적으로 낮으며 대학졸업이상의 학력에 25세~29세의 젊은층, 전문직과 자유직, 사무직, 기술직 종사자가 많고, 오프라인상으로 유행이나 브랜드보다 품질과 편의 지향적이다.

수동적동조형은 인터넷을 통해 주로 게임이나 오락을 즐기는 유형으로서 18세 미만의 학생층이 주류를 이루며, 적극적으로 인터넷을 활용하지는 않지만 인터넷에 대한 거부감은 없다. 인터넷의존형은 일상에 필요한 정보를 인터넷을 통해 수집하거나 의식주, 오락 및 레저활동과 관련된 온라인 거래를 즐겨하는 집단으로서 중산층의 서울지역 거주자에 대학생층이 대부분이며, 오프라인상에서는 유행에 민감하고, 유명 브랜드를 선호하며, 멋있고 세련된 것들에 매료되는 특성을 보인다. 마지막으로 인터넷거래거부형은 25세 이하의 학생층 혹은 여성들이 많은데 인터넷을 이용하나 인터넷을 통한 거래행위에는 강한 거부감을 보이며, 오프라인상에서 물건을 직접 보고 구입하는 신중 구매형이다.

송원영, 이명희(2001)는 인터넷 소비자들의 라이프스타일을 기준으로 디지털 성향, 경제 지향성, 적극적 활동성, 즐거움 추구, 가격 지향성의 5집단으로 나누고, 이를 인터넷 쇼핑을 통한 의복구매행동과 연관시켰다. 그 결과 남자의 경우 경제지향성이 높을수록 가격을 중시하고 적

극적 활동성이 높을수록 가격, 색상, 바느질 상태, 상표 신뢰도, 착용 모습을 중요시하였다. 이에 반해 여자는 디지털 성향이 높을수록 디자인, 색상, 소재, 반품 및 환불 요건, 유행성을, 경제 지향성이 높을수록 가격을, 적극적 활동성과 즐거움 추구성향이 높을수록 디자인을, 그리고 가격 지향성이 높을수록 상표신뢰도를 중시하였다. 또한 라이프스타일에 따른 인터넷 쇼핑에서의 의복 구매자와 비구매자 간의 차이를 알아본 결과, 남자의 경우 비구매자보다 구매자가 디지털 성향이 높았고, 여자는 구매자가 비구매자에 비해 즐거움을 추구하는 성향이었다.

인터넷 쇼핑몰에서 의류상품의 구매경험이 있는 소비자를 대상으로 심층 그룹 면접 및 1:1 개별 인터뷰를 실시한 고은주, 권준희, 윤선영(2005)은 라이프스타일에 따라 인터넷 소비자를 고급 지향형, 트렌드 지향형, 안정 지향형의 3집단으로 세분화하였다. 이 중 고급 지향형은 라이프스타일 항목 중 만찬지향과 사교지향의 값이 높아 식문화에 관심이 많고 사회적으로 활동적인 성향을 지니고 있었다. 인터넷 구매가 가장 활발히 이루어지는 집단인 트렌드 지향형은 저렴한 의류상품을 여러 번 구입하고 의류상품이나 유행 등에 높은 관심을 가졌으며, 인터넷을 통한 의류구매가 가장 저조한 안정 지향형은 유행에 크게 관심이 없고 실용적인 성향이 있어 베이직한 스타일에 합리적인 가격대의 의류상품을 구입하였다. 이러한 연구들은 패션 소비자의 라이프스타일 특성이 오프라인은 물론 온라인에서의 패션상품 구매행동의 주요 요인이라는 것을 입증하고 있다.

한편, 최근 들어 패션, 문화 시장을 주도하는 신소비층으로 '샘족(SAM, spend all for myself)'이 급부상하고 있다. 샘족(〈그림 6-1〉)은 소득의 대부분을 스스로에게 투자하고 정신적, 경제적으로 풍요로운 생활을 누리는 미혼남녀를 일컬으며, 졸업 후 직장생활을 통해 일정한 소득을 올리고 때로는 부모와 함께 살면서 물심양면으로 지원을 받는다. 프로패션정보네트워크(2006)에서 25세~32세의 미혼 여성 650명을 대상으로 이들의 라이프스타일 및 소비성향을 조사한 결과에 따르면, 78.1%가 스스로를 위해 투자하는 돈은 아깝지 않다고 밝혀 샘족이 넓게 퍼져 있음을 알 수 있었다. 이들의 52.9%는 패션과 함께 트렌디한 카페나 바 탐방, 피부미용과 몸매관리에 비용을 아끼지 않았으며, 63.7%는 직장 선택 시 돈보다는 얼마나 즐겁게 일할 수 있는가에 기준을 두고 있어 자신이 하고 싶은 일을 마음껏 하면서 인생을 즐기는 데 집중하고 있었다. 특히 정보와 엔터테인먼트의 대부분을 인터넷에 의지하고 온라인에서의 쇼핑에 매우 적극적이며, 인터넷 커뮤니티나 사이트를 통해 제품의 사용경험과 정보를 활발하게 공유하는 등 구전 마케팅의 중추적 역할을 담당하였다("패션 신소비층 샘족 부상", 2006).

〈그림 6-1〉 패션 신소비층 '샘족'

2. 인터넷 패션 소비자의 구매특성

소비자들은 기존의 오프라인과 마찬가지로 온라인 구매에서도 구매의사결정과정을 거친다. 일반적으로 소비자들의 구매의사결정과정은 5단계(문제 인식→정보탐색→대안평가→구매결정→구매 후 평가)로 구성되는데, 인터넷에서는 정보탐색과 대안평가의 과정이 상당히 신속하고 용이하며 구매의사결정에 필요한 다양한 정보를 제공받을 수 있다.

인터넷 패션 소비자의 구매의사결정과정은 크게 구매전단계와 구매단계, 구매후단계로 나뉜다. 이와 같은 구매의사결정 상황에 따라 온라인을 이용할 것인지, 아니면 전통적인 거래를 이용할 것인지가 결정되므로 각 단계에서 소비자의 욕구와 필요를 충족시켜야 인터넷 비즈니스에서 성공할 수 있다. 인터넷 패션 소비자의 구매의사결정과 관련하여서는 구매전단계에 해당하는 인터넷 쇼핑몰 선택요인 및 구매자, 비구매자의 비교 연구, 정보탐색에 관한 연구와 구매의도 및 구매특성, 구매행동에 관한 연구, 그리고 구매후단계로서 쇼핑만족도와 충성도, 신뢰도 등에 관한 연구가 수행되고 있다.

소비자들의 인터넷 쇼핑 채택요인에 관해서는 제품 지각(가격, 품질, 제품다양성), 쇼핑 경험(노력, 양립성, 쇼핑 즐거움), 고객 서비스(반응성, 보증성, 신뢰성, 확실성, 공감), 지각된

위험(경제적 위험, 사회적 위험, 기능적 위험, 개인적 위험, 프라이버시 위험) 외에 인구통계적 특성, 지각된 채널 효용 및 접근가능성, 쇼핑 동기 등의 관점에서 연구가 이루어졌다. 소비자들은 의사결정의 결과에 대하여 확실하게 예측하지 못할 수 있고, 예상치 못한 결과 중에서 바람직하지 못한 것이 있을 수 있으므로 구매의사결정과정에서 인지하는 위험이 인터넷 쇼핑 채택여부의 가장 큰 요인이 될 수 있다. 이때 지각된 위험은 객관적, 확률적인 위험과는 구별되는 것으로, 현실적인 위험이 존재할지라도 소비자는 주관적으로 지각되는 위험에 대해서만 반응한다(신민경 외, 2004).

패션 소비자가 인터넷 쇼핑에서 지각하는 위험으로는 경제적 위험, 사회심리적 위험, 치수관련 위험, 품질관련 위험, 배달관련 위험, 프라이버시 침해위험, 시간손실 위험 등이 있다(류은정, 2002; 이미영, 2000; 조영주 외, 2001). 여기서 경제적 위험은 상품 구매에 따른 경제적 손실이나 가격에 대한 위험이고, 사회심리적 위험은 나이나 신분, 다른 옷과의 어울림 정도 혹은 주문 시 상품을 받지 못한 채 대금을 지불해야 하는 위험 등을 포함한다. 치수 및 품질관련 위험은 패션상품의 사이즈 적합성이나 품질을 미리 확인할 수 없어 생기는 위험이고, 배달관련 위험은 주문 후 배송까지의 시간지연, 주문내역과 다른 상품의 배달 가능성, 배송 오류 등의 위험이며, 프라이버시 침해위험은 개인정보 및 신용카드 정보의 노출 등을, 시간손실 위험은 교환 혹은 반품에 소요되는 시간처럼 시간 손실에 대해 소비자가 지각하는 위험을 의미한다(〈표 6-3〉).

〈표 6-3〉 e-패션 소비자의 지각된 위험

구 분	특 성
경제적 위험	상품 구매에 따른 경제적 손실, 가격 등에 대한 위험
사회심리적 위험	나이나 신분, 다른 옷과의 어울림 정도, 주문 시 상품을 받지 못한 채 대금을 지불해야 하는 거래의 안전을 보장받지 못하는 것에서 발생하는 불신 등의 위험
치수관련위험	사이즈 적합성이나 맞음새 등과 관련된 위험
품질관련위험	품질을 미리 확인할 수 없어 생기는 위험
배달관련위험	주문 후 배송까지의 시간지연, 주문내역과 다른 상품의 배달 가능성, 배송 오류 등의 위험
프라이버시침해위험	개인정보 및 신용카드 정보 노출 등의 위험
시간손실위험	교환 혹은 반품에 소요되는 시간 등 시간 손실에 대한 위험

　류은정(2002)에 의하면 인터넷 패션 쇼핑몰이 유행에 민감한 트렌드 상품이나 인터넷을 통해서만 구입할 수 있는 독특한 상품, PB 상품 등을 제안하면 쇼핑몰 방문자에게 즐거움을 주고 가격 정책에서도 우위를 차지하여 소비자들의 구매태도가 좋아지나, 소비자들이 인지하는 프라이버시 노출, 경제적 손실, 배송 사고, 품질관련 위험지각이 높을수록 구매의도가 감소된다. 신민경, 정순희, 여윤경(2004)은 20대~30대 남성에 비하여 여성이, 교육 및 소득수준이 높을수록 위험지각이 높고, 신용카드 소유자가 비소유자보다 서비스관련 위험, 심미적 위험, 사회심리적 위험을 더 높게 지각하며, 구매횟수가 증가할수록 상대적으로 위험지각의 수준이 낮아진다고 언급하였다. 따라서 인터넷 패션 쇼핑몰에서는 소비자들의 구매과정에서 수반되는 위험을 낮출 수 있는 요소를 제공함으로써 인터넷 구매를 보다 적극적으로 유도해야 한다.

　또한 소비자들은 정보탐색과정을 거쳐 구매하고자 하는 제품에 대하여 몇 가지 대안을 갖게 되며, 이때 어떠한 기준을 근거로 하여 제품을 비교 평가한다(김동기, 이용학 1997). 소비자들이 제품 선택 시 여러 가지 대안들을 비교, 평가하기 위해 사용되는 속성들을 일컬어 제품 평가기준이라 하는데, 의류제품의 평가기준은 본질적 단서와 비본질적 단서로 크게 양분된다. 본질적인 단서는 디자인, 색상, 소재, 맞음새, 품질 등과 같이 제품자체의 물리적 성질을 변화시키지 않고는 변화 혹은 조작할 수 없는 속성이고, 비본질적인 단서는 가격, 브랜드 이미지, 제조국, 입지, 판매원, 소유 의복과의 조화 등 제품의 물리적 구성부분이 아닌 제조업자나 소매업자들에 의해 주어진 속성을 의미한다. 이는 소비자가 상품을 선택할 때 기본적으로 고려하는 기준으로서, 소비자의 구매목적이나 구매동기를 반영한다는 점에서 중요한 가치를 지닌다.

　김철순 외(2001)는 인터넷 소비자들이 의류를 구매하는 이유가 시간절약 때문인 반면, 디자인이나 색상이 다양하지 않아서 구매를 꺼려한다고 하였다. 이와 유사한 관점에서 하오선, 신혜원(2001)은 소비자들이 인터넷에서 판매되는 의류에 대하여 품목과 디자인, 색상, 사이즈 및 가격 등이 한정되고 시중보다 가격이 저렴하지 않다고 생각하나, 배달과 결제가 잘 이루어지고 있어 인터넷에서의 의류 구입의 편의성을 높게 인식하고 있다고 밝혔다. 화면상의 제품과 실제 제품과의 차이 및 품질의 신뢰성을 지적한 이경훈 외(2004)는 인터넷 쇼핑몰 웹 서비스 평가기준 중 제품의 교환 및 반품, 환불에 대한 용이성이 가장 중요한 속성이라 하였고, 고은주, 김성은(2004)은 인터넷 의류 소비자들의 반품과 환불은 실제 상품과 인터넷 쇼핑몰 사진과의 차이점에서 발생한다고 하였다.

　대부분의 선행연구에 의하면 인터넷 패션 소비자들은 인터넷 구매의 편리성과 저렴한 가격, 시간절약 등에 대해서는 긍정적인 태도이지만, 화면상의 제품과 실제 제품과의 차이, 제품의 교환 및 반품, 환불에 대한 문제점 등으로 구매를 꺼려하였다. 따라서 인터넷 패션 쇼핑몰에서는 실제 상품과 가장 유사한 사진을 제공하거나 소재 혼용률을 제시(예: 면 80%+아크릴 20%)하고 상세 사이즈의 기재(예: 100사이즈 티셔츠는 가슴둘레 100cm로 표시), 다른 상품과의 코디네이션 정보, 상품의 특징을 강조하는 확대 사진 및 상세 설명, 색상별 상품 이미지의 제공, 세탁 관리법에 대한 상세한 설명 등으로 구매에 따른 위험지각을 낮추도록 노력해야 할 것이다(〈그림 6-2〉).

* 출처: http://www.styleonme.com

〈그림 6-2〉 인터넷 패션 쇼핑몰의 상품 상세정보

패션 소비자가 선호하는 인터넷 쇼핑몰의 형태는 연구자에 따라 다소 차이가 있다. 고은주, 김성은(2004)의 연구에서 전문몰보다 대형쇼핑몰의 선호도가 높게 나타난 데 비하여 신수연,

김민정(2003)의 연구에서는 패션 전문몰의 선호도가 높았고, 이은진(2005)에 의하면 경매 혹은 직거래 장터, 종합 쇼핑몰 및 전문 유통점 쇼핑몰 등을 선호하였다. 이러한 쇼핑몰 선택 시 패션상품 소비자가 고려하는 요인으로 김미숙, 김소영(2001)은 고객관리요인(개인정보 보안, 안전한 배달, 반품 및 교환처리 등), 상품정보 정확성요인(상품사진과 실물과의 차이정도, 정확한 치수선택 프로그램, 상품사진의 선명도, 디자인에 대한 정확한 정보, 저렴한 가격 등), 편리성요인(회원가입절차 및 쇼핑몰 사용절차의 편리성, 접속속도 등), 운영방식(상품이외 유용한 정보제공, 회원제, 상품소개 및 디스플레이 방식, 이벤트 행사 등), 상품특성 및 다양성 요인(상품의 독자성, 신속한 유행상품 제공, 상품구색의 다양성 등), 업체의 명성 등이라고 밝혔다.

인터넷 의류 소비자의 의복추구혜택에 따른 시장세분화를 시도한 고은주, 이수경, 하지영(2002)은 유명브랜드추구집단, 개성추구집단, 경제성추구집단, 혜택무관심집단으로 구분하고 집단별 인터넷 쇼핑몰 속성중요도를 측정한 결과, '다양한 패션제품의 구비', '전체적인 분위기나 화면의 조화'에서 집단 간 차이가 있다고 지적하였다. 황진숙, 정정현(2005)은 인터넷 쇼핑과 TV홈쇼핑의 의류 상품 쇼핑행동을 유형화하여 가격비교 신중구매, 탐색적 구매, 파격적 저가구매, 충동구매, 구매 전 고려, 정보 축적, 오락 지향 행동의 7가지로 구분하였다. 이 중 인터넷 쇼핑 및 TV 홈쇼핑 과정에서 충동구매행동이 가장 높게 나타나 의류 상품의 무점포 구매는 목적지향적이지 않고 충동적인 성향을 보였다. 그러나 쇼핑행동 유형은 소비자 특성에 따라 차이가 있어 인터넷 구매 경험이 많은 고객의 경우 목적지향적인 쇼핑행동을, 구매 경험이 적은 고객은 탐색지향적인 쇼핑행동을 나타냈다.

심층 면접 및 직접 관찰을 통하여 인터넷 패션 소비자의 구매의사결정과정을 밝힌 김현정, 이은영, 박재옥(2000)은 인터넷을 통한 패션상품의 구매행동이 전통적 마케팅 시스템 내에서의 소비자행동과 전혀 별개로 이루어지기보다는 상호작용에 의해 복합적으로 형성된다고 주장하였다. 패션상품 구매 시 인터넷 사용여부의 결정은 각 구매의사결정과정에서 반복적으로 발생할 것으로 보고, 탐색단계, 사이트 선택단계, 사이트 내 구매단계, 그리고 구매후단계의 4가지 단계로 유형화하였다. 탐색단계는 인터넷에 대한 호기심을 갖거나 브라우징을 하더라도 인터넷 구매를 하지 않고 점포구매를 하는 경우가 많은데, 〈그림 6-3〉과 같이 인터넷 쇼핑을 할 것인지 아닌지를 결정하는 과정으로 인터넷 쇼핑을 결정할 경우 사이트 선택단계에 들어선다.

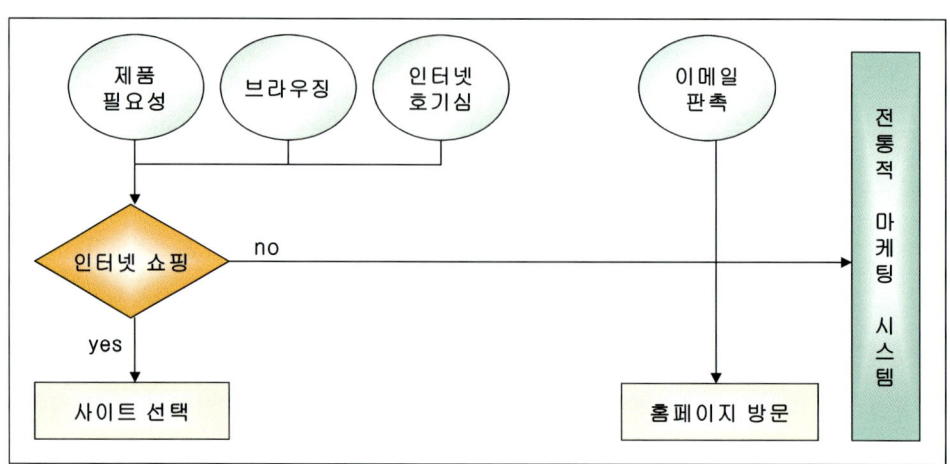

* 출처: 김현정, 이은영, 박재옥(2000). 인터넷을 통한 패션상품 구매행동의 탐색적 연구. 한국의
  류학회지, 24(6), p.911.

〈그림 6-3〉 인터넷 쇼핑 동기 단계

　기존의 신문이나 잡지, TV 등의 매체 혹은 인터넷 검색엔진 등의 정보를 통하여 사이트를
선택하고 홈페이지 방문이 이루어지면 사이트 내 구매단계에 진입한다. 구체적인 제품이나
서비스를 찾고자 한다면 검색 도구를 활용하지만 그렇지 않을 경우에는 각 사이트에서 제시
하는 분류기준에 따라 상품을 검색하며, 상품 검색 후 관심 상품에 대한 상세 정보를 읽는
것은 점포 구매에서의 흥미단계와 동일시할 수 있다. 이때 중시되는 정보로는 디자인과 가격,
상표 등이 있는데, 인터넷 쇼핑몰에서는 대부분이 다상표를 취급하고 있어 상표 정보가 매우
중요하고 사이트 지명도, 사이트 신뢰도 등 사이트 자체의 명성도 구매결정에 많은 영향을
미친다.

　점포 내에서의 시착단계와 일치하는 단계는 확대사진, 회전사진을 보거나 인터넷상의 마네
킹에 상품을 입혀보는 단계이다. 이 단계에서는 맞음새라든지 사이즈에 대한 정보가 정확하
게 인지되지 않기 때문에 상품 디테일에 관심을 갖고 외관에 대한 정보 획득이 주를 이룬다.
다음 단계에서 구매확신을 인지하면 구매결정을 하게 되고 만족 혹은 불만족과 같은 구매후
단계를 거친다. 이와 같은 연구를 수행하는 과정에서 김현정 외(2000)는 인터넷 마케팅 시스
템과 전통적 마케팅 시스템과의 상호작용을 확인하였고, 인터넷을 통한 패션상품의 구매결정
과정을 정보탐색과 구매의 2단계로 단순화하여 인터넷 마케팅 시스템만 사용하는 유형, 인터
넷 마케팅 시스템에서 정보를 얻고 전통적 마케팅 시스템에서 구매하는 유형, 인터넷 마케팅

시스템을 통해 정보만 얻는 유형, 그리고 전통적 마케팅 시스템에서 정보를 얻고 인터넷 마케팅 시스템에서 구매하는 유형의 4가지로 구분하였다.

김효신, 이선재(2001)는 소비자들이 인터넷 쇼핑몰에서의 패션상품을 구매할 때 영향을 미치는 웹 서비스 평가기준을 제시하였다. 그 첫째는 유형성으로 디자인이나 타 상품과의 조화, 전체적인 분위기 등이 포함되고, 둘째는 공감성으로 보너스 포인트의 지급, 약속이행, 다양하고 유익한 서비스의 제공 등이, 셋째는 신뢰성으로서 기업의 평판 및 사이트 신뢰성, 최신 인터넷 기술의 보유, 정보의 충분한 제공 등이 평가기준이었다. 넷째는 고객의 요구에 대한 신속한 대응, 이벤트 결과의 공지 등을 내용으로 하는 반응성이었으며, 마지막으로 상품배달 일정에 대한 공지, 거래처리기간의 공지, 상품 가격의 비교 가능성, 상품 확대기능 등 구매 확신성에 관한 내용이었다. 또한 유현정과 김기옥(2000)은 인터넷 소비자들이 인지하는 거래 및 상품관련 위험요소와 쇼핑의 효율성과 편의성, 오락성 등으로 구성된 혜택요인이 소비자 만족도에 영향을 미친다는 것을 파악하여 전자상거래에서의 소비자 만족도 척도 개발 연구를 시도하였다. 이외에 인터넷 쇼핑에서의 만족과 불만족에 관한 연구는 인터넷 거래라는 특수한 상황에 따른 지불 시스템, A/S, 교환, 반품 등 거래과정에서의 불확실성과 모니터상으로만 상품을 확인할 수 있는 상품 불확실성에 대한 만족·불만족으로 주로 기대불일치에 중점을 두고 있다.

3. 인터넷 패션 소비자 관련 선행연구

이상에서 설명한 연구 외에도 인터넷 패션 소비자와 관련된 연구는 다양한 측면에서 수행되고 있다. 이에 관한 학회지 논문 2편을 통하여 보다 심층적으로 인터넷 패션 소비자를 이해해 본다.

인터넷 쇼핑에서의 플로우 경험과 실용적 가치 지각이 패션상품 구매의도에 미치는 영향 연구

Abstract

This study recognizes that individual's experience is important in change over Internet fashion consumers to Internet users, and find out fashion consumer's flow experience in Internet shopping of the fashion merchandise. Also, the purpose of this study is to analyze whether flow experience and perceived utilitarian value have an effect on Internet purchase intention of the fashion merchandise.

To fulfill this objectives, a survey was conducted from June 20 to July 30 in 2005, and an subject of study was married women aged from 20s to 30s in purchase experience of the fashion merchandise to Internet shopping malls. Data collected over the Internet, and analyzed the 306 subjects. The statistical analysis methods was frequency analysis, reliability analysis, factor analysis, multiple regression analysis.

3 hypotheses were accepted, the result of this study were as follows.

First, a married women aged from 20s to 30s in purchase experience of the fashion merchandise to Internet shopping malls were skilled Internet enough to regarding Internet shopping as an easy thing, and was challenged in Internet activity. Their Internet skills, challenges and interaction had an effect on flow experience and perceived utilitarian value. Therefore, the more Internet skills, challenges and interaction were higher, the more flow and utilitarian value about Internet shopping was higher.

Second, a married women aged from 20s to 30s were high-purchased group of the fashion merchandise to Internet shopping mall, and had a repurchase intention in Internet shopping malls within the purchase experience of the fashion merchandise. Their flow experience and perceived utilitarian value had an effect on Internet purchase intention of the fashion merchandise. Therefore, the more flow experience and perceived utilitarian value were higher, the more Internet purchase intention of the fashion merchandise was higher.

Key words: Flow experience, Perceived utilitarian value, Internet purchase intention of the fashion merchandise; 플로우 경험, 실용적 가치 지각, 패션상품의 인터넷 구매의도

I. 서 론

초기의 국내 인터넷 시장은 소규모의 동질적인 집단으로 구성돼 소비자의 특성 세분화가 어려운 단일 시장의 성격을 지니고 있었다. 1990년대 말부터 초고속 인터넷망 보급의 확산으로 인터넷 사용자가 급격하게 증가하면서 서비스별로 목표고객의 차별화가 가능한 거대시장으로 성장했으며, 인구통계적인 측면은 물론 라이프스타일 측면에서도 전체시장과 구별되는 특성을 보여주고 있다("인터넷 이용자의 라이프스타일", 2000). 이러한 인터넷 소비자의 특성이나 구매행동에 대한 조사 및 연구가 진행되고 있는 실정이지만, 아직까지도 오프라인 소비자에 적용시켜 온 연구과정을 그대로 활용하거나 실태조사 혹은 정보처리 관점에서 연구하는 경우가 많다.

소비자를 심층적으로 이해하기 위해서는 구매행동에 관한 정보처리과정뿐 아니라 소비자의 경험과정을 파악하는 것이 매우 중요하다(성영신, 1989). 인터넷 사용자들이 인터넷을 하면서 경험하는 여러 가지 생각이나 느낌은 쇼핑몰에서의 구매행동에 영향을 미칠 것으로 생각되며, 이러한 관점에서 최근 인터넷 마케팅 분야에서는 인터넷 소비자 행동을 이해하는 데 심리 분야의 플로우(flow) 이론이 적용되고 있다. 플로우란 개인이 어떤 활동에 몰입하면서 느끼게 되는 심리적 최적 경험 상태로서, 컴퓨터를 매개로 하는 시장 환경에서 판매기업과 온라인 고객과의 효과적인 상호작용을 설명하는 이론적 개념이라고 할 수 있다.

인터넷 분야에서 플로우 이론의 도입은 Hoffman과 Novak(1996)에 의하여 최초로 시도되었다. 이들은 경험론적 관점에서 플로우를 인터넷 소비자행동 연구의 핵심 개념으로 수용하고, 인터넷에서 도전을 주는 활동과 이를 해결하고자 하는 개인의 능력이 일정 수준에서 조화를 이룰 때 플로우를 경험한다고 하였다. 이 플로우 상태에 있는 소비자들은 인터넷과 상호작용을 하면서 피드백을 경험하고, 인터넷 활동 자체를 마치 놀이를 하고 있을 때처럼 즐겁게 느끼며, 인터넷 항해 과정을 흥미로운 것으로 지각하여 지속적으로 인터넷에 집중함으로써 적극적인 정보 탐색행동이나 구매의도를 유발한다.

인터넷상에서 소비자가 플로우를 인지하는 데는 여러 가지 요인이 있으나, 선행연구(김명소, 1999; 박종원 외, 2003; 이명수 외, 2001; Hoffman & Novak, 1996)에서는 개인이 인터넷과 상호작용하는 과정에서 인터넷 능력과 인터넷이 제공하는 도전이 플로우에 영향을 미치고, 이

플로우 경험이 소비자의 상품관련 탐색행동 및 구매의도에 영향을 미친다고 하였다. 이들의 연구는 플로우 개념을 소비자행동과 결부시켜 인터넷 마케팅전략 수립에 도움을 주고 있지만, 특정 일부 상품이나 사이트만을 대상으로 제한된 접근을 하고 있어 소비자 전체에 결과를 일반화하거나 확장하는 데 문제가 있다고 할 것이다. 그러므로 패션상품과 같은 특정 상품을 전문으로 하는 사이트나 패션 소비 시장에 적용 가능한지를 확인할 필요가 있다.

패션상품은 남성에 비하여 여성의 쇼핑욕구가 높은 상품으로서 트렌드에 민감하고, 시즌별로 다양한 상품이 출시되며, 사이트 업데이트가 다른 상품보다 빨라서 인터넷 쇼핑몰에 자주 접속하여 신상품을 확인하고 싶어 하는 소비자의 욕구를 자극한다. 또한 다른 상품 소비자보다는 패션상품 소비자가, 남성보다는 여성이 인터넷 쇼핑에 몰입하고, 쇼핑의 즐거움을 더욱 크게 지각함으로써 인터넷에서의 플로우를 더 많이 경험할 것으로 추론된다. 이런 점에서 플로우는 일반적인 쇼핑행위에서 느끼는 재미와 즐거움의 수준을 능가하는 상태로서 쇼핑의 쾌락적 가치를 포괄하는 개념이라고 볼 수 있다.

인터넷 패션 소비자와 관련하여 쇼핑가치가 인터넷 쇼핑행동에 미치는 영향(류은정, 조오순, 2005), 쇼핑가치와 인터넷 패션 쇼핑몰 속성, 감정 및 구매의도와의 관계를 확인하는 연구(박은주, 강은미, 2005) 등 최근 들어 쇼핑가치, 즉 쾌락적 가치와 실용적 가치에 관한 연구가 진행되고 있지만, 플로우 경험과 실용적 가치가 구매의도에 미치는 영향에 관한 연구는 이루어지지 않고 있다. 인터넷 패션 소비자의 플로우 경험이 쇼핑과정에서의 심리 측정에 용이할 것으로 생각되는바, 플로우 이론을 수용하여 개인의 심리적 경험과 실용적 가치 지각이 구매의도에 어떤 영향을 갖는지를 파악하는 것은 의미가 있다고 하겠다.

따라서 본 연구는 개인의 인터넷 능력과 도전, 상호작용성이 플로우 경험과 실용적 가치 지각에 미치는 영향을 알아보고, 플로우 경험과 실용적 가치 지각이 인터넷 쇼핑몰에서의 패션상품 구매의도에 미치는 영향을 분석하는 데 목적이 있다. 특히 플로우 이론을 패션 마케팅 분야에 적용시켜 인터넷 패션 소비자의 구매의도를 심층적으로 파악하는 데 의의가 있으며, 본 연구는 인터넷 쇼핑몰에서 패션 소비자를 타깃으로 집중해야 할 요소를 확인하는 데 유용한 자료가 될 수 있을 것이다.

Ⅱ. 이론적 배경

1. 플로우 이론

1) 플로우의 개념정의

플로우란 개인이 어떤 활동을 하는 과정에서 시간 가는 줄 모르고 몰입한 상태, 즉 무아지경에 이르면 그 활동과 일체화되어 행동이 물 흐르듯 자연스럽게 나타나는 현상을 일컫는 말이다. 이는 심리 분야의 Csikszentmihalyi(1975)가 발견한 개념으로서, 인터넷 마케팅 분야에서는 Hoffman and Novak(1996)에 의하여 최초로 적용되었다. Hoffman and Novak(1996)은 네트워크 항해과정에서 발생하는 심리적 최적상태를 플로우라고 하면서 개인의 인터넷 능력과 도전이 일정 수준 이상으로 조화를 이루고, 일상의 감각이 마비된 것처럼 인터넷 활동에 몰입할 때 경험하는 것으로 다음과 같은 특징을 보인다고 하였다.

첫째, 플로우 상태에 있는 소비자는 인터넷과 상호작용을 하면서 피드백을 경험하고 스스로 결정, 통제한다는 느낌을 가지며, 둘째, 인터넷 활동 자체가 마치 놀이를 하고 있을 때와 같이 즐겁고, 셋째, 인터넷에서 어떤 행동을 하든지 신분이 노출되지 않으므로 사회적인 기대에 못 미칠까봐 걱정할 필요가 없어서 자의식(self- consciousness)을 경험하지 않는다. 또한 인터넷 활동 그 자체를 흥미롭고 즐거운 것으로 지각함으로써 내재적 보상(self-reward)을 느끼게 되고 자기 스스로 강화(self-reinforcing)되어 외부적인 보상이 없더라도 지속적으로 인터넷에 집중하고 머물게 된다는 것이다.

Hoffman and Novak(1996)은 심리 분야의 플로우 이론을 인터넷 상황에 맞게 수정, 추가함으로써 인터넷 사용자가 인터넷에 몰입하여 즐거움을 인식하고 흥미롭게 탐색하는 과정에서 개인의 능력과 도전, 통제 및 정서적 각성 등이 플로우의 영향 변인으로 작용하고, 플로우 경험의 결과로 호의적인 감정이나 적극적인 탐색행동을 유발한다고 보았다. 이러한 플로우의 핵심 개념을 인터넷 몰입을 통하여 즐거움을 추구하는 개인의 특성에 두고 있으므로, 플로우는 쇼핑행위 자체에서 재미와 즐거움을 얻고자 하는 쾌락적 가치를 포괄한다고도 볼 수 있다.

다시 말해 인터넷 소비자들이 쇼핑을 즐겁게 여기고 여가선용의 오락거리나 기분전환으로 삼으려는 것을 쾌락적 가치라고 한다면(김용만, 김동현, 2001), 플로우는 인터넷에 접속하여 쇼핑몰을 검색하고, 상품을 구매하는 과정에서 재미와 즐거움을 느끼는 일상적인 수준을 넘어선 상태, 즉 자아를 잊어버릴 정도의 몰입성과 선택성, 도전성, 그리고 창조성까지도 포함하고 있는 것이다. 이와 같은 플로우 이론이 경험론적 관점에서 인터넷 소비자 행동을 이해하는 데 중요한 개념으로 부각되고, 소비자들이 오프라인보다 온라인 쇼핑에서 일상생활을 잊어버릴 정도로 쇼핑행위에 몰입할 것으로 예측되면서 인터넷 마케팅 분야에서는 플로우 이론에 대한 연구가 활발하게 진행되고 있다.

2) 플로우와 구매의도와의 관계

인터넷상에서의 플로우 모형을 제시한 Hoffman, Novak(1996)의 연구를 기반으로 다양한 관점에서 국내 인터넷 소비자의 구매행동 연구가 이루어지고 있다. 인터넷 사용 시 플로우 경험과 전자상거래를 통한 구매의도와의 관계모형을 개발한 김명소(1999)의 연구에서는 인터넷 사용자의 전자상거래 구매경험 유무와 상관없이 플로우가 향후 전자상거래 사용의도에 영향을 미치고 있음을 밝혔다. 연구과정에서 Novak et al.(2000)에 의하여 이루어진 플로우 모형이 국내 인터넷 사용자에게도 타당하다는 것을 검증하였고, 플로우가 12개 이론변인과 2개의 배경변인 사이의 인과적 관계성으로 정의될 수 있다는 그들의 연구를 지지하였다.

한상린, 박천교(2000)는 인터넷 환경에서 소비자들이 지각하는 서비스 품질과 플로우 수준이 온라인 구매에 대한 관여도에 긍정적인 영향을 미치고, 인터넷 사용자의 관여도는 구매의도에 긍정적인 영향을 미친다고 하였다. 인터넷에서의 구매의도를 결정짓는 요인들 중 소비자의 몰입 정도와 지각된 위험의 정도가 가장 중요한 요인임을 밝혔으며, 이러한 소비자행동 특성과 플로우 개념을 이용한 구매의도 결정요인 연구를 바탕으로 인터넷 환경에서의 차별화된 마케팅 전략이 계획되어야 한다고 주장하였다.

플로우 개념을 근거로 인터넷 소비자의 구매의도 결정요인을 실증적으로 연구한 박종원 외(2003)는 플로우 구성요인 중 개인의 능력과 도전이 지각된 품질이나 위험, 관여도에 영향을 미쳐 결국 구매의도를 자극한다고 하였으며, 이명수 외(2001)는 개인의 인터넷 능력과 도전이 플로우에, 상호작용성이 실용적 가치에 영향을 미치고, 플로우와 실용적 가치 모두 인터

넷상의 구매의도에 긍정적인 영향 변인이라고 하였다.

이와 같은 플로우관련 선행연구들(김명소, 1999; 박종원 외, 2003; 이명수 외, 2001; Hoffman & Novak, 1996)에서 플로우의 구성개념으로 인터넷 능력과 도전, 상호작용성이 가장 빈번하게 나타나고 있으므로, 본 연구는 이들 선행변인이 플로우에 미치는 영향과 플로우 경험이 구매의도에 미치는 영향을 파악하고자 한다.

2. 쇼핑가치

1) 실용적 가치와 쾌락적 가치

소비자들은 궁극적으로 상품 자체를 구매한다기보다 쇼핑에서 얻게 되는 가치를 구매한다고 볼 수 있다. 쇼핑가치는 쇼핑에 대하여 개인이 지니고 있는 지속적인 신념으로서, 상품 구입과 같이 계획했던 목표를 달성하기 위한 실용적 가치와 쇼핑과정에서의 즐거움과 재미를 추구하는 쾌락적 가치로 크게 양분된다. 지금까지 쇼핑 가치와 관련된 연구들은 이 두 가지 차원에 중점을 두고 활발하게 논의되어 왔으며, 쇼핑가치와 관련된 대부분의 연구(김훈, 권순일, 1999; 서영호, 김성은, 1999; 박철, 2000; 이학식 외, 1999; Eighmey, 1997; Lin, 1999)는 실용적 가치와 쾌락적 가치가 쇼핑과정에서 동시에 발생하거나, 어느 한 가지가 더 중요하게 작용할 수 있다고 보고 있다.

과거 소비자행동과 관련된 많은 연구들이 쾌락적 측면보다는 실용적 측면에 치중해 왔듯이 쇼핑과 관련된 대부분의 연구들도 쇼핑가치의 실용적인 측면에 중점을 두고 이루어져 왔다(Block & Bruce, 1984). 쇼핑의 실용적 가치는 쇼핑경험을 촉진시키는 소비욕구가 얼마나 충족되는가에 따라 좌우되며, 실용적 효용을 통하여 충족되는 욕구는 상품 그 자체에서 생기거나 정보 혹은 지식의 습득을 통해서도 얻을 수 있다(Engel et al., 1995). 특히 소비자가 인터넷 쇼핑몰에서 패션상품을 구매할 때 여기 저기 돌아다니지 않고 집에서 편하게 쇼핑한다는 편익을 인지함으로써 발생하거나, 대체로 가격이 저렴하고 가격 비교가 용이한 인터넷 쇼핑은 가격지향 실용가치를 중시하는 소비자들이 많이 이용할 것으로 보인다.

반면, 쾌락적 쇼핑가치는 원래의 구매 목적 달성 외에 소비자가 쇼핑을 통하여 경험하는 감정적인 혜택을 지각하는 정도로서 재미와 즐거움, 기분전환, 자유, 현실에서의 탈피, 새로운

정보수집 등이 포함된 개념이다(Babin et al., 1994; Hirschman & Holbrook, 1982). 인터넷 쇼핑몰은 상품광고와 더불어 각종 정보제공, 쇼핑의 실용적 편익을 제공하고 있지만, 심미적인 디자인과 멀티미디어의 제공, 웹 이미지를 통한 다양한 감각적 편익, 그리고 쇼핑의 즐거움도 함께 느끼게 하는 공간이다. 그러나 오프라인 쇼핑몰처럼 판매원과의 관계가 형성되지 않고 웹 사이트를 통하여 쇼핑 공간을 제공하므로 소비자들이 추구하는 쾌락적 가치가 오프라인 쇼핑몰과는 다를 것으로 추론된다.

2) 쇼핑 가치와 구매의도와의 관계

쇼핑가치의 이차원적인 관점은 의류학 분야에도 적용되어 실용적 쇼핑가치 추구집단은 쾌락적 쇼핑가치 추구집단에 비해 충동구매수준이 낮고(이승욱, 김종금, 1998), 쾌락적 쇼핑가치 추구집단은 실용적 쇼핑가치를 지닌 소비자집단보다 의견 선도력이 더 높은 것으로 나타나고 있다(정현립, 심완섭, 1998). 쾌락적 쇼핑형은 의복을 중시하면서 유행에 관심이 많고 의복에 대한 많은 경험으로 자신감이 높은 데 반해, 실용적 쇼핑형은 의복이나 유행에 대한 관심이 낮고 상품의 가격에 대해 합리적인 이익을 추구하려는 성향을 보이고 있다.

온라인상의 쇼핑가치에 대한 연구에서 Eighmey(1997)는 인터넷 쇼핑몰의 소비자 반응에서 오락적 가치와 정보 가치가 뚜렷하게 구분됨으로써 인터넷 소비자들은 흥미 있으면서도 실질적인 정보를 얻으려 한다고 하였다. 이 두 가지 차원은 인터넷 정보탐색의 유용도에 영향을 미치고, 쾌락적 가치보다는 실용적 가치가 인터넷 쇼핑몰 방문 빈도와 구매의도에 영향을 미치며(박철, 2000), 인터넷 소비자들은 다른 채널 소비자에 비하여 충동구매수준이 낮은 것으로 나타나고 있다(홍동표 외, 2004). 즉, 인터넷 소비자들은 상품에 대한 정보를 충분히 탐색한 후에 자신에게 유용하다고 판단되는 쇼핑몰을 방문한다고 볼 수 있으며, 이는 실용적 가치를 다룬 선행연구(김용만, 김동현, 2001; 김훈, 권순일, 1999; 서영호, 김성은, 1999; Lin, 1999)의 결과들과 일관되는 것이다.

20대, 30대 여성의류 소비자의 경우 감정적 소비자보다 이성적 소비자가 인터넷 쇼핑몰의 반응성과 신속성을 더 중시하였고(류은정, 2002), 정보적 가치집단이 오락적 가치집단에 비하여 인터넷의 품질, 상표다양성, 상표 유명성을 더 호의적으로 평가하였으며(홍희숙, 2002), 인터넷 쇼핑몰의 고객에 대한 응답성, 마케팅 과정에 있어서 고객의 참여가 높을수록 소비자들

은 실용적 가치를 더 많이 지각하고, 쾌락적인 측면보다는 실용적인 측면이 구매의도에 더 큰 영향을 미치고 있었다(이명수 외, 2001). 다시 말해 인터넷 구매의도를 향상시키기 위해서는 정보탐색의 용이성, 효율성, 신속성, 최신 상품정보제공, 고객 서비스 개선 등의 실용적인 가치에 중점을 두는 것이 바람직하다.

선행연구에서 살펴본 바와 같이 인터넷 쇼핑가치는 두 가지의 차원, 즉 쾌락적 가치와 실용적 가치에 중점을 두고 연구되고 있으며, 이 중 실용적 가치는 정보탐색이 용이하고 비교 구매가 가능한 인터넷 쇼핑에서 구매의사결정의 중요한 요인이라고 할 것이다. 본 연구에서는 플로우 경험을 쾌락적 가치를 포괄하는 개념으로 간주하고 이를 실용적 가치와 대비시킴으로써 이들 두 변수가 인터넷 쇼핑몰에서의 패션상품 구매의도에 미치는 영향을 파악해 보고자 한다.

Ⅲ. 연구방법 및 절차

1. 연구문제 및 연구가설

1) **연구문제 1:** 패션 소비자의 인터넷 능력과 도전, 상호작용성은 인터넷 쇼핑에서의 플로우 경험과 실용적 가치 지각에 영향을 미치는가?

Hoffman과 Novak(1996)은 인터넷 사용자들이 플로우를 경험함에 따라 인터넷 활동에서 재미나 즐거움을 느껴 궁극적으로 긍정적인 구매의사를 유발한다고 보았다. 플로우를 지각하는 데는 인터넷 능력과 도전의 영향력이 크게 작용하고 있으며, 이 개인의 인터넷 능력과 도전은 플로우만이 아니라 실용적 가치 지각에도 영향을 미칠 것으로 판단된다. 또한 소비자와 인터넷 쇼핑몰과의 활발한 상호작용은 인터넷 소비자의 쇼핑 몰입도나 실용적 가치 지각에 영향을 미칠 것으로 생각되며, 이런 관점에서 본 연구는 다음과 같은 가설을 설정하였다.

연구 가설 1: 패션 소비자의 인터넷 능력과 도전, 상호작용성은 인터넷 쇼핑에서의 플로우 경험에 영향을 미칠 것이다.

연구 가설 2: 패션 소비자의 인터넷 능력과 도전, 상호작용성은 인터넷 쇼핑에서의 실용적

가치 지각에 영향을 미칠 것이다.

2) 연구문제 2: 패션 소비자의 플로우 경험과 실용적 가치 지각은 인터넷 쇼핑몰에서의 패션상품 구매의도에 영향을 미치는가?

인터넷 쇼핑은 기존 유통채널에 비해 편리함, 시간절약 등을 장점으로 하지만 기존의 쇼핑 경험이 주는 즐거움, 오락, 사회적 접촉기회 등을 제공하지 못하기 때문에 인터넷 소비자들은 오프라인과는 다른 형태의 쾌락적 가치를 지각할 것으로 보인다. Hoffman과 Novak(1996)은 인터넷상의 항해과정에서 발견되는 쾌락적 차원을 중요한 요소로 제기하면서, 인터넷 사용자들이 인터넷 활동에 몰입하고 즐거움을 인식하는 플로우 경험의 결과로 구매의도의 증가를 이끌 수 있다고 하였다. 소비자의 실용적 가치 지각 역시 인터넷 쇼핑몰 방문 빈도나 구매의도에 영향을 미치는 변수로 예측(박철, 2000; 신종학, 2002; 이명수 외, 2001; 홍희숙, 2002) 되므로, 본 연구는 패션 소비자의 플로우 경험 및 실용적 가치 지각과 인터넷을 통한 패션상품 구매의도에 대하여 다음과 같은 가설을 설정하였다.

연구 가설 3: 패션 소비자의 플로우 경험과 실용적 가치 지각은 인터넷 쇼핑몰에서의 패션상품 구매의도에 영향을 미칠 것이다.

2. 연구모형

본 연구는 심리 분야에서 검증되고 인터넷 마케팅 분야에서도 활발하게 연구되고 있는 플로우 이론을 적용시켜, 패션 소비자의 플로우 경험과 실용적 가치 지각이 인터넷 쇼핑몰에서의 패션상품 구매의도에 미치는 영향에 대하여 분석하고자 하였다. 플로우에 관한 국내의 선행연구(김명소, 1999; 박종원 외, 2003; 이명수 외, 2001; 한상린, 박천교, 2000)에서는 개인의 인터넷 능력과 도전이 플로우에 영향을 미치는 것으로 논의되고 있으나, 본 연구는 Hoffman, Novak(1996)의 연구에서 제시된 상호작용성도 플로우에 영향을 미치는 것으로 간주하였다.

이들 세 변인이 플로우만이 아니라 실용적 가치 지각에도 영향을 미치는 것으로 보았고, 이러한 관계 설정에 따라 인터넷 능력과 도전, 상호작용성이 패션 소비자의 플로우 경험과 실용적 가치 지각의 영향 요인인지를 확인하고자 하였다. 또한 대부분의 선행연구(김명소,

1999; 박종원 외, 2003; Hoffman & Novak, 1996)에서 플로우와 구매의도와의 관계만을 측정하고 있지만, 본 연구는 이명수 외(2001)의 연구에서 언급된 실용적 가치도 인터넷상의 패션상품 구매의도에 영향을 미칠 것으로 고려하였다. 이에 따라 〈그림 1〉과 같은 연구모형을 설정하였다.

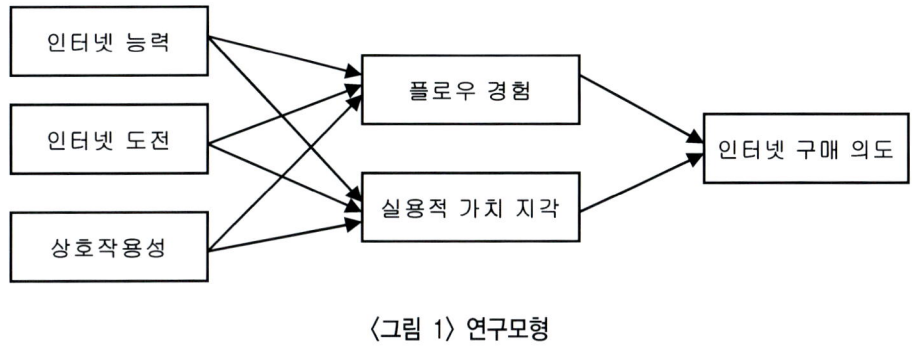

〈그림 1〉 연구모형

3. 변수의 조작적 정의 및 측정

1) **인터넷 능력과 도전:** 인터넷 능력은 패션 소비자가 인터넷을 활용하는 정도로, 도전은 인터넷을 하면서 새로운 것을 시도하려는 정도로 정의하였다. Hoffman, Novak(1996), 김명소(1999), 한상린, 박천교(2000) 등의 연구과 예비조사 결과를 참조하여 인터넷 사용에 대한 능력과 탐색의 용이함, 새로운 경험을 시도하려는 행위, 인터넷 웹 프로그램을 다루는 능력 등 총 13항목을 7점 리커트 척도로 측정하였다.

2) **상호작용성:** 패션 소비자와 인터넷 쇼핑몰과의 커뮤니케이션 정도로서 이호배 외(2000), 이명수 외(2001) 등의 연구와 예비조사 결과에 따라 인터넷 쇼핑몰의 고객 욕구 파악 및 신속한 응답, 인터넷 쇼핑몰에서의 고객의 참여 등 총 6항목을 7점 리커트 척도로 측정하였다.

3) **플로우 경험:** 이는 패션 소비자가 인터넷 활동에 몰입할수록 재미와 즐거움을 느껴 인터넷 쇼핑 시에도 이러한 경험이 지속되는 것을 의미한다. Hoffman, Novak (1996), 한상린, 박천교(2000), 이명수 외(2001), 박종원 외(2003) 등의 연구와 예비조사 결과를 토대로 인터넷 쇼핑 시의 즐거움과 재미, 인터넷에서의 몰입 정도, 인터넷에서의 자유로운 선택 및 독창

성 등 총 7항목을 7점 리커트 척도로 측정하였다.

4) 실용적 가치 지각: 패션 소비자가 인터넷 쇼핑몰에서 신중하고 효율적인 방법으로 상품을 구매할 때 나타나는 것으로서, 박철(1999), 전달영, 경종수(2004) 등의 연구와 예비조사 결과에 따라 인터넷 쇼핑의 경제성, 인터넷을 통한 효율적인 상품 구매, 전문적인 상품 정보의 제공 등 총 6항목을 7점 리커트 척도로 측정하였다.

5) 구매의도: 패션상품을 인터넷으로 구매하고자 하는 소비자의 의향으로서, 본 연구는 인터넷 쇼핑몰에서 1번 이상 패션상품을 구매한 소비자를 대상으로 하였기 때문에 재구매의도를 포함한 개념으로 사용하였다. 김명소(1999), 이명수 외(2001) 등의 연구와 예비조사 결과를 기초로 인터넷 쇼핑몰에서의 패션상품 구매의향, 인터넷 쇼핑을 좋아하는 정도, 인터넷 쇼핑에의 적극적인 시간 투자 등 총 7항목을 7점 리커트 척도로 측정하였다.

4. 자료 수집 및 분석

1) 예비조사: 측정도구의 적절성을 밝히고 수정 혹은 보완될 항목을 선별하는 과정에서 예비조사는 2차례에 걸쳐 실시되었다. 2004년 11월 한 달 동안 의류학을 전공한 전문가 그룹(대학원생)의 반복적인 평가와 토의를 통하여 적합한 항목들을 선별, 추가하였고, 2005년 4월 1일에서 7일까지 인터넷 쇼핑몰의 패션상품 소비자 50명을 대상으로 예비조사를 실시하였다. 응답자에게 인터넷 쇼핑으로 패션상품을 구매할 때 경험했거나, 더 필요하다고 생각되는 항목들을 추가로 기입하게 하였으며, 응답 내용을 참조하여 설문 문항을 수정, 보완함으로써 설문지를 완성하였다.

2) 본조사: 인터넷 소비자 중 20대~30대 기혼여성의 패션상품 구매와 관련된 연구가 부족하다는 점에 착안하여 이들을 연구대상으로 선정하였고, 2005년 6월 20일에서 7월 30일 사이에 편의표집방식으로 본 조사를 실시하였다. 자료는 옥션(www.auction.com)과 예스마미(www.yesmami.co.kr), 네이버(www.naver.com) 카페 5개와 다음(www.daum.net) 카페 3개, 검색엔진(kr.yahoo.com, www.empas.com 등)의 블로그 등을 통하여 이벤트나 게시판 홍보형식으로 수집하였다. 설문지를 온라인상에서 다운로드 받아 응답한 후 연구자의 e-mail로 회신하게 하였고, 최종적으로 306부를 자료 분석에 사용하였다. 자료의 통계처리는 SPSS WIN

을 이용하여 빈도분석, 신뢰도 분석, 요인분석(주성분 분석, Varimax 회전, 고유치 1.0 이상 요인 추출), 다중회귀분석(Multiple Regression Analysis: enter method) 등을 실시하였다.

IV. 연구 결과 및 논의

1. 연구대상의 특성

20대~30대 기혼여성들 중에서도 인터넷 쇼핑으로 패션상품을 자주 구매하는 연령층은 25세~34세(88.6%)였다. 거주지역은 서울(33.7%)이 가장 많았고, 대학교 이상의 교육을 받은 여성들이 69%로서 교육수준은 비교적 높은 편이었으며, 결혼 후에도 일을 하는 여성이 늘어나 대학원생(3.6%)을 제외하고 전업주부(47.1%)보다 취업주부(49.3%)가 더 많았다. 일주일 동안 인터넷 이용시간은 5시간 미만(27.1%), 20시간 이상(21.6%), 5시간~10시간 미만(20.9%) 등의 순으로 반 이상이 10시간 이상 인터넷을 이용하고 있었다. 이러한 결과는 전체 연령에서 25세~34세(44.0%)가 인터넷을 많이 이용하고, 인터넷 사용자의 43.6%가 일주일에 10시간 이상 인터넷을 이용한다는 KNP 보고서(한국광고단체연합회, 2004)와 유사하게 나타난 것이며, 교육수준이 높은 사람들이 인터넷을 자주 이용한다는 선행연구(이두희, 1998; 이은진, 홍병숙, 1999)와도 일치되는 결과를 보였다.

2. 인터넷 능력과 도전, 상호작용성이 플로우 경험 및 실용적 가치 지각에 미치는 영향

1) 인터넷 능력과 도전, 상호작용성의 하위요인

인터넷 능력과 도전에 관한 13문항을 요인 분석한 결과 고유치 1.0 이상인 3개의 요인이 추출되었다. 요인 1은 블로그, 카페, 개인 홈페이지 등을 잘 꾸미거나 인터넷 웹 프로그램을 잘 다루는 능력 등과 관련되어 '인터넷 사용 능력(6문항)'이라 하였고, 요인 2는 인터넷에서

쇼핑, 검색엔진을 이용하는 것이 쉽게 느껴지는 것과 관련되어 '인터넷 검색 능력(3문항)'이라 하였으며, 요인 3은 인터넷 활동에서의 도전, 의욕 등과 관련되어 '도전(4문항)'이라 명명하였다. 이 세 요인이 설명한 총 변량은 64.00%였고, 크론바하 알파계수(Cronbach's α)는 각각 0.88, 0.74, 0.68로서 문항의 신뢰성은 높게 나타났다(〈표 1〉 참조). 인터넷 쇼핑에서의 상호작용성에 관한 6문항을 요인분석한 결과 2개의 요인이 추출되었다. 요인 1은 인터넷 쇼핑몰의 신속한 대응과 고객의 욕구 파악, 상품정보의 원활한 제공 등과 관련되어 '소비자-기업 간의 간접적 상호작용(4문항)'이라 하였고, 요인 2는 고객의 참여와 관련되어 '소비자-기업 간의 직접적 상호작용(2문항)'이라 명명하였다. 이 두 요인의 총 설명력은 67.91%였으며, 크론바하 알파계수가 각각 0.81, 0.68로 나타나 문항의 신뢰도는 높았다.

〈표 1〉 인터넷 능력과 도전의 요인분석 결과

요 인	문 항	요인 부하량	고유치	변량	신뢰 계수
인터넷 사용 능력	나는 블로그나 카페, 개인 홈페이지 등을 잘 꾸밀 수 있는 능력이 있다.	0.84	5.50	42.30	0.88
	나는 블로그나 개인 홈페이지, 커뮤니티 활동, 웹 서핑 등을 통하여 다른 사람들에게 나의 능력을 보여줄 수 있다고 생각한다.	0.75			
	나는 블로그, 카페, 개인 홈페이지 등을 운영하고 있다.	0.74			
	나는 다른 사람들보다 인터넷 웹 프로그램을 잘 다루는 편이다.	0.72			
	나는 인터넷을 능숙하게 잘 사용한다.	0.69			
	나는 인터넷을 잘한다는 소리를 많이 듣는다.	0.62			
인터넷 검색 능력	인터넷에서 정보를 찾고, 쇼핑하는 것이 내게는 어렵고 힘들게 느껴진다.(R)	0.78	1.70	13.02	0.74
	나는 검색엔진을 통해 내가 원하는 것을 쉽게 찾을 수 있다.	0.75			
	인터넷에서 필요한 정보를 찾고, 쇼핑하는 것은 내게 쉬운 일이다.	0.70			
도전	나는 새로운 인터넷 사이트나 쇼핑몰을 자주 찾아서 접속한다.	0.73	1.13	8.68	0.68
	인터넷을 하면 새로운 경험에 도전하는 것 같은 느낌이 든다.	0.72			
	인터넷은 다양한 활동을 시도해 보고 싶은 의욕과 도전을 준다.	0.66			
	인터넷은 내가 활동할 수 있는 여러 가지 기회를 제공한다.	0.57			

* R은 역문항임

2) 인터넷 쇼핑에서의 플로우 경험 및 실용적 가치 지각

플로우 경험(7문항)과 실용적 가치 지각(6문항)은 크론바하 알파계수가 각각 0.85, 0.86으로서 문항의 신뢰성이 높게 나타났다. 〈표 2〉에서와 같이 20대~30대 기혼여성들은 인터넷이 재미있고, 인터넷으로 새로운 정보를 발견하는 것이 즐겁다고 여기고 있었으며, 인터넷 쇼핑몰에서 단 시간에 다양한 상품을 볼 수 있고, 경제적·효율적으로 상품을 구매할 수 있다는 점에서 실용적 가치를 높게 지각하고 있었다.

〈표 2〉 인터넷 쇼핑에서의 플로우 경험 및 실용적 가치 지각

n=306

구 분		M	SD	신뢰계수
플로우경험	나는 인터넷 쇼핑을 하고 있으면 재미와 즐거움을 느낀다.	5.27	1.07	0.85
	나는 인터넷을 통해 새로운 정보를 발견하는 것이 즐겁고 재밌다.	5.25	1.07	
	나는 인터넷 쇼핑에 별다른 흥미를 느끼지 않는다.(R)	5.11	1.20	
	인터넷에서는 내가 하고 싶은 것을 선택하거나 시도해 볼 수 있는 자유로움을 느낀다.	5.04	1.01	
	나는 인터넷을 통해 상상하지 못했던 일을 경험한 적이 있다.	4.79	1.32	
	나도 모르게 인터넷 쇼핑에 완전히 빠져들곤 한다.	4.64	1.42	
	나는 인터넷 쇼핑을 하는 동안 내 주변 일에 대해 잊어버린 적이 있다.	4.23	1.51	
실용적가치지각	인터넷에서는 단시간에 다양한 상품을 볼 수 있다.	5.56	1.06	0.86
	인터넷을 이용하면 경제적으로 쇼핑할 수 있다.	5.41	1.09	
	인터넷 쇼핑몰을 이용하면 시간과 노력이 절약되어 편리하고 실용적이다.	5.27	1.02	
	인터넷을 이용하면 효율적으로 상품을 구매할 수 있다.	5.16	1.02	
	인터넷 쇼핑몰은 내게 가치 있고 중요한 상품 정보를 제공한다.	4.94	1.06	
	인터넷 쇼핑몰의 상품 정보는 상세하고 전문적이다.	4.49	0.99	

* R은 역문항임

3) 인터넷 능력과 도전, 상호작용성이 플로우 경험에 미치는 영향

인터넷 능력과 도전, 상호작용성이 인터넷 쇼핑에서의 플로우 경험에 미치는 영향을 알아보기 위하여 플로우 경험을 종속변수로, 능력과 도전, 상호작용성을 독립변수로 다중회귀분석을 실시하였다. 그 결과 〈표 3〉에서 알 수 있듯이 능력과 도전, 상호작용성의 모든 독립변수

들의 회귀계수가 통계적으로 유의한 것으로 나타나 인터넷 능력과 도전의식이 높고, 인터넷 쇼핑몰과의 상호작용성이 활발할수록 플로우를 더 많이 경험하고 있었다. 따라서 가설 1은 채택되었고, 3개 변인 중에서 인터넷 패션 소비자의 플로우 경험에는 도전($\beta = 0.43$)의 영향력이 가장 컸으며, 이들 3개 변인은 플로우 경험의 42% ($R2 = 0.42$)를 설명하였다.

〈표 3〉 인터넷 능력과 도전, 상호작용성이 플로우 경험에 미치는 영향

독립변수 \ 종속변수	플로우 경험		F	R^2
	β	t		
능 력	0.27	5.58***		
도 전	0.43	8.52***	72.84***	0.42
상호작용성	0.12	2.47*		

* $p < .05$, *** $p < .001$

본 연구에서 나타난 인터넷 능력, 도전과 플로우와의 관계는 선행연구(김명소, 1999; 박종원 외, 2003; 이명수 외, 2001; Novak et al., 1998)의 결과와 일관된 것이었다. 그러나 이명수 외(2001)의 연구에서 상호작용성이 플로우에 영향을 미치지 않는다고 밝혀진 것과 달리 본 연구에서는 상호작용성이 플로우에 영향을 미치는 변수로 확인되었다. 그 이유는 이명수 외(2001)의 연구가 대학생, 직장인의 인터넷 사용자를 대상으로 하였지만, 본 연구는 인터넷 패션 소비자, 특히 20대~30대 기혼 여성을 대상으로 하였기 때문이라고 할 수 있다.

4) 인터넷 능력과 도전, 상호작용성이 실용적 가치 지각에 미치는 영향

인터넷 능력과 도전, 상호작용성이 인터넷 쇼핑에서의 실용적 가치 지각에 미치는 영향을 알아보기 위하여 실용적 가치 지각을 종속 변수로, 능력과 도전, 상호작용성을 독립변수로 다중회귀분석을 실시하였다. 그 결과 〈표 4〉에서처럼 능력과 도전, 상호작용성의 모든 독립변수들의 회귀계수가 통계적으로 유의한 것으로 나타나 인터넷 능력과 도전의식이 높고, 인터넷 쇼핑몰과의 상호작용성이 활발할수록 인터넷 쇼핑에서의 실용적 가치를 더 많이 지각하였다. 이에 따라 가설 2는 채택되었고, 실용적 가치 지각에 가장 영향을 미치는 변수는 상호작용성($\beta = 0.53$)

이었으며, 3개 변인의 결정계수(R2)는 0.47로서 실용적 가치 지각의 47%를 설명하였다.

지금까지의 선행연구(이명수 외, 2001; Hoffman & Novak, 1996)에서는 인터넷 능력, 도전 및 상호작용성과 플로우와의 관계를 검증하는 데 중점을 두었으나, 본 연구의 결과 이들 3개 변수가 실용적 가치 지각에도 영향을 미치는 것으로 나타났다. 이 중에서도 상호작용성의 영향력이 가장 크게 나타남으로써 인터넷 쇼핑몰이 고객의 요구에 신속하게 반응하고, 상품 정보를 원활하게 제공하며, 마케팅 과정에 고객의 의견을 적극 반영할수록 패션 소비자들은 실용적 가치를 높게 지각하고 있었다.

〈표 4〉 인터넷 능력과 도전, 상호작용성이 실용적 가치 지각에 미치는 영향

독립변수＼종속변수	실용적 가치 지각		F	R^2
	β	t		
능 력	0.22	4.64***		
도 전	0.13	2.69**	89.03***	0.47
상호작용성	0.53	11.63***		

** $p<.01$, *** $p<.001$

3. 플로우 경험과 실용적 가치 지각이 인터넷 패션상품 구매의도에 미치는 영향

패션 소비자의 플로우 경험과 실용적 가치 지각이 패션상품 구매의도에 미치는 영향을 알아보기 위하여 구매의도를 종속변수로, 플로우 경험과 실용적 가치 지각을 독립변수로 다중회귀분석을 실시하였다. 그 결과 〈표 5〉에서처럼 플로우 경험과 실용적 가치 지각이 패션상품 구매의도에 영향을 미침으로써, 인터넷 쇼핑에서 플로우를 많이 경험하고 실용적 가치를 높게 지각할수록 패션상품의 구매의도가 높아지고 있었다. 따라서 가설 3은 채택되었으며, 이들 2개 변인은 구매의도의 53%(R2=0.53)를 설명하고 있었다.

2개 변인의 회귀계수를 비교해 볼 때, 패션상품의 구매의도에 미치는 영향력은 플로우 경험(β =0.15)보다 실용적 가치 지각(β =0.65)에서 더 크게 나타났다. 다시 말해 패션 소비자들이 인터넷상의 쇼핑행위에 몰입하여 일련의 즐거움을 느낄 경우 패션상품의 구매의도가 높아질 수 있지만, 이보다는 다른 쇼핑몰에 비해 가격이 저렴하고 이벤트, 할인 등으로 효용성을 주는 인터넷 쇼핑몰에서 패션상품의 구매의도가 더욱 높아지는 것으로 해석할 수 있다.

〈표 5〉 플로우 경험과 실용적 가치 지각이 인터넷 패션상품 구매의도에 미치는 영향

종속변수 독립변수	구매의도		F	R^2
	β	t		
플로우 경험	0.15	3.54***	171.150***	0.53
실용적 가치 지각	0.65	14.88***		

*** $p < .001$

인터넷 마케팅 분야의 플로우 관련 연구(김명소, 1999; 박종원 외, 2003; 이명수 외, 2001; 한상린, 박천교, 2000; Hoffman & Novak, 1996)와 동일하게 본 연구에서도 패션 소비자의 플로우 경험이 인터넷 쇼핑몰에서의 패션상품 구매의도에 영향력이 있는 것으로 나타났으나, 대부분의 플로우 관련 선행연구에서 고려하지 않은 실용적 가치 지각도 구매의도의 영향 변수로 밝혀졌다. 이 결과는 인터넷 쇼핑을 통한 소비자 구매의도 연구에서 플로우만이 아니라 다른 변수의 영향력까지 고려해야 한다는 것을 시사하였다.

본 연구의 결과에 의하면 인터넷에서 패션상품 구매경험이 있는 20대~30대 기혼여성들은 경제적 효용성과 함께 재미와 즐거움을 느끼고자 하는 욕구가 다른 집단보다 강한 소비 집단이라고 할 수 있다. 그러므로 상세하고 전문적인 상품 정보, 다양한 상품구색, 저렴한 가격 및 편리한 사이트 구성 등으로 경제적, 효율적인 상품 구매를 유도하면서 쇼핑과정에 몰입하여 즐거움을 느낄 수 있는 요소를 제공한다면 인터넷 쇼핑몰에서의 패션상품 구매의도가 더욱 증가될 수 있을 것이다.

V. 결론 및 제언

본 연구는 패션 소비자가 인터넷에서 재미와 즐거운 감정을 느껴 쇼핑행위에 더욱 몰입함으로써 심리적으로 플로우를 경험하는지의 여부를 파악하고, 플로우 경험과 실용적 가치 지각이 구매의도에 미치는 영향을 알아보고자 하였다. 본 연구의 결과에 따른 결론 및 마케팅 시사점은 다음과 같다.

첫째, 20대~30대 기혼여성들의 인터넷 능력과 도전, 상호작용성이 인터넷 플로우 경험과

실용적 가치 지각에 영향을 미침으로써 개인의 인터넷 활동이나 심리적 경험이 인터넷 쇼핑에 영향력을 지니고 있음을 확인하였다. 또한 플로우 경험에는 도전의 영향력이, 실용적 가치 지각에는 상호작용성의 영향력이 크게 나타났으므로 20대~30대 기혼여성을 타깃으로 패션상품을 판매하는 인터넷 쇼핑몰에서는 신속한 응답, 상세한 상품 정보, 고객 참여 공간의 확대 등으로 쇼핑몰 방문자나 기존 고객과의 커뮤니케이션을 유도해야 할 것이다.

둘째, 20대~30대 기혼여성들의 플로우 경험과 실용적 가치 지각이 인터넷 쇼핑몰에서의 패션상품 구매의도에 영향을 미치고 있어 쇼핑의 즐거움과 몰입, 실용 추구성향이 구매의도의 영향 요인인 것으로 밝혀졌다. 특히 플로우 경험보다 실용적 가치 지각이 구매의도에 더 크게 영향을 미치는 것으로 나타남으로써 인터넷 쇼핑몰에서는 저렴한 가격과 다양한 상품구색, 이벤트 및 할인 상품의 제공 등으로 패션상품 구매에 따른 이득을 소비자에게 인식시킬 수 있는 인터넷 마케팅 전략을 구사해야 할 것이다. 쇼핑몰 초기 접속자가 실용적 가치를 인지할 수 있는 예로 사은품 증정이나 가격 파괴상품, 할인 이벤트 등을 한 눈에 볼 수 있도록 메인 화면을 구성하는 것을 들 수 있으며, 기존의 구매 고객에 대해서는 구매횟수에 따라 적립금을 차등 지급하거나 일정 금액이상 구매 시 할인 쿠폰을 제공하는 등 구매에 따른 실용성을 강조하는 방법이 있을 것이다.

본 연구는 연구대상자가 20대~30대 기혼여성 중에서도 25세~34세가 주를 이루었으므로 본 연구의 결과를 전체 기혼여성이나 전 계층으로 확대해석하기에는 무리가 있다. 뿐만 아니라 플로우 경험을 쾌락적 가치를 포괄하는 개념으로 조작적 정의를 하였지만, 엄밀히 말해서 플로우와 쾌락적 가치는 개념상으로 차이가 있으므로 플로우 경험이 쾌락적 가치와 명맥을 같이 하는가에 대한 향후 연구가 필요하다고 할 것이다.

[참고문헌]

김명소. (1999). 인터넷 사용 시의 flow 경험과 전자상거래를 통한 구매의도와의 관 계모형 개발. *한국심리학회지, 12*(1), 197-225.

김용만, 김동현. (2001). 인터넷 쇼핑몰 특성에 의한 쇼핑가치와 고객유지에 관한 연구. *마케 팅 과학 연구, 8*, 1-27.

김훈, 권순일. (1999). 인터넷 사용자의 라이프스타일과 구매의사결정에 관한 탐색적 연구. *경*

영학 연구, 28(2), 353-371.

류은정. (2002). 인터넷 소비가치가 인터넷 의류 쇼핑몰의 서비스 품질평가에 미치는 영향에 관한 연구. 한국의류학회지, 52(3), 161-169.

류은정, 조오순. (2005). 인터넷 쇼핑가치가 의류제품의 인터넷 쇼핑행동에 미치는 영향-쇼핑몰 속성지각과 위험지각을 중심으로. 복식문화연구, 13(2), 209-221.

박은주, 강은미. (2005). 인터넷 패션쇼핑몰에서 쇼핑가치, 인터넷 패션쇼핑몰 속성, 감정 및 구매의도가 구매여부에 미치는 영향. 대한가정학회지, 43(7), 117-129.

박종원, 윤성준, 최동춘. (2003). Flow를 이용한 소비자 구매의도에 관한 연구. 마케팅과학연구, 12, 46-68.

박철. (2000). 인터넷 정보탐색 가치가 인터넷 쇼핑행동에 미치는 영향에 관한 연구. 마케팅연구, 15(1), 143-162.

서영호, 김성은. (1999). 인터넷 상거래의 비용우위 효과에 관한 실증적 연구: 국내 인터넷 쇼핑몰 이용자의 소비자 인식도를 중심으로. 한국 경영정보학회 '99 춘계학술대회 논문집, 17, 225-234.

성영신. (1989). 소비자 행동연구의 경험론적 접근. 광고연구, 3, 5-17.

신종학. (2002). 인터넷 쇼핑몰의 서비스 품질 측정요인에 관한 연구. 마케팅관리연구, 7(1), 71-96.

이두희. (1998). 국내 최초 인터넷 쇼핑몰 이용자 조사. IM Research 조사 보고서.

이명수, 박종희, 김도일. (2001). 인터넷상에서 지각된 플로우와 실용적 가치가 구매의도에 미치는 영향에 관한 탐색적 연구. 마케팅관리연구, 6(1), 61-84.

이승욱, 김종금. (1998). 청소년 소비자의 쇼핑가치와 충동구매에 관한 분석. 단국대 산업연구, 21, 193-215.

이은진, 홍병숙. (1999). PC통신 및 인터넷 이용자의 통신판매를 통한 의류제품 구매성향. 한국의류학회지, 23(7), 1007-1018.

이학식, 김영, 정주훈. (1999). 실용적/쾌락적 쇼핑가치와 쇼핑만족-구조모델의 개발과 검증. 경영학연구, 28(2), 505-538.

이호배, 정주훈, 박기백. (2000). 인터넷 사이트에 대한 속성신념과 태도가 홈페이지 광고에 미치는 영향. 경영학연구, 29(2), 263-290.

인터넷 이용자들의 라이프스타일. (2000. 09. 01). *전자신문.* 자료검색일 2004, 10. 20, 자료출처 http://www.etnews.co.kr

전달영, 경종수. (2004). 인터넷 쇼핑몰에서 쇼핑가치와 쇼핑몰 애호도의 결정요인-엔터테인먼트 상품을 중심으로. *경영학연구, 31*(6), 1681-1705.

정현립, 심완섭. (1998). 쇼핑가치 유형에 따른 소비자의 정보탐색, 의견 선도력, 점포선택에 관한 실증적 연구. *한남대학교 산업경영연구.* 2, 277-301.

최선형. (1997). 의복쇼핑가치유형에 따른 소비자 특성 연구. *카톨릭대학교 생활과학 연구논집, 17*(1), 5-19.

한국광고단체연합회. (2004). *KNP 보고서.* 자료검색일 2005, 5.10, 자료출처 http://www.advertising.co.kr

한상린, 박천교. (2000). Flow 개념을 이용한 인터넷 환경에서의 소비자 구매의도 결정요인분석. *마케팅연구. 15*(1), 187-204.

홍동표, 문성배, 유선실, 박용우, 정부연, 김재경, 김민창. (2004). *국내 인터넷 쇼핑시장분석 및 전망. KISDI 이슈 리포터.* 자료검색일 2005, 5. 10, 자료출처 http://www.kisdi.re.kr

홍희숙. (2002). 인터넷 쇼핑몰 점포속성 지각이 의류제품 구매의도에 미치는 영향 및 비구매 요인에 관한 연구. *대한가정학회지, 40*(4), 27-44.

Babin, B. J., William, R. D., & Mitch, G. (1994). Work and/or Fun : Measuring Hedonic and utilitarian Shopping Value. *Journal of Consumer Research, 20* (March), 644-656.

Block, P. H., & Bruce, G. D. (1984). Product involvement as leisure behavior. *Advances in Consumer Research*, 11, 197-202.

Csikszentmihalyi, M. (1975). *Beyond boredom and anxiety: The experience of play in work and games,* San Francisco:Jossey-Bass.

Eighmey, J. (1997). Profiling User Responses to Commercial Web Sites. *Journal of Advertising Research, 37*(May-June), 59-66.

Engel, J. F., Blackwell, R. D., & Miniard, P. W. (1995). *Consumer Behavior*(8th ed), New York : The Dryden Press.

Hirshcman, E. C., & Morris, B. H. (1982). Hedonic Consumption: Emerging Concepts

Methods and Propositions. *Journal of Marketing, 46*(summer), 92-101.

Hoffman, D. L., & Novak, T. P. (1996). Marketing in Hypermedia Computer- Mediated Environments: Conceptual Foundations. *Journal of Marketing, 60*(July), 50-68.

Lin, C. A. (1999). Online-Service Adoption Likelihood. *Journal of Advertising Research, 39*(2), 78-89.

Novak, T. P., Hoffman, D. L., & Yung, Y. F. (2000). Measuring the Customer Experience in Online Environments: A structural Modeling Approach. *Marketing Science, 19*(1), 22-44.

(이은진의 한국의류학회 게재 논문, 2006년 제30권 제8호)

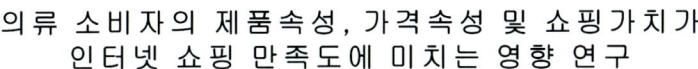

의류 소비자의 제품속성, 가격속성 및 쇼핑가치가 인터넷 쇼핑 만족도에 미치는 영향 연구

Abstract

The purpose of this study is to find out the important factors and efficient strategies concerning internet marketing. This study tries to examine satisfaction of the on-line consumers on internet shopping mall via fashion products. To fulfill this objectives, a survey was conducted from May 15 to May 30 in 2006, and an subject of study is men and women aged from 10s to 40s in purchase experience of the fashion merchandise to internet shopping malls. Data collected over the internet, and analyzed the 205 subjects. The statistical analysis methods was frequency analysis, reliability analysis, factor analysis, multiple regression analysis. The empirical studies were summarized as follows.

First, internet shopping mall's fashion goods attributes(goods characteristics, aesthetic expression, variety of goods) significantly affect consumer's utilitarian shopping value. Second, internet shopping mall good's price attributes (economical efficiency of price, price reasonableness, price value, price information, price discount) significantly affect consumer's shopping utilitarian shopping value and hedonic shopping value. Third, consumer's utilitarian shopping value and hedonic shopping value are positively related to the internet consumer's shopping satisfaction.

Key words: Internet shopping mall, Utilitarian shopping value, Hedonic shopping value, Internet shopping satisfaction; 인터넷 쇼핑몰, 실용적 쇼핑 가치, 쾌락적 쇼핑가치, 인터넷 쇼핑 만족

I. 서 론

인터넷은 매우 빠른 속도로 우리의 소비생활 전반에 영향을 미치게 되고, 인터넷의 확산과 더불어 등장한 인터넷 쇼핑몰은 의류 소비자들의 생활패턴과 소비방식까지 변화시키고 있다. 또한 인터넷 쇼핑몰 환경 특성이나 제품의 속성에 따라 소비자들이 선택하는 사이트나 제품의 평가기준도 다르게 나타나고 있다(윤혜경, 권수애, 2004). 따라서 소비자들의 구매행동을 예측하고 분석하는 일은 의류기업의 인터넷마케팅 수행에 있어 기본이라고 할 수 있다. 특히 인터넷 쇼핑몰에서 의류제품에 효과적으로 적용할 수 있는 머천다이징 전략을 수립하기 위해서는 인터넷 의류 소비자들에 대한 실증연구와 체계적인 이해가 필요하다. 또한 인터넷 패션 기업의 입장에서는 동업종 내 경쟁업체와 차별화 전략을 수립하기 위한 다양한 방법을 모색함에 있어 제품, 가격과 같은 속성을 중심으로 차별화 방안을 마련하는 것은 기본적인 마케팅 구성을 위한 마케팅 믹스의 차원에서 한발 더 나아가 새로운 브랜드 전략으로서의 입장을 명확히 하는 것이다.

그럼에도 불구하고, 의류학이나 마케팅 분야의 연구들은 인터넷 쇼핑몰에서의 의류상품 소비자행동에 대한 체계적인 이론적 틀을 제시하지 못하고 있어 실무에 적용하기에는 다소 어려움이 있다. 인터넷 쇼핑과 관련된 대부분의 연구들이 쇼핑가치의 편의지향, 가격지향 등 실용적인 측면에 중점을 두고 이루어져 왔다(이유재, 1999). 그러나 효용적 가치뿐만 아니라 쾌락적 가치도 인터넷 소비자들의 쇼핑활동에 중요한 요인으로 밝혀져(Childers et al., 2001), 의류학 분야에서도 인터넷 패션 소비자의 쇼핑가치가 인터넷 쇼핑행동에 미치는 영향(류은정, 조오순, 2005), 쇼핑가치와 인터넷 패션 쇼핑몰 속성, 감정 및 구매의도와의 관계를 확인하는 연구(박은주, 강은미, 2005) 등 쇼핑가치, 즉 쾌락적 가치와 실용적 가치를 동시에 고려한 연구가 진행되고 있다. 또한 인터넷 쇼핑몰은 가치 있는 정보의 제공은 물론 심미적 디자인, 웹 이미지를 통한 감각적 편익, 그리고 쇼핑의 즐거움을 함께 느끼게 하는 공간으로서 실용적 또는 쾌락적 가치를 통해 소비자 만족에 영향을 주고 있다(이은진, 2005).

그러나 이들 연구에서는 쇼핑가치에 영향을 미치는 속성에 대한 연구는 부족하다. 의류상품의 경우 제품 자체가 지닌 내재적 속성과 가격 등과 같은 외재적 속성이 인터넷을 통한 의류제품 소비자의 쇼핑가치에 영향을 미치고, 궁극적으로 쇼핑 만족도에도 영향을 미칠 것

으로 생각된다. 따라서 본 연구는 인터넷 쇼핑몰에서 의류상품의 어떤 속성이 소비자들의 쇼핑 가치, 즉 실용적 쇼핑가치와 쾌락적 쇼핑가치에 영향을 미치고, 이들 쇼핑가치가 인터넷 쇼핑 만족도에 어떠한 영향을 미치는지를 분석하고자 한다. 이 결과는 인터넷 쇼핑몰에서 의류 소비자들이 추구하는 쇼핑가치의 요인들을 밝힘으로써 인터넷 쇼핑몰의 경쟁력 강화와 수익성 증대를 도모하는 데 유용한 자료가 될 수 있다.

II. 이론적 배경

1. 의류상품의 속성

Abraham and Littrell(1995)은 마케팅 관리자에 의해 다루어질 제품은 제품 그 자체의 구체적인 속성을 소비자가 추구하는 바람직한 결과에 연결시켜야 한다고 하였다. 특히 의류시장은 패션 트렌드나 브랜드 성격에 따라 매우 다변화하고 치열한 경쟁 속에서 시장 확보를 위해서는 소비자가 중요하게 생각하는 의복제품속성에 대한 이해가 요구된다고 하면서 의복의 제품속성에 대한 중요성을 강조하였다. 의류제품의 속성에는 내재적 단서로서 본질적 속성을 중심으로 한 소재, 스타일, 색상 등에 관한 내용으로 구성되어 있는 제품속성과 제조업자나 판매자에 의해 부가된 속성인 외재적 단서 중 인터넷 쇼핑 시 가장 중요한 구성이 되는 가격속성으로 구분할 수 있을 것이다.

1) 제품속성(product attribute)

제품이란 잠재 고객들의 기본적인 욕구를 충족시키거나 문제를 해결해 줄 수 있는 모든 수단을 의미하고, 제품속성은 소비자가 원하는 제품의 기능을 수행하는 데 필요한 제품구성요소를 말한다. 마케팅 개념에 있어 제품은 잠재 고객들의 욕구나 문제를 확인하고 이를 충족시킬 수 있는 최적의 마케팅 믹스를 개발하여 제공하는 데 있으며, 이러한 활동은 고객만족을 창출하고 장기적인 이윤을 획득하게 된다. 제품은 그 자체가 고객에게 만족을 제공하기

위한 마케팅 믹스의 가장 중심적인 위치에 있으며, 마케팅 믹스의 다른 요소들에게 가장 큰 영향을 미치는 요소라고 할 수 있다(이정란, 유동근, 2004).

의류제품의 속성은 주로 내재적 차원과 외재적 차원의 두 가지 차원에서 연구되었다(Olson & Jacoby, 1972; Glock & Kunz, 1990; Hines & O'Neal, 1995). 여기서 내재적 차원은 섬유조성, 스타일, 색상 등 제품의 물리적 특성들을 변화시키지 않고는 변화될 수 없는 속성으로 제품이 본래 가지고 있는 속성을 뜻하고, 외재적 차원은 상표명, 가격, 포장 등 제품의 물적 특성이 아닌 제조업자나 판매자에 의하여 부가된 속성이다. 이 외재적 속성 중에서 인터넷 의류 소비자들이 추구하는 가치와 가장 직접적으로 연결된 속성은 가격이라고 할 수 있을 것이다.

김민수(2002)는 가시적인 제품인 의류제품의 경우 물리적인 속성과 함께 심리적인 속성이 공존하고 있어서 구매상황으로 상황이 통제되어도 품질평가 시 외재적 단서뿐 아니라 내재적 단서에 의한 영향을 무시할 수 없다고 하여 제품의 물리적 속성에 관한 중요성을 강조하였다. 할인점 의류 소비자의 구매만족 행동을 연구한 박은주, 홍금희(1999)는 소비자들이 할인점 의류제품에 대하여 값싼 제품이나 이월제품, 불량 제품을 주로 취급한다는 인식하고 있으므로 할인점에 대한 긍정적인 이미지를 갖게 하기 위해 할인점에서도 중요한 비교적 취약한 제품구색과 교환 및 수선의 폭을 넓혀야 한다고 하였다. 유통업체 브랜드 의류제품 구매자의 구매동기 및 구매동기 불만족에 관해 연구한 권순기(2001)는 구매빈도에 따른 집단 간 유통업자상표의 구매동기에 차이가 있다고 하여 구매횟수에 따라 만족하는 제품속성의 차이를 밝혔는데 1-2번 구매 시에는 디자인이, 3-5회 이상은 가격에 비해 품질이 좋아서라고 하여 제품속성에 대해 다르게 평가하였는데 이는 반복구매에 따른 브랜드 인지도의 상승에 따라 가격에 대비한 품질의 우수성을 인식하는 것을 말한다. 임숙자와 김선희(1998)는 할인점, 아웃렛 쇼핑몰과 같은 신유통업태에 대한 소비자 구매행동 연구에서 의류 소비자들이 가격요인에서는 매우 만족한 반면, 상표, 유행성, 디자인, 사이즈 등에 대한 만족도는 낮은 것으로 나타났다. 그로 인해 국내 사이즈 체계의 표준화와 일관성, 명확한 분류체계가 필요하고, 저품질의 수입의류보다는 품질이 좋고 유명한 국내 상표를 판매하기 위한 개선책이 요구된다고 하였다.

이와 같이 선행연구에서는 의류제품의 내재적, 외재적 단서가 의류 소비자들의 구매행동에 영향을 미치는 것으로 분석되고 있으나, 연구대상이 할인점이나 아웃렛 소비자에 한정되고

인터넷 의류 소비자에 대한 연구는 이루어지지 않고 있다. 의류제품의 인터넷 쇼핑 비중이 증가하고, 인터넷 소비자들 사이에서 가격이 중시되는 상황을 고려하여 본 연구는 인터넷 의류 소비자의 쇼핑행동에 의류제품의 어떤 속성이 결정적인 영향을 미치는지를 파악하는 것이 중요하다.

2) 가격속성(price attribute)

외재적 속성 중 제품의 가격은 소비자들의 구매심리에 많은 영향을 미치고 이러한 영향력은 제품을 처음으로 대할 때 특히 인터넷 쇼핑 시 접근 가능케 하는 가장 중요한 변인이 된다. Jacoby and Olson(1985)은 동일하게 제시된 객관적 가격일지라도 소비자, 제품, 구매상황 및 시기에 따라 다르게 지각될 수 있다고 하여 소비자들이 느끼는 가격의 양면성을 주관적 가격과 객관적 가격으로 제시하였다. 이러한 가격의 특성을 이용하여 소매점에서 실시하는 가격전략은 소비자, 제품에 따라 겪을 높이기도 하고 낮추기도 하는 점포의 의사결정으로 사용되기도 하는데 김원수(1986)는 제품, 점포, 소비자의 형태에 따라 가격의 중요성이 다르게 지각되며, 실제가격보다 소비자가 인식하는 가격, 즉 주관적 가격이 더 중요하다고 하였다. 또한 이학식 외(1998)는 제품을 사용해 본 경험이 별로 없고 제품지식이 적거나 브랜드를 간에 가격과 품질에서 상당한 차이가 있는 것으로 지각되는 패션제품이나 승용차 소비자들은 가격이 높으면 품질이 더 우수할 것이라는 가격-품질 간의 연상 심리를 갖는 성향이 있다고 하였다. 그러나 가격만이 단순히 제품품질을 평가하는 기준으로 작용하는 것은 거의 불가능하기 때문에 가격의 단일 단서 효과보다는 상표, 구매 장소 혹은 이전의 구매경험과 같은 요인들이 상호작용하여 소비자의 제품평가에 영향을 주게 된다.

이선재, 김가영(1999)에 따르면 가격은 그 자체만으로 영향력을 발휘하기보다는 가격과 다른 속성(상표, 점포 등)이 결합되었을 때 영향력에서 차이를 보이는데, 특히 소비자의 인적특성과 인구통계학적 특성에 따라 각 개인에 있어 가격에 대한 인식은 매우 다르게 나타났고 동일한 가격 자극에 대해서도 소비자 특성의 차이게 따라 서로 다르게 반응한다고 하였다. 경제적 측면에서 가격은 제품이나 서비스를 구매하는 데 드는 비용 내지 희생의 지표로 작용하기 때문에 소비자의 선택과정에 영향을 미친다고 보고 있으며, 높은 가격은 소비자의 예산에 부정적 영향을 끼치는 것으로 고려된다는 것이다.

가격역할에 대한 지각방식의 차이에 있어 가격과 품질지각 간 관계의 양상이 다르게 나타 난다고 한 박현숙, 곽원섭 (2003)은 지위에 민감한 구매자의 경우 가격단서를 제품의 품질을 나타내주는 지표로 사용하지만, 할인율이나 할인시기에 민감하고 가격자체에 민감하게 반응 하는 구매자는 가격단서를 이용해 제품의 품질을 평가하지 않는다고 하여 소비자에게 인지되 는 가격의 다차원적인 측면을 제시하였다.

한편, 가격은 그 자체 소비자에게 인지되는 다양한 관련 속성을 가지게 된다. 진병호(1998) 는 의류 소비자가 지각하는 가격을 크게 긍정적인 단서와 부정적인 단서로 구분하고, 그 세 부속성을 세일지향, 가격전문성, 가치의식, 가격의식, 가격-품질 도식, 위신 민감성 차원으로 분류하였다. 의류제품의 가격이 고가일 경우 세일지향, 가격전문성, 가격의식 차원이 구매에 부정적인 영향을 미치는 반면, 가격-품질 도식과 위신 민감성이 긍정적인 영향을 미치는 차 원이라고 주장하였다. 의류제품의 가격 수용성에 관해 연구한 김미경(2000)은 고가의 의류제 품이 품질도 우수하고 위신도 높여 준다고 생각하는 소비자일수록 수용 가능한 적정가격수준 이 높고, 저가 및 할인을 지향하는 소비자일수록 수요가격이 상대적으로 낮다고 하였다.

가격에 대한 할인 지향의식보다는 가격-품위연상, 가격 선도성 그리고 효용가치지향이 쾌 락적 쇼핑과 유의한 관계를 갖는다.(진병호 ,1998) 또한, 전성률 외(2003)는 인터넷 쇼핑몰에 서 소비자가 지각하는 위험 수준과 가격과의 관련성을 연구하였다. 일반적으로 소비자들은 가격과 관련하여 가격 경제성과 합리성, 가치성, 정보성, 및 할인성 등의 가격 속성을 인식하 며(Lichtensteine, 1993), 가격에 대한 정보 수집이 용이하고 비교구매가 가능한 인터넷 쇼핑 의 특성상 이와 같은 가격속성이 의류 소비자들의 쇼핑행동에 매우 중요한 요인일 것으로 생각된다.

2. 쇼핑가치

가치의 의미는 개인적 가치와 소비자 행동분석에서의 가치의 의미로 구분해 볼 수 있다. 먼저 개인적 가치란 우리들의 일상생활에서 크고 작은 일들에 대한 결정을 내릴 때 작용하 는 판단기준이라 할 수 있다. 또한 소비자 행동분석에서의 가치란 개인들이 어떻게 행동할까 를 말해주는 표준이며 어떤 태도를 지켜야 하는가를 알려주는 기준이기도 하다.(임종원, 김재 일, 홍성태, & 이유재 2000)

본 연구에서는 이러한 가치를 미시적인 관점으로 쇼핑의 측면에서 접근하고자 한다. 소비자는 쇼핑경험에 의하여 의도한 목적을 성공적으로 달성하고 혹은 즐거움, 기쁨을 누림으로써 가치를 실현할 수 있다. 따라서 쇼핑가치는 다차원성을 가지며, 구체적으로 제품획득(과업 관련)의 측면과 쾌락경험의 측면을 가지고 있다. 즉 소비자들의 쇼핑행동이 자신이 원하는 제품을 획득하기 위한 '과제 지향적 쇼핑'과 즐거움을 얻기 위한 '경험적 쇼핑'으로 나뉜다 (Fischer & Arnold, 1990). 실제로 기존의 몇몇 연구들(이학식 외, 1999; Belk, 1987; Fischer & Arnold 1990; Sherry, 1990)에서는 소비자들의 쇼핑경험이 실용가치와 쾌락가치를 모두 발생시킨다고 밝히고 있으므로, 본 연구에서도 인터넷 의류 소비자들의 쇼핑가치를 크게 실용적 쇼핑가치와 쾌락적 쇼핑가치로 구분하여 측정하고자 한다.

실용주의적 소비자들은 쇼핑을 통해 자신이 계획했던 목적을 성공적으로 달성했을 때 쇼핑의 가치를 인식한다. 그러므로 실용적 쇼핑가치(utilitarian shopping value)를 중요시하는 소비자들의 구매행동은 논리적, 합리적인 구매의사결정을 위해 쾌락주의적인 소비자들에 비해 상대적으로 많은 정보탐색과정을 거친다(Bloch & Richins, 1983). 쇼핑의 실용적 가치는 쇼핑 경험을 촉진시키는 소비욕구가 얼마나 충족되는가에 따라 좌우되며, 실용적 효용을 통하여 충족되는 욕구는 상품 그 자체에서 생기거나 정보 혹은 지식의 습득을 통해서도 얻을 수 있다.(Engel et al., 1995) 인터넷 의류 소비자의 경우 시간·공간적 제약을 받지 않고 인터넷 쇼핑몰에서 편리하게 제품을 구매할 수 있다는 편익을 인지함으로써 실용적 쇼핑가치를 인식할 수 있다. 또한 다른 유통채널에 비하여 인터넷 쇼핑은 가격이 저렴하고 가격 비교가 용이하기 때문에 가격지향 실용가치를 중시하는 소비자들이 많이 이용할 것으로 생각된다.

쾌락적 쇼핑가치(hedonic shopping value)는 실용적 쇼핑가치에 비해 보다 주관적이고 개인적이며, 쾌락적 쇼핑가치를 지닌 소비자들은 특정한 목적의 성취보다는 재미와 즐거움을 통해 쇼핑의 가치를 지각한다(Holbrook & Hirschman, 1982). 이러한 쇼핑의 즐거움을 언급하면서 Sherry(1990)는 때때로 쾌락적 가치를 추구하는 소비행동이 단순히 제품의 획득만을 위한 쇼핑행위보다 훨씬 중요한 의미를 지닐 수 있다고 하였다. 유창조와 김상희(1994)는 소비자가 특정 매장을 선호하게 되거나 특정 매장에서 많은 구매를 하는 이유를 단순히 제품 구색, 매장 위치, 제품의 품질, 서비스 등과 같은 요인에 의해 설명하기에는 부족하다고 지적하였고, 소비자가 매장에서 느끼는 흥미, 즐거움 또는 환상(Fun, Pleasure and Fantasties) 등이 쇼핑행위 자체뿐만 아니라 매장에 대한 태도 형성에도 큰 영향을 미친다고 주장하였다.

인터넷 쇼핑에서 의류상품은 다양한 디자인과 색상, 빠른 업데이트 등으로 인하여 소비자들에게 시각적 즐거움을 주는 상품이라 할 수 있다. 그러므로 타 상품군에 비하여 쾌락적 쇼핑가치가 중요한 상품일 것으로 고려된다.

3. 쇼핑 만족도

최근 들어 인터넷 쇼핑을 이용하는 소비자의 다양한 구매의사결정과정과 쇼핑 만족도에 영향을 미치는 변수가 무엇인지를 찾아내려는 연구가 활성화되고 있다. 채영일(2003)은 인터넷 쇼핑에 대한 소비자 만족에 영향을 미치는 요인을 경쟁력 요인, 심리적 요인, 편의성 요인, 위험 요인의 네 가지로 구분하였고, 이 중 경쟁력 요인은 가격, 제품의 품질, 표현성의 세 가지 항목으로 구성된다고 하였다. Childers et al.(2001)은 온라인 쇼핑의 즐거움이 소비자의 전반적인 쇼핑경험평가에 가장 큰 영향을 준다는 것을 알아내었다. 즉, 온라인 쇼핑 시 즐거움을 느끼게 되면 그 쇼핑몰에 만족하게 되고 이는 특정 쇼핑몰에서의 구매의도를 증대시킨다. 반면에 Szymanski, Hise(2000)는 인터넷 쇼핑몰의 편리성, 상품정보, 보안 등의 실용적 가치들이 쇼핑만족의 결정 요인임을 밝혔다.

Lohse and Bellman(2000)은 소비자가 인터넷 쇼핑을 이용하는 데 영향을 미치는 요인으로서 판매자 특성(vendor characteristics), 보안장치(security transactions), 프라이버시에 대한 염려(concern for privacy), 소비자특성(customer characteristics)의 네 가지를 들었다. 특히 소비자특성과 인터넷 쇼핑 이용과 관련이 있는 것으로 보고하거나, 있을 것임을 제언했다(이두희·전기홍·임승희, 2001). Jarvenpaa and Todd(1997)는 제품인식(product perceptions), 쇼핑경험(shopping experience), 고객서비스(customer service), 지각된 소비자위험(perceived customer risk) 등이 웹에서의 인터넷쇼핑에 대한 소비자반응에 영향을 미칠 것이라고 제안했다. 박철(2002)은 인터넷 정보탐색의 실용적 가치가 쇼핑몰 사이트의 방문빈도에 유의한 영향을 미치고, 이 쇼핑몰 방문빈도는 제품 구매의도에 중요하게 작용하기 때문에 쇼핑몰 방문자들의 구매의도를 높이기 위해서는 실용적 쇼핑가치를 지각할 수 있도록 해야 한다고 주장하였다. 의류제품과 관련하여 이은진·홍병숙(2006)은 인터넷 의류 소비자들의 플로우 경험과 실용적 가치가 구매의도에 영향을 미치고, 결국에는 쇼핑 만족도에 영향을 미치고 있으므로 인터넷 쇼핑몰에서는 의류제품 소비자를 대상으로 즐거움의 가치와 실용적 가

치를 인식시켜야 한다고 제안하였다. 따라서 실용적 혹은 쾌락적 쇼핑가치는 인터넷 의류 소비자들의 쇼핑 만족도에 영향을 미치는 중요한 요인이라 할 수 있다.

Ⅲ. 연구방법 및 절차

1. 연구문제

연구문제 1. 인터넷 쇼핑몰의 의류상품 속성과 인터넷 의류 소비자의 쇼핑가치에 대하여 알아본다.

연구문제 2. 인터넷 쇼핑몰의 의류 상품속성(제품속성, 가격속성)이 인터넷 의류 소비자의 쇼핑가치(실용적 가치, 쾌락적 가치)에 미치는 영향을 알아본다.

연구문제 3. 인터넷 의류 소비자의 쇼핑가치(실용적 가치, 쾌락적 가치)가 인터넷 쇼핑 만족도에 미치는 영향을 알아본다.

2. 측정도구

본 연구를 수행하기 위한 측정도구는 의류제품 속성, 쾌락적 쇼핑가치, 실용적 쇼핑가치, 인터넷 쇼핑 만족도 및 인구통계적 특성에 관한 문항으로 구성하였다. 의류제품의 속성에 관해서는 제품 자체의 물리적 속성과 가격 속성으로 구분하여 측정하였는데, 물리적 속성은 Hines and O'Neal(1995), 김민수(2002), 박은주, 홍금희(1999) 등의 연구를 기초로 본 연구에 맞게 수정, 보완하여 의류제품의 치수(맞음새), 소재의 내구성, 착용감 및 활동성, 제품의 다양성과 제품 구색, 디자인이나 스타일, 유행성 등의 총 12항목으로 측정하였다. 가격 속성은 김미경(2000), 진병호(1998), 전성률 외(2003), Lichtensteine (1993) 등의 연구를 참고하여 저렴한 가격 등과 같은 경제적인 측면과 보다 싼 가격으로 구입하려는 노력 정도, 가격할인 정도, 가격의 정보전달, 가격 대비 품질의 우수성 등과 관련된 총 10항목을 측정하였다.

인터넷 의류 소비자의 쇼핑가치는 실용적 쇼핑가치와 쾌락적 쇼핑가치의 두 가지 측면을 고려하였다. 실용적 쇼핑가치는 Engel et. al.(995), Bloch, Richins(1983), 이학식 외(1999) 등의 연구를 기초로 연구 목적에 맞게 수정, 보완하여 인터넷 쇼핑을 통한 편리하고 신속한 구매, 쇼핑 성공감, 목적 쇼핑 등을 포함한 총 5항목을 측정하였다. 쾌락적 쇼핑가치는 유창조, 김상희(1994), Bloch, Richins(1983), Holbrook, Hirschman(1982) 등의 연구를 바탕으로 인터넷 쇼핑의 즐거움과 재미, 인터넷 쇼핑을 통한 일상에서의 탈출감 등의 총 8항목으로 구성하여 측정하였다. 그리고 인터넷 쇼핑 만족도는 박철(2002), 이은진, 홍병숙(2006), Szymanski, Hise(2000) 등의 연구를 기초로 인터넷으로 의류제품 구매 후 만족정도와 관련된 총 4개의 항목으로 측정하였다. 인구 통계적 특성은 성별, 연령, 학력, 직업, 월 소득 등으로 구성하였다.

3. 자료 수집 및 분석

본 연구는 설문지법으로 자료를 수집하였으며, 측정방법은 주어진 문장에 대하여 찬성하는 정도를 '전혀 그렇지 않다(1점)'에서 '매우 그렇다(5점)'의 5점 리커트 척도를 이용하여 측정하였다. 측정도구의 적절성을 밝히기 위한 예비조사는 두 가지 방법으로 진행하였다. 1차적으로 2006년 4월 한 달 동안 의류학 전공 대학원생의 반복적인 평가와 토의를 통하여 적합한 항목들을 선별, 추가하였고, 그다음으로 2006년 5월 1일에서 7일 사이에 인터넷 쇼핑몰 이용자 50명을 대상으로 예비조사를 실시하였으며, 예비조사 결과를 반영하여 설문 항목을 수정, 보완함으로써 측정도구를 완성하였다.

본 조사는 2006년 5월 15일에서 5월 30일 까지 인터넷 쇼핑몰에서 의류제품의 구매경험이 있는 소비자를 대상으로 편의표집방식으로 실시하였다. 모두 250명의 응답을 얻어 이 중 결측값이 없는 205명을 자료 분석에 사용하였으며, 자료 분석 방법으로는 SPSS (window 12.0)를 사용하여, 빈도분석, 요인분석(주성분 분석, Varimax 회전), 신뢰도 분석, 다중회귀분석을 하였다.

4. 연구대상의 특성

조사대상자의 인구통계적 특성을 살펴보면, 성별은 여성이 60%로 남성의 40%에 비해 다소 많았고, 연령별로는 20대가 74.6%로서 가장 많았으며, 그다음으로 30대(23.4%), 40대(1.0%), 10대(1.0%)순이었다. 직업은 회사원(46.8%), 대학(원)생(42.0%), 전문직(9.3%), 자

영업(1.0%) 등의 순이었고, 약 50% 정도가 대학교 졸업의 학력 수준을 지니고 있었다. 월 소득은 100만 원 이상~200만 원 미만(42.0%), 100만 원미만(39.0%), 200만 원 이상~300만 원 미만(15.1%) 등의 순으로 나타났다.

Ⅳ. 연구 결과 및 논의

1. 인터넷 쇼핑몰의 의류제품 속성 및 의류 소비자의 쇼핑가치

1) 인터넷 쇼핑몰의 의류제품 속성

본 연구는 인터넷 쇼핑몰의 의류제품 속성을 제품이 지닌 물리적 속성과 가격 속성으로 구분하여 알아보았다. 의류제품 구매 시 소비자들이 인지하는 제품속성에 관한 12항목의 요인분석을 실시한 결과 〈표 1〉과 같이 고유치 1.0 이상인 3개의 요인이 추출되었다. 요인 1은 의류제품의 소재의 내구성, 봉제 상태, 세탁 관리, 치수, 맞음새, 적합성 등으로 구성되어 '품질특성(6문항)'이라 명명하였고, 요인 2는 의류제품의 디자인과 스타일에 대한 호감도, 유행성의 반영 등과 관련되어 '미적 표현성(3문항)'이라 명명하였으며, 요인 3은 제품 구색과 사이즈, 색상, 디자인 등의 다양성으로 구성되어 '제품구색(3문항)'이라 명명하였다. 이들 요인의 총 설명량은 65.40%였고, 크론바하 알파계수(Cronbach's α)는 0.82 이상으로 문항의 신뢰성이 높았다.

의류제품 구매 시 인터넷 소비자들이 인지하는 가격속성에 관한 10항목의 요인분석에서는 〈표 2〉와 같이 고유치 1.0 이상인 3개의 요인이 추출되었다. 요인 1은 가격에 대한 정보의 보유와 이를 타인에게 전달하는 내용에 관한 것으로 '가격 정보성(4문항)'이라 명명하였고, 요인 2는 상품의 가격이 품질, 서비스, 환경에 비해 저렴하여 가치에 비해 합리적인 소비를 할 수 있는 것으로 구성되어 '가격 합리성(3문항)'이라 명명하였으며, 요인 3은 가격지불에 대한 상품의 가치를 인정하는 등 가치와 관련된 항목으로 구성되어 '가격 가치성(3문항)'이라 명명하였다. 이들 요인이 설명한 총 변량은 57.12%였고, 크론바하 알파계수(Cronbach's α)는 0.71 이상으로 문항의 신뢰성이 높았다.

〈표 1〉 제품속성의 요인분석 결과

요인	측정항목	요인 부하량	고유치	변량	신뢰 계수
품질 특성	– 소재의 내구성 – 세탁 후 변색 / 형태변형 – 제봉 상태 및 완성 상태 – 제품의 느낌 / 적합성 – 세탁 관리 – 제품의 치수 / 맞음새	.778 .749 .722 .669 .665 .636	3.231	26.928	.875
미적 표현성	– 제품의 디자인이 호감도 – 제품의 스타일이 호감도 – 유행성의 반영도	.799 .787 .778	2.474	20.617	.821
제품 구색	– 제품 종류별 사이즈의 다양성 – 의류제품 색상 종류의 다양성 – 의류제품 디자인 종류의 다양성	.806 .803 .752	2.143	17.854	.825

〈표 2〉 가격속성의 요인분석 결과

요인	측정항목	요인 부하량	고유치	변량	신뢰 계수
가격 정보성	– 옷을 싸게 사기 위해 드는 시간과 노력 정도 – 보다 싼 가격위해 여러 매장 정보 노력 정도 – 여러 가지 종류의 옷에 관한 가격정보량 – 싸게 의복을 구입하는 정보 전달	.793 .709 .709 .573	2.059	20.592	.741
가격 합리성	– 제품의 가격 저렴 – 할인판매 기회 – 서비스/매장 환경 대비 제품 가격	.845 .807 .763	1.988	19.882	.735
가격 가치성	– 가격이 비싸도 마음에 들면 꼭 구입 – 비싼 가격의 의복 신뢰감 – 우수한 제품의 옷 대비 가격 타당성	.841 .697 .568	1.665	16.649	.710

2) 인터넷 의류 소비자의 쇼핑가치

인터넷 의류 소비자의 쇼핑가치에 관한 13항목을 요인분석한 결과 〈표 3〉에서처럼 고유치 1.0 이상인 2개의 요인이 추출되었다. 요인 1은 인터넷 쇼핑의 즐거움, 탐색재미, 모험심, 탈

출감 등으로 구성되어 '쾌락적 쇼핑가치(8문항)'라 하였고, 요인 2는 인터넷 쇼핑에서 신속성, 편리성, 합리성, 성공감 등으로 구성되어 '실용적 쇼핑가치(5문항)'라 하였다. 이 두 요인이 설명한 총 변량은 84.83%였고, 크론바하 알파계수(Cronbach's α)는 0.79 이상으로 문항의 신뢰성이 높았다.

〈표 3〉 인터넷 쇼핑가치의 요인분석 결과

요 인	측정 항목	요인 부하량	고유치	변량	신뢰계수
쾌락적 쇼핑 가치	– 인터넷 쇼핑은 무척 즐거운 경험	.718	4.596	45.958	.821
	– 흥미로운 신제품들의 탐색 재미	.752			
	– 제품의 구매와 상관없이 인터넷 쇼핑 즐거움	.748			
	– 내가 원해서 즐기기 위한 쇼핑	.712			
	– 쇼핑을 하면서 모험을 하는 것과 같은 느낌	.704			
	– 다른 일에 비해 쇼핑이 즐거움	.703			
	– 인터넷 쇼핑을 통해 일상에서 탈출감	.685			
	– 인터넷 쇼핑을 통해 계획 했던 일 성취	.504			
실용적 쇼핑 가치	– 인터넷 쇼핑은 제품을 편리/신속 구매	.809	2.721	38.872	.793
	– 인터넷 쇼핑을 통해 노력대비 만족감	.778			
	– 쇼핑을 합리적이고 영리하게 함	.659			
	– 인터넷 쇼핑을 통한 쇼핑 성공감	.643			
	– 구매하려는 상품을 위한 탐색	.453			

2. 인터넷 쇼핑몰의 의류제품 속성이 쇼핑가치에 미치는 영향

인터넷 쇼핑몰의 의류제품 속성이 소비자의 쇼핑가치에 미치는 영향을 알아보기 위하여 의류제품 속성을 독립변수로, 쇼핑가치를 종속변수로 회귀분석을 실시하였다. 그 결과 의류상품의 속성 중 제품속성은 쾌락적 쇼핑가치에 유의한 영향을 미치지 않았고, 가격속성 중 가격 가치성을 제외한 모든 요인이 쾌락적 쇼핑가치에 영향을 미쳤다.(〈표 4〉), 그리고 가격 가치성을 제외한 모든 제품속성요인과 가격속성요인이 실용적 쇼핑가치에 영향을 미치는 것으로 나타났다(〈표 5〉). 다시 말해 인터넷 쇼핑몰에서 판매하는 의류제품의 디자인이나 소재, 치수 및 미적 표현성이 뛰어날수록, 제품구색 및 디자인, 사이즈, 색상 등이 다양할수록, 인터넷 쇼핑을 하는 소비자들은 실용적 쇼핑가치를 높게 지각하고, 가격이 저렴하고 할인 폭이

클수록 인터넷 쇼핑을 하는 소비자들은 쾌락적 혹은 실용적 쇼핑가치를 더 높게 지각한다고 할 수 있다.

<표 4> 인터넷 의류제품의 속성이 쾌락적 쇼핑가치에 미치는 영향

독립변수	종속변수	쾌락적 쇼핑가치		F	R^2
		β	t		
제품 속성	품질특성	.10	1.47	6.447**	.09
	미적 표현성	.22	3.24		
	제품구색	.17	2.58		
가격 속성	가격 정보성	.50	8.61	32.537*	.32
	가격 합리성	.27	4.69		
	가격 가치성	.07	1.27		

** $p < .01$

<표 5> 인터넷 의류제품의 속성이 실용적 쇼핑가치에 미치는 영향

독립변수	종속변수	실용적 쇼핑가치		F	R^2
		β	t		
제품 속성	품질특성	.37	6.24	30.456*	.32
	미적 표현성	.30	5.06		
	제품구색	.30	5.18		
가격 속성	가격 정보성	.33	5.35	20.867*	.23
	가격 합리성	.36	5.78		
	가격 가치성	.05	5.78		

** $p < .01$

3. 의류 소비자의 쇼핑가치가 인터넷 쇼핑 만족도에 미치는 영향

의류 소비자의 쇼핑가치가 인터넷 쇼핑 만족도에 미치는 영향을 알아보기 위하여 쇼핑가치를 독립변수로, 쇼핑 만족도를 종속변수로 회귀분석을 실시하였다. 그 결과 <표 6>에서처럼 쾌락적 쇼핑가치와 실용적 쇼핑가치 모두 인터넷 쇼핑 만족도에 영향을 미쳤으며, 쾌락적 쇼핑가치($\beta = 0.19$)보다는 실용적 쇼핑가치($\beta = 0.53$)가 의류 소비자의 인터넷 쇼핑 만족도에

더 큰 영향력을 지니는 것으로 나타났다. 의류제품 소비자의 쇼핑가치는 인터넷 쇼핑 만족도의 30%($R2 = .30$)를 설명하였고, 이는 인터넷 마케팅 분야의 쇼핑가치 관련 연구(Childers et al., 2001; Szymanski, Hise, 2000; 박철, 2002)와 일관된 결과였다. 그러므로 인터넷 쇼핑몰에서는 풍부한 상품정보를 기본으로 소비자들의 관심을 유발하는 의류제품을 취급함으로써 구매자들의 쇼핑 만족도를 높여야 할 것이다.

〈표 6〉 의류 소비자의 쇼핑가치가 인터넷 쇼핑 만족도에 미치는 영향

종속변수 독립변수	인터넷 쇼핑 만족도		F	R^2
	β	t		
쾌락적 쇼핑가치	.19	2.78	43.717**	.30
실용적 쇼핑가치	.53	6.35		

** $p < .01$

V. 결론 및 제언

본 연구는 인터넷 쇼핑몰의 의류제품 속성을 물리적인 속성과 가격 속성으로 구분하여 이들 속성 중에서 인터넷 의류 소비자의 실용적 혹은 쾌락적 쇼핑가치에 영향을 미치는 요인이 무엇인지를 밝히고, 의류 소비자의 쇼핑가치가 인터넷 쇼핑 만족도에 미치는 영향을 파악하고자 하였다. 본 연구의 결과에 따른 결론 및 제언은 다음과 같다.

첫째, 인터넷 쇼핑몰 의류 상품의 제품 속성이 소비자의 쇼핑가치, 즉 실용적 가치와 쾌락적 가치에 미치는 영향을 알아본 결과 제품 속성의 모든 요인이 실용적 쇼핑가치에 영향을 미치는 것으로 나타났다. 즉, 인터넷 쇼핑몰에서 의류 제품의 종류가 많고 구색이 잘 갖추어져 있을수록, 디자인이 뛰어나고 색상, 사이즈 등이 다양할수록 소비자들의 실용적 쇼핑가치가 높아지고 있었다. 그러므로 인터넷 쇼핑몰에서는 소재와 사이즈, 색상 등이 다양한 의류제품으로 구색을 갖추고, 디자인과 스타일, 유행성을 잘 반영하여 소비자들의 실용적 쇼핑가치를 높이고자 노력해야 할 것이다.

둘째, 인터넷 쇼핑몰 의류제품의 가격 속성이 소비자의 쇼핑가치에 미치는 영향을 알아본

결과 가격 속성의 가격의 가치성을 제외한 모든 요인이 쾌락적 쇼핑가치와 실용적 쇼핑가치에 영향을 미치고 있었다. 이는 인터넷 쇼핑몰에서 판매하는 의류제품의 가격이 합리적이라고 여길수록, 가격 할인 폭이 클수록 소비자들의 실용적 또는 쾌락적 쇼핑가치가 높아진다는 것을 의미한다. 따라서 가격에 민감하게 반응하는 인터넷 의류 소비자들은 가격 할인은 물론 가격 대비 고품질, 비교 가격 등에 대한 정보를 제공하여 쇼핑의 즐거움을 인식할 수 있는 인터넷 쇼핑몰을 선호할 것으로 생각된다.

셋째, 의류 소비자가 인터넷 쇼핑과정에서 느끼는 실용적 혹은 쾌락적 쇼핑가치가 인터넷 쇼핑 만족도에 영향을 미치는 것으로 나타나, 의류 소비자들의 쇼핑가치는 인터넷 쇼핑 만족도의 중요한 요인임을 확인하였다. 따라서 인터넷 쇼핑몰은 풍부한 상품 정보뿐만 아니라 흥미를 유발하는 의류제품을 많이 취급함으로써 쇼핑몰 방문객에게 즐거움을 주고, 쇼핑을 통한 효익을 인지시켜 소비자의 만족도를 높이는 데 주력해야 할 것이다. 본 연구는 인터넷 쇼핑몰의 취급 제품 중 의류제품으로 한정하여 연구하였으므로 이 결과를 다른 상품군까지 확대해석할 수는 없다. 또한 인터넷을 통한 의류제품 구매자를 대상으로 조사하였기 때문에 구매자, 비구매자를 동시에 고려한 후속 연구가 필요하다.

[참고문헌]

김민수 (2002). 의류제품에 대한 소비자의 품질평가 속성. *한국의상디자인학회지*, 4(2), 113-126.

김미경 (2000). *의류제품의 가격수용성 연구*. 부산대학교 대학원 석사학위논문.

박철 (2002). 온라인 소비자의인터넷 쇼핑몰 신뢰요인에 관한 질적 연구, *한국경영정보학회*. 춘계학술대회 논문집, 371-380.

권순기 (2001). 유통업자상표 의류제품 구매자의 인구통계학적 특성, 구매동기 및 불만족에 관한 연구. *한국마케팅과학회*, 8, 1-16.

류은정, 조오순 (2005). 인터넷 쇼핑가치가 의류 제품의 인터넷 쇼핑행동에 미치는 영향 : 쇼핑몰 속성 지각과 위험지각을 중심으로. *복식문화학회*, 13(2), 209-220.

박은주, 강은미 (2005). 온라인 패션 쇼핑몰에서 쇼핑몰 속성과 쇼핑가치가 구매의도에 미치

는 영향. *한국의류학회지*, *29*(11), 1475-1484.

박은주, 홍금희 (1999). 소비자의 가격태도와 위험지각에 따른 의류할인점 선택행동에 관한 연구. *한국의류학회지*, *23*(4), 529-540.

박현숙, 곽원섭 (2003). 소비자의 가격, 품질 지각에 관한 연구. *한국심리학회*, *4* (2), 1-21.

이두희 전기흥, 임승희 (2000). 인터넷 이용 동기에 관한 동태적 연구. *한국소비자학회*, *4*(1), 185-201.

이선재, 김가영 (1999). 의류상품평가에 대한 외재적 단서의 영향. *한국복식학회*, *43*, 125-142.

이유재 (1999). *서비스 마케팅*, 서울: 현학사.

이은진 (2005). *인터넷 쇼핑에서의 플로우 경험과 실용적 가치 지각이 패션상품 구매의도에 미치는 영향*. 중앙대학교 박사학위논문.

이은진, 홍병숙. (2006). 서비스 품질 평가와 지각된 위험이 인터넷 쇼핑몰에서의 패션상품 구매의도 및 만족에 미치는 영향. *대한가정학회지*, *44*(5), 79-87.

이정란, 유동근. (2004). 인터넷 상호작용성이 e-브랜드에 있어서 일체감, 관계품질, 충성도에 미치는 영향. 한국경영정보학회, 춘계학술대회, 917-929.

이학식 외 (1998). 광고효과의 조절변수로서 인지욕구와 감성강도의 평가. *한국마케팅학회*, *13*(1), 105-131.

이학식, 김영, 정주훈.(1999) 실용적/쾌락적 쇼핑가치와 쇼핑만족 : 구조 모델의 개발과 검정. *경영학연구*, *28*(2), 505-538.

임숙자, 김선희. (1998) 의류 유통업태의 점포 이미지와 의복 만족도에 관한 연구. *한국의류학회지*, *23*(2), 185-195.

임종원, 김재일, 홍성태, 이유재 (2000). *소비자 행동론-이해와 마케팅의 전략적 활용*. 서울: 경문사.

유창조, 김상희. (1994). Ethnographic 접근방식을 통한 쇼핑행위에 관한 탐색적 연구 : 확장된 개념, 감정의 다양성, 동기의 다양성. *소비자학 연구*, *5*(2), 45-62.

윤혜경, 권순애. (2004). 대학생들의 인터넷 패션 쇼핑몰 및 의류제품 평가기준. *대한가정학회*, *42*(8), 49-64.

진병호 (1998), 의복 구매 시 소비자가 지각하는 가격(제1보) - 의복가격 차원의 타당성 검

제Ⅲ부 인터넷 쇼핑몰과 패션 소비자

226

중. *한국의류학회지*, *22*(3), 417-427.

채영일 (2003). SERVQUAL을 활용한 e비즈니스상의 고객만족모델 : 인터넷 쇼핑몰을 중심으로. *社會科學硏究*, *22*(1), 15-29.

Abraham-Murali, L., & Littrell, M. A. (1995). Consumers' perceptions of apparel quality over time. *Clothing and Textiles Research Journal*, *13*, 149-158

Belk, Russell W. (1987). Material Values in the Comics: A Content Analysis of Comic Books Featuring Themes of Wealth. *Journal of Consumer Research*, *14*, 26-42.

Bloch, Peter H. & Marsha L. Richins. (1983). A Theoretical Model for the Study of Product Importance Perceptions. *Journal of Marketing*, *47*, 69-81.

Childers, Terry L., Christopher L. Carr, Joan P. & tephen C. (2001). Hedonic and Utilitarian Motivations for Online Rerail Shopping Behavior. *Journal of Retailing*, *77*, 505-535.

Engel J, E., Blackwell, R. D. & Miniard, P. W. (1995). *Consumer Behavior*, 8th ed., IL., Dryden Press.

Fischer, Eileen & Stephen J. Arnold. (1990). More than a Labor of Love: Gender Roles and Christmas Gift Shopping. *Journal of Consumer Research*, *17*, 333-345.

Hines, J.D. & O'Neal, G.S. (1995). Underlying determinants of clothing quality : the consumer' perspective. *clothing and Textiles Research Journal*, *13*, 227-233.

Holbrook M.B. & Hirschman E.C. (1982). The Experiential Aspects of Consumtion: Consumer Fantasies, Feelings and Fun. *Journal of Consumer Research*, *9*, 132-140.

Jacoby, J. & Olson, J. J. (1985). *Perceived Quality*, Lexington, MA:DC. Heath.,

Lichtensteine, D. R., Ridgway, N. M. and Netemeyer, R. G. (1993). Price Perceptions and Consumer Shopping Behavior : A Field Study. *Journal of Marketing Research*, *30*(2), 234-245.

Lohse Gerald L., Steven Bellman & Eric J. Johnson (2000). Consumer Buying Behavior on the Internet : Findings From Panel Data, *Journal of interactive Marketing*, *14*(1), 15-29.

Jarvenpaa, S. L. & P. A. Todd (1997), Consumer Reactions to Electronic Shopping on

the World Wide Web, *International Journal of Electronic Commerce*, *1*(2), 59-88.

Olson,J.C. & Jacoby, J. (1972). Cue utilization in the quality perception process. In M. Venkaresan (Ed.) *The Association for Consumer Research*, *2*, 167-179.

Ruth E. Glock & Grace I. Kunz. (1990). *Apparel Manufacturing*. KNE.

Sherry, P., & Barton, E. J. (1990). *Executive Assessment: A comprehensive fit-based model*. In W. A. Hamel (Ed.).

Szymanski, D.M., & Hise, R.T. (2000). e-Satisfaction : An initial examination. *Journal of Retailing*, *76*(3), 309-322.

(나윤규의 한국의류학회 투고논문, 한국의류학회 창립30주년 기념학술대회 포스터발표)

참고문헌

국내 문헌

"가치 소비와 쇼퍼테인먼트 쇼핑문화가 Co-Partment Store 찾아" (2005, 3. 11)). 텍스헤럴드.

강민철. (2000). 인터넷시대의 마케팅전략. 월간마케팅 2월호.

"개그맨 김주현, 인터넷 쇼핑몰 큰 손" (2006, 12. 5). 환경 비즈니스 575호.

계도원, 김규완. (1998). 인터넷 쇼핑몰에서의 소비자 구매결정속성에 대한 실증적 연구. 경영
　　　　연구, 22(1), 87-108.

고선영. (2004). 우리나라 의류산업 소매유통구조의 변화요인과 방향. 서울대학교 박사학위논문.

고은주, 권준희, 윤선영. (2005). 라이프스타일에 따른 고객세분화 및 e-CRM 전략제안. 한국
　　　　의류학회지, 29(6), 847-858.

고은주, 김성은. (2004). 인터넷 쇼핑몰 이용자의 구매행동에 관한 질적 연구. 대한가정학회
　　　　지, 42(1), 153-166.

고은주, 이수경, 하지영. (2002). 인터넷 사용자의 시장세분화에 따른 온라인 패션브랜딩 전략
　　　　제안. 한국의류학회지 학술대회지, 523-524.

구양숙, 이승민. (2002). 위험지각이 인터넷 패션 쇼핑몰 이용 소비자의 구매행동의도에 미치
　　　　는 영향. 한국의류산업학회지, 4(3), 235-243.

권영아. (2005). 국내 패션마켓 현황 및 구조변화, 한국의류학회 6월 특강.

김동기, 이용학. (1997). 소비자행동분석. 서울: 박영사.

김미숙, 김소영. (2001). 인터넷 패션쇼핑몰에 대한 소비자 만족·불만족 영향요인. 한국의류
　　　　학회지, 25(7), 1353-1364.

김선숙. (2002). 인터넷 쇼핑몰 성공의 열쇠. 서울: 21세기사.

김선숙. (2005). 의류상품의 인터넷쇼핑몰 성공제품에 관한 조사연구-F/W 상품을 중심으로-.
　　　　한국의류학회지, 29(9/10), 1349-1358.

김선숙, 이은영. (2003). 인터넷 쇼핑몰 이용자의 의류상품 쇼핑행동 유형 연구. 한국의류학회

지, 27(9/10), 1036-1047.

김성희, 장기진. (2003). e-비즈니스원론. 서울: 무역경영사.

김성희, 장기진. (2004), e-비즈니스.com. 서울: 청량.

김시월, 박혜진, 박혜령. (2004). 소비자의 라이프스타일과 인터넷 쇼핑몰에서의 상품별 구매
　　횟수 관계 연구. 한국의류산업학회지, 6(2), 184-194.

김정기, 박동숙. (1999). 매스미디어와 수용자. 서울: 커뮤니케이션북스.

김정림, 김영인. (2003). 국내・외 영 캐주얼웨어의 웹 사이트에 나타난 브랜드 컨셉 분석.
　　한국의류학회 학술대회지, 74.

김준범. (1999). 21세기 마케팅 신조류 7. LG주간경제 533호.

김진우. (1999). Bussiness.com. 서울: 영진출판사.

김창수, 김효석. (1998). 인터넷 쇼핑몰의 분류모형 개발과 특성분석. 한국 CALS/EC학회지,
　　3(1), 96-115.

김태하. (1997). PC통신 서비스를 통한 가상소매업의 소비자 만족요인에 관한 연구. 서울대
　　학교 대학원 석사학위논문.

김현정, 이은영, 박재옥. (2000). 인터넷을 통한 패션상품 구매행동의 탐색적 연구. 한국의류
　　학회지, 24(6), 907-917.

김형택. (2000). 인터넷 비즈니스 전략 구상을 위한 인터넷 마케팅.com. 서울: 삼각형.

김호영. (2004). 살아있는 마케팅 뛰는 전략. 서울: 새로운제안.

김효신, 이선재. (2001). 인터넷 쇼핑몰에서의 패션상품 구매의도 결정요인. 복식, 51(6),
　　117-128.

김훈, 권순일. (1999). 인터넷 사용자의 라이프스타일과 구매의사결정에 관한 탐색적 연구, 경
　　영학연구, 28(2), 353-371.

"동대문에 인터넷 패션 전문몰만 130여 개" (2006, 5. 15). 어패럴 뉴스.

"두 얼굴의 포스트 디지털 세대" (2005, 5. 1). 국민일보.

류은정. (2002). 인터넷 소비가치가 인터넷 의류 쇼핑몰의 서비스 품질평가에 미치는 영향에
　　관한 연구. 한국의류학회지, 52(3), 161-169.

박성호. (2002). 인터넷 미디어의 이해와 활용. 서울: 커뮤니케이션북스.

박은아. (2004). 한국인의 소비심리: 유행을 따르는가, 개성을 추구하는가? 월간 광고정보,
　　2004년 3월호.

박제기. (2000). 인터넷 마케팅-전략적 접근. 서울: 율곡출판사.

박태경. (1995). 사이버 비즈니스 빅뱅. 금강기획 사보 9/10월호.

"방송인 박경림, 인터넷 쇼핑몰 홈런" (2006. 12. 11). 환경 비즈니스 576호.

삼성경제연구소. (2003). 유비쿼터스 컴퓨팅: 비즈니스 모델과 전망. Issue Paper.

서문식, 김상희. (2002). 인터넷 쇼핑몰 특징과 감정적 반응과의 관계에 관한 연구, 마케팅연구, 17(2), 113-145.

서추연. (2004). 인터넷 패션 쇼핑몰의 여성복 사이즈 실태조사-정장 재킷을 중심으로-. 한국가정과학회 학술대회지, 72.

송원영, 이명희. (2001). 인터넷 쇼핑에서의 의복구매행동과 라이프스타일과의 관계연구-인터넷 이용자를 중심으로. 복식문화연구, 9(4), 601-615.

송지희. (2001). e-Customer의 특성에 따른 쇼핑몰 전략. 정보통신정책연구원 리포터.

신민경, 정순희, 여윤경. (2004). 인터넷 쇼핑몰에서의 소비자의 위험지각과 정보탐색에 관한 연구. 대한가정학회지, 42(9), 195-212.

신수연, 김민정. (2003). 인터넷 패션 쇼핑몰 이용자의 의류구매 만족도- 20~30대 남·녀를 중심으로. 복식문화연구, 11(4), 487-499.

신수연, 김희수. (2003). 패션 웹사이트 이용실태와 정보 만족도에 관한 연구. 한국의류학회지, 25(8), 1239-1248.

심지미. (2002). 인터넷 쇼핑몰에서의 관계몰입과 구매의도에 미치는 영향에 관한 연구. 이화여자대학교 석사학위논문

아이비즈넷(주). (2000). 인터넷 비즈니스 @ i-biznet.com. 서울: 21세기북스.

안광호, 황선진, 정찬진. (1999). 패션 마케팅. 서울: 수학사.

앨빈 토플러, 김중웅역. (2006). 부의 미래. 서울: 청림출판.

"영 캐주얼, 트렌드에 살고 트렌드에 죽는다" (2007. 1. 8). 한국섬유신문.

오기석. (1999). 인터넷 소매업에서 제품속성의 매체적합성에 관한 연구. 서울대학교 경영학과 대학원 석사학위논문.

오상조, 김찬영. (1998). 기업-소비자 간의 전자상거래 활용실태 조사연구. 동양공업전문대학 논문집, 21, 248~249.

오상현, 신봉대, 심규열. (2001). 가상점포 애호도에 미치는 영향요인에 관한 연구. 마케팅과학연구, 8, 315-339.

오장균. (2003). 인터넷 마케팅. 서울: 청목출판사.

"온라인몰, 패션 콘텐츠로 눈길 잡는다" (2006. 11. 29). 프라임경제.

"온라인 마켓 패션천하" (2006. 2. 6). 한국경제.

"유료콘텐츠 이용자 늘었다" (2005. 1. 31). 데이터 뉴스.

유현정, 김기옥. (2002). 인터넷 쇼핑경험에서의 소비자만족 형성과정에 관한 연구. 대한가정
　　　학회지, 40(5), 179-193.

윤준수. (1998). 인터넷과 커뮤니케이션 패러다임의 대전환. 서울: 커뮤니케이션북스.

"의류·패션, 인터넷 쇼핑의 주요상품으로 자리매김" (2006. 1. 18). 데이터 뉴스.

이건창, 정남호. (2000). 가상현실 기법을 적용한 인터넷 쇼핑몰과 소비자 구매의도에 관한
　　　연구. 경영학연구, 29(3), 377-405.

이경근. (2004). e-BIZ A to Z. 서울: 이프레스.

이광규. (1980). 문화인류학의 세계. 서울대출판부.

이두희. (2000). 인터넷 마케팅. 경기: 청아출판사.

이두희. (2001). Intergrated Internet Marketing Mix의 사용자 세분화 전략과 전환. 4.

이두희, 한영주. (1997). 인터넷 마케팅. 서울: 영진출판사.

이미영. (2000). 인터넷 쇼핑몰을 이용하여 의류제품 구입 시 지각되는 위험에 관한 고찰. 한
　　　국의류학회 2000 국제학술심포지움 및 추계학술발표회, 34.

이은진. (2005). 인터넷 쇼핑에서의 플로우 경험과 실용적 가치 지각이 패션상품 구매의도에
　　　미치는 영향. 중앙대학교 대학원 박사학위논문.

이은진. (2007). 인터넷 패션 소비자의 플로우 경험. 경기: 한국학술정보.

이은진, 홍병숙. (1999). PC통신 및 인터넷 이용자의 통신판매를 통한 의류제품 구매성향. 한
　　　국의류학회지, 23(7), 1007-1018.

이종환. (2001). 인터넷 쇼핑몰의 분류와 차이점 비교. e-commerce.

이지현. (2003). 패션제품의 e-CRM에 관한 연구. 이화여자대학교 대학원 석사학위논문.

이태희. (2001). 상호작용이 구매의도에 미치는 영향에 관한 연구. 고려대학교 경영대학원 석
　　　사학위논문.

이호배. (1997). 사이버 마케팅으로 인한 마케팅 패러다임의 변화. 서울: 영진출판사.

인터넷 비즈니스 연구회 (2000). 인터넷 비즈니스 백서 2000. 서울: 중앙M&B.

"인터넷몰, 매스트지 상품 뜬다" (2006. 7. 17). 서울 경제.

"인터넷 쇼핑 여성파워 세졌다" (2004. 2. 20). 디지털타임스.

"인터넷 쇼핑몰 마케팅 양극화" (2004. 6. 29). 디지털타임스.

"인터넷 옷 장사, 이렇게 해야 대박" (2007. 1. 7). 매일 경제.

임규건, 백승익, 이정우, 한창희. (2005). e-비즈니스 경영. 서울: 이프레스.

임종원. (2006). 소비자행동론(제 3판). 서울: 경문사.

장유정, 박재옥, 이구혜. (2003). 패션 브랜드의 온라인 커뮤니티 구성요소와 현황조사. 복식
    문화학회 학술대회지, 104-106.

정삼호. (1996). 현대패션모드. 서울: 교문사.

정영철. (2002). 인터넷 쇼핑몰 특성이 쇼핑가치 및 재구매 의도에 미치는 영향. 제주대학교
    대학원 석사학위논문.

정인근. (2002). 인터넷 비즈니스 원론. 서울: 선학사(북코리아).

정인식. (2004). 매체특성에 따라 광고 수용자의 수용태도가 마케팅 성과에 미치는 영향에
    관한 연구: 인터넷을 중심으로. 연세대학교 경영대학원 석사학위논문.

정혜영. (1989). 패션 의견 선도자의 특성에 관한 연구. 이화여자대학교 대학원 박사학위논문.

조광행, 임채운. (1999). 점포충성도에 대한 전환장벽과 고객만족의 영향력에 관한 실증적 연
    구. 경영학연구, 28(1), 127-149.

조영주, 임숙자, 이승희. (2003). 인터넷 쇼핑몰에서의 의류제품 구매행동에 관한 연구-위험지
    각을 중심으로. 한국의류학회지, 27(7), 1247-1257.

지효원. (2000). 인터넷 쇼핑몰의 이용 및 이용자 만족에 관한 연구. 부경대학교 대학원 석사
    학위논문.

차배근. (1997). 매스커뮤니케이션 효과이론. 경기: 나남출판.

"차세대 인터넷 산업, 4대 요소가 견인한다" (2006. 11. 15). 아이티타임스.

추순진. (2003). 인터넷 쇼핑환경에서의 다차원적 관계몰입에 관한 연구. 영남대학교 대학원
    박사학위논문.

추순진, 김상현. (2003). 인터넷 쇼핑에서의 다차원적 관계몰입이 고객의 미래이용의도에 미
    치는 영향에 관한 연구. 경제학논집, 21(4), 253-278.

최정선, 유태순. (2002). N세대의 패션가치관이 인터넷 쇼핑몰 구매결정 중요도와 패션디자
    인 선호도에 미치는 영향. 한국의류학회지, 26(1), 39-49.

키도야스유키, 장수경역. (1995). 인터넷 비즈니스 이렇게 해야 성공한다. 서울: 평범사.

"탤런트 김준희, 쇼핑몰로 월 10억 벌어요" (2006. 11. 23). 매일경제.

텍스헤럴드. (2002). 패션브랜드사전. 서울: 텍스헤럴드.

통계청. (2004). 전자상거래 기업 통계조사/사이버쇼핑몰 조사.

통계청. (2007). 2006년 11월 사이버쇼핑몰 통계조사 결과.

필립 코틀러, 디팍 C. 제인, 수빗 메시세, 김정구역. (2003). 필립 코틀러의 마케팅 리더십. 서울: 세종서적.

"패션 신소비층 샘족 부상" (2006. 7. 3). 어패럴뉴스.

"패션업체 수입사업 노하우로 자체 브랜드 육성" (2006. 11. 24). 어패럴뉴스.

패션 큰 사전. (1999). 서울: 교문사.

"패스트 패션 온라인 진출 확산" (2006. 5. 30). 어패럴뉴스.

"포탈들 얼굴 바꾸기, 대세는 개인화 서비스" (2005. 7. 4). 마이데일리. http://www. mydaily.co.kr

"포털시대 끝나고 유저시대 온다" (2006. 6. 19). 머니투데이.

하오선, 신혜원. (2001). 인터넷 의류구매자의 의류 쇼핑행동, 태도 및 특성. 한국의류학회지, 25(1), 71-82.

한국광고단체연합회. (2004). 2004년 KNP 보고서.

한국인터넷 정보센터. (2003). 인터넷 통계월보. 2003. 6월호.

한국 커머스넷 EC 연구회. (2001). 전자상거래 관리사. 서울: 영진닷컴.

"한섬, 수입 편집매장 청담동에 오픈" (2002. 5. 27). 어패럴 뉴스.

홍동표, 문성배, 유선실, 박용우, 정부연, 김재경, 김민창. (2004). 국내 인터넷 쇼핑시장 분석 및 전망. 정보통신정책연구원(KISDI).

홍병숙. (1998). 패션상품과 소비자행동. 서울: 수학사.

홍성순, 이운현. (2002). 패션제품의 인터넷 공동구매에 관한 연구. 한국의류학회 학술대회지, 531-532.

황진숙, 정정현. (2005). 인터넷 쇼핑 및 TV 홈쇼핑 위험지각에 따른 의복쇼핑성향, 구매의도, 구매행동. 한국의류학회지, 29(5), 637-648.

"2005년 통계로 본 세계속의 한국" (2006. 8. 29). 데이터뉴스.

e-commerce. (2001). 인터넷 쇼핑몰 창업 강좌. 2001년 1월호.

Levy & Weltz, 오세조, 박진용, 권순기 역. (2002). 소매경영. 서울: 한올출판사.

"LG전자, TV+PC 컨셉 적용, 컨버전스 디지털가전 트랜드 선도" (2006. 12. 17.). 뉴시스.

LG주간경제. (1999).

MBC 애드컴 마케팅플래닝팀. (1997).

국외 문헌

Armstrong, A., & Hagel, J. (1996). The Real Value of On-line Communities. Harvard Business Review, May-June, 134-141.

Benjamin, R. & Wigand, R. (1995). Electronic Markets and Virtual Value Chains on the Information Superhighway. Sloan Management Review.

Bickerton & Pardesi. (1996). Cybermarleting. UL:Butterworth Heinemann.

Breitenbach, C. S., & Doris, C. Van Doren. (1998). Value-added marketing in digital domain : enhancing the utility of the Internet. *Journal of Consumer Marketing*, *15*(6), 131-142.

Terry L. C., Christopher L. C., Joann, J. P., & Carson, S. J. (2001). Hedonic and Utilitarian Motivation for Online Retail Shopping Behavior. Journal of Retailing 77, 511-535.

Fringes, G. S. (2004). Fashion from Concept to Consumer. 8th ed, Prentice-Hall Career & Technology.

Fornell, Claes, Michael, D. J., Eugene, W. A., Jaesung C., & Barbara, E. B. (1996). The American Customer Satisfaction Index : Nature, Purpose, and Findings. Journal of Marketing, 60(October), 7-18.

Forrester Research. (2000). Clusters reshape retail, 2.

Hoffman, D. L., & Novak, T. P., & Patrali, C. (1995). Commercial Scenarios for the Web: Opportunities and Challenge. Journal of Computer-Mediated Communica -tion. 1(3).

Hoffman, D. L., & Novak, T. P. (1996). Marketing in Hypermedia Computer -Mediated Environments : Conceptual Foundations. Journal of Marketing, 60 (July), 50-68.

Janal, D. S. (2000). Dan Janal's Guide to Marketing on the Internet: Getting People to Visit, Buy and Become Customers for Life. John Wiley & Sons.

Jarvenpaa, S. L., & Todd, P. A. (1997). Consumer Reactions to Electronic Shopping on the World Wide Web. International Journal of Electronic Commerce, 1(2), 59-88.

Kim, S. Y., & Lim, Y. J. (2001). Consumers perceived Importance of and Satisfaction with Internet Shopping. Electronic Markets, 11(3), 148-154.

Lasswell, H. D. (1948). The Structure and Function of Communication in Society, in L. Bryson(ed.). The Communication of Ideas, N.Y.: Rando House.

Luedi, A. F. (1997). Personalized or Perish. EM-Electronic Markets, 7(3), 22-25.

Lydon, S. (1982). The joys of shopping by mail. MS, 10, 87-92.

Newhagen, J. & Rafaeli, S. (1996). Why Communication researchers should Study the internet : A dialogue. Journal of Communication, 46(1), 4-13.

Nystrom, P. H. (1928). Economic of fashion. New York : Ronald Press.

Reardon, K. K. & Rogers, E. M. (1988). Interpersonal Versus Mass Communication : A False Dichotomy. Human Communication Research, 15(2), p.287.

Rheingold, H. (1993). The Virtual Community: Homesteading on the Electronic Frontier. Perseus Books.

Richard J. G., & Koray, O. (1997). Corporate Internet Planning Guide : Aligning Internet Strategy with Business Goals. Van Nostrand Reinhold Company.

Selz, D., & Schubert, P. (1998). Web Assessment-A Model of the Evaluation and the Assessment of Successful Electronic Commerce Applications. Proceedings of the Thirty-First Annual Hawaii International Conference on System Science, 4(3).

Simmel, G. (1904). Fashion. International Quarterly, 10.

Tepper, T. K., Bearden, W. O., & Hunter, G. L. (2001). Consumer's Need for Uniqueness: Scale Development and Validation. Journal of Consumer Research June, 28(1), pp. 50-66.

Wiersema, F. (1996). Customer Intimacy. Knowledge Exchange, 1299 Ocean Avenue Santa Monica, California.

Wright, C. R. (1966). Mass Communication: An Introduction to the study on Communication, N.Y: Harper & Row.

Zeithaml, V. A. (1988). Consumer Perceptions of Price, Quality, and Value: A Means-End Model and Synthesis of Evidence. Journal of Marketing, 52(July), 2-22.

인터넷 자료

http://blog.empas.com/elitemodel2006

http://blog.naver.com/73031215

http://blog.naver.com/ekleigh

http://blog.naver.com/goldbuy

http://blog.naver.com/llllo3ollll

http://blog.naver.com/ophion2

http://blog.naver.com/pinklucy1004

http://blog.naver.com/whaosldkdsu

http://cafe.naver.com/marketingleader

http://cyworld.nate.com

http://dnshop.daum.net

http://imagebingo.naver.com/album

http://isis.nic.co.kr

http://kin.naver.com/openkr

http://whois.nic.or.kr

http://www.advertising.co.kr

http://www.auction.com

http://www.benetton.com

http://www.cc.gatch.edu

http://www.cjmall.com

http://www.daum.net

http://www.ddm.com

http://www.gmarket.co.kr

http://www.gseshop.co.kr

http://www.halfclub.com

http://www.ibsconsult.co.kr/mj_box/pds/marketing_02-1.doc

http://www.interpark.com

http://www.jackie.co.kr

http://www.jineejinee.com

http://www.kmac.co.kr

http://www.levi.com

http://www.lotte.com

http://www.metrixresearch.co.kr

http://www.pinkygirl.co.kr

http://www.ranky.com

http://www.samsungmall.co.kr

http://www.shinsegae.com

http://www.styleonme.com

http://www.surveysite.com

http://www.to9.co.kr

http://www.vex.co.kr

http://www.vogue.co.kr

http://www.woori.com

http://www.zeromarket.com

http://www.ziozia.co.kr

기타

부록 - 용어정리

고객관계관리(CRM, customer relationship management):

고객과 관련된 기업의 내·외부 자료를 분석, 통합하여 고객 특성에 기초한 마케팅활동을 계획, 지원하고 평가하는 과정을 일컫는다. 이는 과거의 대중 마케팅, 세분화 마케팅, 틈새 마케팅과 확실하게 구분되는 마케팅 방법론으로, 데이터베이스 마케팅의 개인 마케팅, 일대일 마케팅, 관계 마케팅에서 진화한 요소들을 기반으로 등장한 것이다. CRM은 고객 데이터의 세분화를 실시하여 신규고객 획득, 우수고객 유지, 고객가치 증진, 잠재고객 활성화, 평생고객화와 같은 사이클을 통하여 고객을 적극적으로 관리, 유도하고 고객의 가치를 극대화할 수 있는 전략을 통하여 마케팅을 실시한다.

공급망관리(SCM, supply chain management):

제품생산을 위한 프로세스를 부품조달에서 생산계획, 납품, 재고관리 등을 효율적으로 처리할 수 있는 관리 솔루션이다. 효율적인 SCM 시스템의 최종 목표는 필요할 때면 제품을 항상 쓸 수 있다는 전제하에 재고를 줄이는 것이다. SCM은 제품, 정보, 재정의 세 가지 주요 흐름으로 나눠지는데, 제품 흐름은 공급자로부터 고객으로의 상품 이동은 물론, 어떤 고객의 물품 반환이나 애프터서비스 요구 등을 모두 포함한다. 정보 흐름은 주문의 전달과 배송 상황의 갱신 등이 수반되며, 재정 흐름은 신용조건, 지불계획, 위탁판매, 그리고 권리 소유권 합의 등으로 이루어진다.

공동구매(group buying):

대량구매의 장점을 실현하기 위하여 복수의 소매업자가 모여서 공동으로 구매하는 것이다. 이 효과는 ① 대량발주에 의한 원가인하(수량할인 등) ② 계획적 발주, 배송에 의한 유통 경비의 절감 ③ 전문 구매 담당자에 의한 엄밀한 상품선정 ④ 공동 제품개발 등을 들 수 있다. 인터넷을 통한 B2C 거래에서의 공동구매는 복수의 소비자가 모여 공동으로 구매함으로써 가격이 낮아지는 것을 의미한다.

구매시점관리(POS, point of sale):

POS 시스템이란 판매시점에 자료를 수집, 처리하여 경영활동에 이용하는 시스템을 말한다. POS시스템에서 자료의 수집은 바코드의 자동판독(scanning)방식이 될 수 있고 수작업에 의한 자료입력방식이 될 수 있다. 따라서 바코드는 POS 시스템에 있어서 자동화된 하나의 입력방식으로서, 선진화된 POS 시스템은 대부분 바코드의 스캐닝에 의한 입력방식을 채택하고 있다.

다이렉트 마케팅(direct marketing):

미국 다이렉트 마케팅 협회는 'DM이란 측정할 수 있는 반응이나 어떤 지역에서의 거래에 영향을 미치기 위해 한 개 혹은 복수의 광고 매체를 사용하는 상호적인 마케팅 방법이다'라고 정의하였다. 즉, 소비자에게 광고 메시지를 전달하여 즉각적인 반응을 얻어내며, 소비자와의 직접 접촉을 통하여 그들의 반응을 얻어내는 것이다. 다이렉트 마케팅의 수단으로는 우편, 전화, TV, 인터넷 등이 포함되며, 카탈로그 판매와 케이블TV 판매, 인터넷 판매 등이 이에 해당된다.

데이터베이스 마케팅(database marketing):

고객에 대한 데이터베이스를 구축, 활용하여 필요한 고객에게 필요한 제품을 판매하는 마케팅전략으로 일대일 마케팅이라고 한다. 어느 고객이 무엇을 얼마나 자주 구매했는지, 어느 매장에서 어떤 유형의 제품을 구매했는지, 언제 재구매 또는 대체구매를 할 것인지 등과 같은 정보를 가지고 고객의 성향을 분석하여 효율적인 판매 전략을 수립하는 것이다.

도메인(domain):

인터넷상의 컴퓨터 주소를 알기 쉬운 영문으로 표현한 것으로, 예전에는 숫자로 된 IP주소가 사용되었지만 지금은 시스템, 조직, 조직의 종류, 국가의 이름순으로 구분되어 있다. 도메인 이름은 최상위 도메인과 서브도메인, 호스트 이름 등으로 계층적으로 구성되는데, 최상위 도메인은 '국가'를 의미하여 미국이라면 기관의 성격을 나타낸다. DNS(domain name system)란 인터넷의 도메인체계로서, 도메인 이름을 IP주소로 변환하는 역할을 하고 인터넷에 연결된 컴퓨터를 구별해 준다.

디지털 콘텐츠(digital contents):

유무선 전기 통신망에서 사용하기 위해 부호, 문자, 음성, 음향, 이미지, 영상 등을 디지털 방식으로 제작, 처리, 유통하는 자료 및 정보를 의미한다. 구입에서 결제, 이용까지 모두 네트워크와 개인용 컴퓨터(PC)로 처리하기 때문에 종래의 통신판매 범위를 뛰어넘어 전자상거래(EC)의 새로운 형태로 확고하게 자리잡았고, 시장 수요가 급속히 확대되고 있다.

매스티지(masstige):

대중(mass)과 명품(prestige product)을 조합한 신조어이다. 품질과 상표는 명품 이미지를 갖추되 합리적인 가격으로 대량생산되는 상품을 매스티지 상품이라 하고, 명품에 비하여 값이 비교적 저렴하면서도 만족감을 얻을 수 있는 상품을 소비하는 경향을 매스티지라 한다. 2003년 미국의 경제잡지 'Harvard Business Review'에서 처음으로 소개되었으며, 웰빙, 절약과 함께 중산층 소비자들의 소비심리로 자리잡았다. 이러한 소비경향을 나타내는 사람들을 매스티지족이라 하는데, 대개 의류와 화장품, 가방, 구두 등과 같은 상품을 구매하지만 가전과 식품, 스포츠용품 등 전분야로 확산되고 있다. 이들 상품들은 명품보다 가격이 낮고 대량으로 생산되며 이용자만의 자긍심과 동질감을 느끼게 해준다는 특징을 지닌다.

멀티미디어 콘텐츠(multimedia contents):

디지털화된 사진, 미술, 음악, 영화, 게임 등 다중 매체 저작물로서 읽기전용 콤팩트디스크 기억장치(CD-ROM) 또는 컴퓨터에 저장되어 이용할 수 있는 내용물, 디지털화되어 정보기기로 생산, 유통, 소비되는 정보 콘텐츠, 그리고 광대역 통신망이나 고속 데이터망을 통하여 양방향으로 송수신되는 각종 정보 콘텐츠 등을 말한다.

미니 홈페이지(mini homepage):

일반 홈페이지에 비해 규모가 작은 자기소개 위주의 홈페이지이다. 준말로 미니 홈피라고 하며, 네티즌 간의 인맥을 형성하는 1인 미디어, 블로그와 유사한 서비스로, 싸이월드를 시작으로 많은 사람들에게 알려지게 되었다.

브라우저(browser):

브라우저란 '훑어 보다'라는 의미를 가지며 단순히 문서의 내용만을 보여주는 것이 아니라, 하이퍼텍스트 문서를 검색하는 것을 도와주는 도구이다. 일반적인 기능으로는 웹 페이지 열기, 최근 방문한 인터넷 주소(URL)의 목록 제공, 자주 방문하는 URL 기억 및 관리, 웹 페이지의 저장 및 인쇄, 전자우편이나 뉴스그룹을 이용할 수 있는 프로그램과 HTML 문서편집 등이 있다.

블로그(blog):

웹(web)과 로그(log)의 줄임말로 1997년 미국에서 처음 등장하였는데, 새로 올리는 글이 맨 위로 올라가는 일지(日誌) 형식으로 되어 있어 블로그라 이름 붙여졌다. 블로그 페이지만 있으면 누구나 텍스트 혹은 그래픽 방식을 이용하여 자신의 의견이나 이야기를 올릴 수 있고, 디지털 카메라를 이용하여 사진 자료를 올릴 수 있다. 그러므로 일반인들이 자신의 관심사에 따라 일기, 칼럼, 기사 등을 자유롭게 올릴 수 있을 뿐 아니라 개인 출판, 개인 방송, 커뮤니티까지 다양한 형태를 취하는 일종의 1인 미디어를 일컫는다. 기술적·상업적인 제약 없이 누구나 자신의 생각을 사이트에 올려 다른 사람들과 공유할 수 있기 때문에 기존의 언론을 보완할 수 있는 대안언론으로서 주목받고 있다.

상표 충성도(brand loyalty):

일명 상표 충실도, 상표 애호도라고 하며 소비자가 특정 브랜드에 대해 지니고 있는 호감 또는 애착의 정도를 의미한다. 기업의 입장에서 볼 때 상표충성을 강화하기 위해서는 소비자가 과거의 행동에 근거하여 단순히 구매를 반복하는 행동적 측면뿐 아니라 심리적 측면에서 브랜드 이미지, 친근감, 신뢰감, 사용경험 등을 바탕으로 한 재구매의 유도가 중요하다. 또한 신규고객을 확보하는 것보다 기존고객을 충성고객으로 만드는 것이 마케팅 비용 면에서도 유리하다.

셀렉트 샵(select shop):

샵 운영자나 바이어가 여러 브랜드의 질 좋은 상품을 선택하여 판매하는 매장으로, 그 브랜드들이 가진 이미지를 살려 하나의 통일된 점포 이미지를 형성한다. 대부분 수입 편집매장에서 셀렉트 샵 형태를 취하고 있으며, 규모가 커지면 자체 상품을 발표하기도 한다.

소호(SOHO):

'Small Office, Home Office'의 약칭으로 원래는 정보통신 기술의 발달에 힘입어 새로운 아이디어를 가지고 집을 사무실 삼아 홀로 일하는 개인사업자를 의미했으나 프리랜서, 자영업자, 재택근무자, 인터넷IP·CP사업자 등을 포괄하여 지칭하기도 한다. 국내 금융권에서는 숙박업, 음식점업 등을 영위하는 개인 자영업자를 '소호 업종'으로 분류하고 있다. 소호는 정보통신 인프라의 발달과 개인용 컴퓨터의 고성능화로 인해 1980년대 중반부터 미국에서 시작되었다. 우리나라에서는 1990년대 후반 닥친 외환위기로 경기침체가 계속되고 기업의 구조조정 등으로 대량의 실업자가 발생하자 소규모, 소자본으로 시작하는 소호창업이 붐을 일었다.

오픈마켓(open market):

인터넷에서의 오픈마켓은 옥션, G마켓 등과 같은 공급자와 구매자가 자유롭게 거래할 수 있는 온라인 장터를 일컫는다. 오픈마켓은 기존 종합쇼핑몰과 차별성을 두기 위해 고객 관점의 소비 정보를 제공하고 다양한 제품을 보다 빠르게 공급하는 데 주안점을 두고 있다. 이와 더불어 제품 구매에 부가되는 다양한 즐거움을 소비자에게 제공하는 등 차별화된 가치를 제공하는 오픈마켓은 유통 패러다임에 적지 않은 변화를 초래하고 있다.

오픈프라이스제(open price system):

상품의 가격을 제조업자가 아니라 판매점이 결정하는 것으로 최종 판매점포가 상품의 판매가격을 결정해 판매하는 방식이다. 오픈프라이스제 실시 이전에는 제조업체가 원가에 이윤을 붙여 제시하는 권장 소비자가격에 맞춰 정했었다. 오픈프라이스제의 효과는 유통업체 간의 경쟁을 촉진, 상품가격이 전반적으로 낮아진다는 데 있다. 같은 상품이라도 유통업체별로 가격차이가 확연히 드러나 다리품을 팔면 경제적 소비가 가능해진 것이 장점이지만, 권장 소비자가격이 붙지 않아 기준가격을 알 수 없어 혼란스러운 면이 다소 있다.

오피니언 리더(opinion leader):

집단 내에서 다른 사람의 사고방식, 태도, 의견, 행동 따위에 강한 영향을 주는 사람을 의미한다. 매스 커뮤니케이션에서 주로 쓰이는 용어로, 매스컴의 영향은 매스 미디어에서 직접 개개인에게 행사되는 것이 아니라 오피니언 리더를 거쳐 개개인에게 전달된다. 이러한 특징을

'커뮤니케이션의 2단계의 흐름 가설'이라고 부른다. 즉, 기업이 발송한 제품정보를 오피니언 리더가 먼저 받아들이고, 오피니언 리더가 이를 일반 소비자 또는 대중에게 전하는 것이다.

유비쿼터스(ubiquitous):

물이나 공기처럼 시공을 초월해 '언제 어디에나 존재한다'는 뜻의 라틴어(語)로, 사용자가 컴퓨터나 네트워크를 의식하지 않고 장소에 상관없이 자유롭게 네트워크에 접속할 수 있는 환경을 말한다. 1988년 미국의 사무용 복사기 제조회사인 제록스의 와이저(Mark Weiser)가 '유비쿼터스 컴퓨팅'이라는 용어를 사용하면서 처음으로 등장하였다.

월드 와이드 웹(www, world wide web):

인터넷 망에서 정보를 쉽게 찾을 수 있도록 고안된 방법 혹은 세계적인 인터넷 망을 뜻한다. 유럽입자물리연구소(CERN: European Organization for Nuclear Research)에서 얻어지는 엄청난 양의 연구결과 및 자료의 효율적인 공유를 목적으로 1989년 3월 팀 버너스 리(Tim Berners Lee)에 의해 개발되었다. www는 하이퍼텍스트를 기반으로 문서 활용의 편리성을 제공하기 때문에 www 개발 이후 인터넷이 급속도로 발전하였다.

이메일(e-mail):

컴퓨터 통신망을 이용하여 컴퓨터 사용자 간에 편지나 여러 정보를 주고받는 새로운 개인 통신방법이다. 개념적으로는 전하고 싶은 내용의 편지나 컴퓨터에 수록된 자료를 다른 사람에게 보낼 수 있고 받을 수도 있어 우편과 매우 유사하다. 다른 점은 일반 편지는 인편으로 전달되지만 이메일은 통신망을 통하여 전달된다는 점과 일반 편지와 달리 주고받는 데 시간이 걸리지 않는다는 점이다. 또한 이메일은 전화와는 달리 상대방이 부재중이라도 편지나 자료를 전달할 수 있어, 편지의 기록성과 전화의 즉시성이란 장점을 동시에 가지는 통신방법이다. 인터넷의 전자우편 주소는 전 세계적으로 사용이 가능하기 때문에 세계의 어느 곳의 누구에게나 이메일을 보낼 수 있으며, 전자우편 주소는 @라는 기호를 사용하여 표시한다.

인터넷(Internet):

원래 네트워크를 서로 접속하는 기술 또는 그 기술에 의해 접속된 네트워크를 가리키는 용어였으나, 네트워크가 전 세계에 보급되면서 인터넷 프로토콜을 통한 네트워크를 가리키는 고유명사로 쓰이고 있다. 인터넷은 알파넷에서 시작된 세계 최대의 컴퓨터 통신망으로서, 전 세계의 서로 다른 기종의 컴퓨터들이 통일된 프로토콜을 사용하여 자유롭게 통신을 주고받을 수 있는 통신망을 일컫는다.

인터넷 경매(internet auction):

웹 사이트를 통해 제공되는 사이버 거래 장소에서 회원 상호 간에 물품 매매거래가 이루 어질 수 있도록 한 사이버 매매방식이다. 인터넷 경매는 전자상거래 방식의 일종으로서, 인터 넷 경매회사가 웹 사이트를 통해 사이버 거래장소를 제공하고, 이 장소에서 회원 상호 간에 물품 매매거래가 이루어질 수 있도록 서비스하는 것이다. 경매 외에 서비스 회사에 따라 소 비자가 살 물건을 제시하면 판매자가 구매자에게 제품가격을 제시하는 역경매, 기업의 신상 품 등을 경매로 판매하는 특가경매 등 다양하다.

인터넷 마케팅(internet marketing):

기업과 소비자가 가상공간에서 쌍방향 커뮤니케이션을 통해 광고, 이벤트, 정보 제공 등의 마케팅 활동을 수행하는 것을 의미한다. 다시 말해 상품 혹은 서비스가 제조업자로부터 중간 상을 거쳐 최종 생산자에게 전달되는 기업의 마케팅 활동이 고객과의 관계형성 및 실시간 상호작용이 가능한 사이버스페이스 내에서 이루어지는 것이라 할 수 있다.

자사상표(private brand):

유통업체가 제조업체로부터 상품을 저렴하게 받아 유통업체가 자체 개발한 상표를 붙여 파는 상품을 의미한다. 해당점포에서만 판매된다는 점에서 전국 어디에서나 살 수 있는 제조 업체 브랜드(NB, natioal brand)와 대비되며 자가상표, 자사상표, 유통업자 브랜드라고도 불 린다. PB상품의 특징은 가격이 상대적으로 저렴하다는 것, 일반 상품과 달리 광고 및 마케팅 비용이 거의 들지 않는데다 가격결정권이 유통업체에 있다는 것이다. 또한 제조업체와 유통 업체가 직거래를 통해 물류비, 판매관리비 등의 제반비용 가격을 낮추면서도 제조업체의 기존 브랜드를 취급하는 도 · 소매업체와 마찰을 피할 수 있다.

전사적 자원관리(ERP, enterprise resource planning):

인사, 재무, 생산 등 기업의 전 부문에 걸쳐 독립적으로 운영되던 인사정보시스템, 재무정보시스템, 생산정보시스템 등을 하나로 통합, 기업 내의 인적 · 물적 자원의 활용도를 극대화하고자 하는 경영혁신기법이다. 간단하게는 기업 내 통합 정보 시스템을 구축하는 것을 의미하며, 이 용어를 처음으로 사용한 것은 미국 코네티컷주 정보기술 컨설팅회사인 가트너그룹이다. 가크너그룹은 ERP를 '제조업무시스템을 핵으로 재무회계와 판매, 그리고 물류시스템 등을 통합하는 것으로 가상기업을 지향하는 시스템'이라 정의하였다. ERP는 기업의 생산관리부문에서 원활한 자재관리 및 구매활동을 위해 제안된 자재소요계획(MRP, material requirement planning)에서 시작되었으며, ERP가 기업의 경영 혁신 기법으로 새로운 바람을 불러일으킨 것은 'ERP 패키지'로 불리는 혁명적인 소프트웨어의 개발이 계기가 되었다.

전자상거래(EC, electronic commerce):

간단하게는 인터넷이나 PC 통신을 이용해 상품을 사고파는 행위를 뜻한다. 인터넷이 보편화되기 이전에는 기업 간 문서를 전자적 방식으로 교환하거나 PC통신의 홈쇼핑, 홈뱅킹 등 다양한 형태로 존재해 왔으나, 인터넷이 대중화되면서 인터넷상에서 개설된 상점을 통하여 실시간으로 상품을 거래하는 것을 의미하게 되었다. 이를 협의의 전자상거래라고 하는데, 거래되는 상품으로 의복, 액세서리와 같은 실물뿐 아니라 원거리 교육, 의학적 진단과 같은 서비스도 포함되며, 뉴스, 오디오, 소프트웨어 등의 디지털 상품도 속한다. 광의의 전자상거래는 소비자와의 거래는 물론 공급자, 금융기관, 정부기관, 운송기관 등과 같이 거래와 관련되는 모든 기관과의 행위까지도 포함한다.

전자상거래 시장(electronic commerce market):

생산자(producers), 중개인(inter- mediaties), 소비자(consumers)가 디지털 통신망을 이용하여 상호 거래하는 시장으로서 실물시장(physical market)과 대비되는 가상시장(virtual market)을 의미한다.

제조 소매업(SPA, speciality store of private label apparel):

원래 패션 전문점이 제조업체로부터 사입하여 판매만 하는 소매기능에서 더 나아가 직접 기획, 생산하는 제조 기능까지 갖춘 전문점이다.

차세대 인터넷(next generation internet):

사용자 중심의 고품질 멀티미디어 서비스를 유무선 관계없이 안전하고 초고속으로 제공할 수 있는 진화된 인터넷 서비스를 말한다. 대표적인 예로 이동통신망 및 무선 LAN을 기반으로 한 무선인터넷, 정보가전과 홈 네트워킹, 통신과 방송의 융합에 의한 디지털 인터넷 TV 등을 들 수 있다.

콘텐츠(contents):

인터넷이나 컴퓨터 통신 등을 통하여 제공되는 각종 정보나 그 내용물을 말한다. 본래 문서, 연설 등의 내용이나 목차, 요지를 뜻하는 말이었으나 정보통신기술이 빠르게 발달하면서 각종 유무선 전기 통신망에서 문자, 부호, 음성, 음향, 이미지, 영상 등을 디지털 방식으로 제작해 처리·유통하는 각종 정보나 그 내용물을 총칭하는 용어로 널리 쓰이게 되었다. 세부적으로 디지털 콘텐츠와 멀티미디어로 구분한다.

카테고리 킬러(category killer):

1980년대 초 미국에서 처음 등장한 소매 형태이다. 완구용품, 스포츠용품, 아동의류, 가전제품, 식품, 가구 등과 같이 상품 분야별로 여러 곳에 특화된 전문 매장을 갖추고 이를 집중적으로 판매하는 소매업태를 통틀어 일컫는다. '살인자'를 뜻하는 영어 '킬러(killer)'가 붙은 것은 업체들 사이의 경쟁력이 치열하다는 뜻이다. 처음 등장했을 때는 완구류나 가전제품, 카메라 등 특정 품목만을 위주로 형성되었으나, 이제는 업태나 업종을 가리지 않고 다양한 분야에서 널리 이용되고 있다. 한국의 대표적인 카테고리 킬러로는 농산물 전문매장인 하나로마트, 유아용품 전문매장인 맘스맘, 가전제품 전문매장인 하이마트 등을 들 수 있다.

큐레이터 소비(curator consumption):

큐레이터란 박물관 등에서 전시할 작품을 고르는 기획자를 뜻하며, 큐레이터 소비는 특정 인물, 매체, 집단 등이 미리 선택하고 추천한 상품을 일반 소비자가 소비하는 현상을 일컫는다. 패션산업의 스타 마케팅이나 PPL(product in placement) 등도 여기에 속한다.

텔넷(telnet):

인터넷을 통하여 원격지의 호스트 컴퓨터에 접속할 때 지원되는 인터넷 표준 프로토콜로서, 인터넷 사용자는 텔넷을 이용하여 전 세계의 다양한 온라인 서비스를 제공받을 수 있다. 텔넷 응용 서비스가 효과적인 이유는 거리에 관계없이 쉽게 원격시스템에 접속할 수 있기 때문이다. 텔넷은 다른 TCP/IP 프로토콜의 인터넷 응용서비스들과 마찬가지로 23번이라는 고유 포트번호를 가지고 있다. 대부분이 이 번호를 사용하지만 특별한 게임이나 채팅 등의 서비스 제공, 문제 해결을 위한 디버깅(debugging, 프로그램의 오류를 찾아 수정하는 일)을 위해서는 별도의 포트번호를 사용하기도 한다.

패스트 패션(fast fashion):

패스트푸드(fast food)에 유추하여 만들어낸 말로서, 유행에 따라서 빨리 바꾸어 내놓는 옷을 통틀어 이른다. 스페인의 '자라(ZARA)', 미국의 '포에버21', 스웨덴의 'H&M' 등이 해외 유명 패스트 패션 브랜드이고, 국내 브랜드로는 '매긴나잇브리지', '에고이스트' 등을 운영하는 아이올리의 '플라스틱 아일랜드'와 '마루', '노튼' 등을 운영하는 예신퍼슨스의 '허스트'가 있다.

프로토콜(protocol):

컴퓨터 간에 정보를 주고받을 때의 통신방법에 대한 규칙과 약속을 의미한다. 즉, 컴퓨터끼리 혹은 컴퓨터와 단초기 사이의 정보 교환을 원활하게 하기 위하여 정한 여러 가지 통신규약이다. 여기서 통신규약이란 상호 간의 접속이나 절단방식, 통신방식, 교환할 자료의 형식, 오류 검출방식, 코드변환방식, 전송속도 등에 대하여 정하는 것이다. 일반적으로 기종이 다른 컴퓨터는 통신 규약이 다르기 때문에 표준 프로토콜을 설정하여 통신망을 구축하는데, 그 대표적인 예가 인터넷에서 사용하고 있는 TCP/IP(transmission control protocol/internet protocol)이다.

플래그쉽 스토어(flag ship store):

컨셉샵 형태의 패션 전문점으로서, 상품의 진열공간만이 아니라 브랜드의 독특한 상징과 의미를 지님으로써 매장 자체가 또 하나의 브랜드가 된다. 또한 매장이 테마형 컨셉을 가지고 구성되기 때문에 장기적인 관점에서 브랜드의 명성을 확립하는 데 필수적이며, 명품 브랜드에서 글로벌 전략의 일환으로 플래그십 스토어를 활용하는 경우가 많다. 예를 들어, 루이비통은 세계적인 명품 브랜드로서의 위상을 반영하기 위하여 각국의 플래그십 스토어를 끊임없이 개발하고 있다.

푸쉬 마케팅(push marketing):

소비자의 욕구는 무시한 채, 기업의 내부적인 관점에서 생산 가능한 제품을 생산하여 소비자가 원하지 않는다 해도 강압적, 고압적으로 구매하도록 주로 광고를 통하여 행하는 마케팅 활동을 말한다.

하이퍼링크(hyperlink):

하이퍼텍스트 문서 내의 단어나 구(phrase), 기호, 화상과 같은 요소와 그 문서 내의 다른 요소 또는 다른 하이퍼텍스트 문서 내의 다른 요소 사이의 연결로, 하이퍼텍스트 링크라고도 한다. 사용자는 하이퍼텍스트 문서 내의 밑줄 쳐진 요소나 링크된 요소를 클릭하여 하이퍼링크를 기동 혹은 활성화한다. 그렇게 함으로써 같은 하이퍼텍스트 문서 내의 한 요소와 다른 요소의 연결을 선택하여 검색할 수 있고, 다른 인터넷 호스트에 있는 월드 와이드 웹 서버상의 하이퍼텍스트 문서 내 다른 요소와의 연결을 선택하여 검색할 수도 있다. 하이퍼링크는 표준범용문서(SGML)와 하이퍼텍스트 생성언어(HTML) 등의 문서생성언어의 태그를 통하여 하이퍼텍스트 문서 내에 메입된다. 이때 태크는 사용자에게 보이지 않는 것이 일반적이다.

하이퍼텍스트(hypertext):

파생텍스트라고 하며, 1960년대에 테오도르 넬슨(Theodore Nelson)이 'hyper'와 'text'를 합성하여 만든 컴퓨터 및 인터넷 관련 용어이다. 일반 문서나 텍스트는 사용자의 필요 및 사고의 흐름과는 무관하게 일정한 정보를 순차적으로 얻을 수 있는 데 반해, 하이퍼텍스트는 사용자가 연상하는 순서에 따라 원하는 정보를 얻을 수 있는 시스템이다. 즉, 문장 중의 어구나 단어, 표제어를 모은 목차 등이 서로 관련된 문자데이터 파일로서, 각 노드들이 연결된 네트워크로 구성되어 효율적인 정보검색에 적당하다. 여기서 노드(node)는 하이퍼텍스트의 기초적인 정보단위를 말한다.

히피 패션(hippies fashion):

1960년대 후반 미국의 대표적인 패션으로, 젊은이들에 의해 대중적으로 전파된 새로운 문화사조가 의복으로 표현되었다. 히피 패션의 가장 큰 특징으로 낡아 헤졌거나 바랜 듯한 색상에 다양한 스타일의 청바지를 들 수 있다. 벨보텀(bell bottom)형태의 판탈롱(pantaloons) 청바지 위에 작업용 셔츠를 입거나 사이키델릭한 색상으로 염색한 T셔츠를 함께 입었다. 청바지에는 술 장식이나 가수들이 즐겨 착용하는 금속의 징을 달거나 헤진 부분을 가리기 위한 패치워크, 자수 장식 등을 하였다. 또한 유럽 농부들이 즐겨 입었던 페전트(peasant) 스타일의 드레스가 유행하였으며, 여러 종류의 스커트를 겹쳐 입음으로써 집시 스타일을 연출하는 레이어드 룩이 강세였다. 이와 함께 앞머리를 단정하게 자른 머리, 어깨까지 늘어뜨린 긴 머리, 파마를 하여 부풀린 머리, 층지게 자른 머리 등 헤어스타일이 다양해졌는데, 1968년경에는 남녀 모두 앞 가리마를 타고 긴 머리를 그대로 늘어뜨리거나 그 위에 구슬이 꿰어진 좁은 머리띠 혹은 스카프를 매어 남미 인디언 스타일을 즐겼다. 1960년 말에 시작하여 1970년대까지 전 세계 젊은이들을 흥분시킨 히피룩은 1993년에 뉴 히피룩으로 다시 유행하였다.

홈페이지(homepage):

월드 와이드 웹의 초기화면 또는 월드 와이드 웹이 제공하는 화면의 총칭으로서, 보통 웹사이트의 주소는 홈페이지 주소를 의미한다. 도메인 네임이라고도 하며, 웹 사용자가 웹 브라우저를 실행시켰을 때 보이는 웹 페이지가 바로 홈페이지이다.

휴대용 개인정보 단초기(PDA, personal digital assistants):

휴대용 컴퓨터의 일종으로, 손으로 쓴 정보를 입력하거나 개인 정보관리, 컴퓨터와의 정보교류 등이 가능한 휴대용 개인정보 단초기이다.

CALS(commerce at light speed):

상품의 라이프사이클 정보를 디지털화하여 제조업체와 협력업체 등 관련 기업들이 경영에 활용하는 기업 간 정보시스템으로, 광속상거래 또는 초고속 경영통합 정보시스템이라고도 한다. 제품의 기획과 설계에서부터 개발, 생산, 부품의 조달, 유지보수, 사후관리, 폐기에 이르기까지 상품의 라이프사이클 전 과정에서 발생되는 각종 정보를 인터넷 및 초고속 정보통신망과 연계하여 디지털화한 통합업무환경을 뜻한다.

EDI(electronic data interchange):

기업 간에 데이터를 효율적으로 교환하기 위해 지정한 데이터와 문서의 표준화 시스템이다. 이메일, 팩스와 더불어 전자상거래의 한 형태이며, 기업 간 거래에 관한 데이터와 문서를 표준화하여 컴퓨터 통신망으로 거래 당사자가 직접 전송, 수신하는 정보전달 시스템이다. 주문서, 납품서, 청구서 등 무역에 필요한 각종 서류를 표준화된 상거래서식 또는 공공서식을 통해 서로 합의된 전자신호로 바꾸어 컴퓨터 통신망을 이용하여 거래처에 전송한다. 그러므로 국내 기업 간 거래는 물론 국제무역에서 각종 서류의 작성과 발송, 서류정리절차 등의 번거로운 사무처리가 없어져 처리시간의 단축, 비용의 절감 등으로 제품의 주문, 생산, 납품, 유통의 모든 단계에서 생산성을 획기적으로 향상시킨다. 단, 전자문서교환의 대상은 컴퓨터가 직접 읽어서 해독가능하고 인간의 개입 없이 업무처리를 자체적으로 처리할 수 있는 주문서, 영수증 등과 같은 정형화된 자료가 대상이다.

FAQ(frequently asked question):

초보자가 자주 하는 질문에 대한 답변을 정리하여 게시하는 파일로, 일반 웹 페이지의 하이퍼텍스트나 FTP 서버를 통하여 구현될 수 있다.

FTP(file transfer protocol):

인터넷상에서 한 컴퓨터에서 다른 컴퓨터로의 파일전송을 지원하는 통신규약이다. ftp를 이용하면 자신이 원하는 프로그램이나 각종 데이터를 무료 혹은 저렴한 가격에 살 수 있고, 용량이 큰 파일도 빠르게 송수신할 수 있다. 파일을 송수신할 때는 사용자 ID와 패스워드(password)가 있어야 원격 호스트 컴퓨터에 접속 가능하다. 그러나 인터넷상에는 패스워드가

없어도 접속할 수 있는 공개 호스트가 있다. 이를 Anonymous FTP라고 하는데 전 세계적으로 수천 개에 이른다. 사용자로 등록하지 않고도 anonymous라는 ID와 패스워드로 자신의 e-mail 주소를 설정하면 원격지 호스트에 접속하여 파일을 쉽게 송수신할 수 있다.

HTTP(hypertext transfer protocol):

인터넷상에서 웹 서버와 클라이언트 브라우저 간의 문서를 전송하기 위해 사용되는 프로토콜로, 인터넷에서 하이퍼텍스트 문서를 교환하기 위하여 사용되는 통신규약을 말한다. 1989년 팀 버너스 리(Tim Berners Lee)에 의해 처음으로 설계되어 인터넷을 통한 월드 와이드 웹 기반에서 전 세계적인 정보공유를 이루는 데 큰 역할을 하였다. http의 첫 번째 버전은 인터넷으로 가공되지 않은 데이터를 전송하는 단순한 프로토콜이었으나, 데이터에 대한 전송과 요구, 응답에 대한 수정 등 가공된 정보를 포함하는 프로토콜로 개선되었다. 인터넷 주소를 지정할 때 'http://www...'와 같이 하는 것은 www로 시작되는 인터넷 주소에서 하이퍼텍스트 문서의 교환을 http 통신규약으로 처리하라는 뜻이다.

MRO(maintenance repair and operating):

기업에서 생산과 관련된 원자재를 제외하고 기업에서 필요한 소모성 자재를 말한다. 기업소모성자재 또는 기업운용자재라고도 하며, 필기구부터 복사용지, 프린터 토너 등의 사무용품, 청소용품, 각종 설비나 장비를 정비하는 데 사용하는 공구, 기계부품에 이르기까지 매우 다양하다. 이러한 소모성 자재의 경우 일반기업들이 관리하려면 비용과 인력의 낭비를 초래하는데, 이를 대행하는 전문업체를 MRO기업이라고 한다. 전자상거래가 발달하면서 B2B e마켓플레이스 형태의 MRO기업들이 등장했으며, 아이마켓코리아, LGMRO, MRO코리아, 코리아e플랫폼, 엔투비 등이 대표적이다.

N세대(N generation):

N세대는 '넷 제너레이션(net generation)'을 뜻하는 말로 미국의 사회학자 돈 탭스콧이 처음으로 사용하였다. 돈 탭스콧은 N세대를 일컬어 디지털 기술, 특히 인터넷을 아무런 불편없이 자유자재로 활용하면서 인터넷이 구성하는 가상공간을 삶의 중요한 무대로 인식하고 있는 디지털적 삶을 영위하는 세대로 규정했다. 흔히 1977년 이후 태어난 세대들로 인지능력이 생

길 때부터 컴퓨터와 친숙한 젊은 층을 가리킨다. 이전의 TV세대가 일방적인 지식이나 정보를 전달받는 세대였다면 N세대는 쌍방향 통신으로 논쟁을 벌이는 등 적극적으로 자신의 의견을 개진하는 능동적인 특징을 지니고 있다.

RFID(radio frequency identification):

소형 전자 칩을 이용해 사물의 정보를 처리하는 기술을 의미한다. 예를 들어, 수입 쇠고기에 주파수를 인식할 수 있는 전자 칩(RFID)을 붙여 놓고 소비자가 휴대 전화를 갖고 가면 구매 현장에서 원산지 자료가 화면에 뜨는 시스템이다.

SMTP(simple mail transfer protocol):

인터넷에서 전자우편을 전송할 때 사용되는 표준 프로토콜이다. SMTP와 관련된 프로토콜의 표준은 STD와 RFC에서 정해진다. STD 10/RFC 821은 두 컴퓨터 사이의 메일 교환 표준으로서 TCP/IP 호스트 사이에서 메일을 전달하는 데 사용된다. STD 11/RFC 822, RFC1049은 RFC 822와 RFC 1049에 포함된 메일 메시지의 형식에 관한 표준을 정의하며 공식적인 프로토콜명은 MAIL이다. 그리고 RFC 974는 DNS(domain name system)을 이용한 메일 경로 배정에 관한 표준을 정의하는데, 공식 프로토콜명은 DNS-MX이다. STD 10/RFC 821에서 SMTP를 통해 전달되는 데이터는 상위 비트가 0으로 설정된 7비트 아스키 데이터로서 영문텍스트 메시지를 전송하는 데 적합하지만, 비영어권 데이터 또는 비 텍스트 데이터에 대해서는 부적합하다. 이러한 제약을 극복하기 위해 MIME(multipurpose internet mail extension), SMTP Service Extensions와 같은 접근방식이 사용된다.

STP(Segmenting-Targeting-Positioning) 전략:

몇 가지 기준으로 시장을 가치 있는 다수의 시장으로 분류(segmenting)하고, 세분화된 여러 시장 중에서 자사의 능력과 경쟁을 고려해 표적시장을 선택(targeting)한 다음, 그 시장에서 제품의 속성이나 다양한 마케팅 믹스 요인을 이용하여 자사 제품을 소비자의 마음속에 심어주는 포지셔닝(positioning) 과정을 수립하는 전략이다. 마케팅 환경이 소비자 중심으로 급속하게 바뀌면서 STP전략은 일대일 마케팅 혹은 개인 마케팅과 같은 극단적인 시장 세분화 전략으로 발전하고 있다.

UCC(user created contents):

사용자가 직접 제작한(또는 만든) 콘텐츠이다. 원래는 포탈을 중심으로 한 인터넷 업계에서만 쓰이던 업계 용어였는데 인터넷, 특히 웹 서비스에 있어 사용자의 직접 참여가 중요한 이슈로 부각되면서 마치 신조어처럼 언론에 소개되고 있다.

VIP Marketing:

기업에서 매출의 상위를 차지하는 고객들을 대상으로 하는 마케팅이다. VIP 마케팅의 핵심은 차별화된 서비스에 있으며, 백화점의 경우 연간 구매액이 일정 금액 이상인 VIP 고객에게 대리주차 서비스, 전용 휴식공간, 퍼스널 쇼퍼, 카탈로그 발행, 무료 공연 초대 등의 서비스를 실시하고 있다. 전용 휴식공간 서비스는 갤러리아 백화점의 파크 제이드, 롯데백화점의 멤버스 클럽, 신세계백화점의 멤버스 라운지 등이 대표적이다.

W-CDMA(wideband code division multiple access):

휴대전화, 포켓 벨 등을 포함한 차세대 이동통신 무선접속 규격이다. 확산대역 기술을 이용한 디지털 자동차 휴대전화에 쓰이는 미국 표준기술의 하나인 CDMA 방식에 wideband CDMA를 사용함으로써 첫째, 동일한 데이터를 전송할지라도 대역폭 및 처리 이득이 증가하기 때문에 그만큼의 간섭이 감소하여 용량이 증가한다. 둘째, RAKE 수신기를 이용하여 다중경로를 분해할 수 있어 실내 환경에서의 전파지연을 극복할 수 있고, 셋째, 1MHz 대역폭당 대역폭 효율이 우수하여 가입자 용량 면에서 유리하며 전력증폭기의 용량을 작게 함으로써 구현 시 비용이 절감되고, 전력증폭기의 크기를 작게 함으로써 단초기의 소비전력과 크기를 줄일 수 있다.

❧ 저자소개 ❧

이은진(李銀珍)

• 약력 •

중앙대학교 생활과학대학 의류학과 수석졸업
중앙대학교 대학원 의류학과 가정학석사(패션 마케팅전공)
중앙대학교 대학원 가정학과 이학박사(패션 마케팅전공)
패션컨설팅 및 콘텐츠 개발 (주)네파 대표 역임
현재 중앙대학교 생활과학대학 의류학과 학술연구교수
      중앙대학교 생활문화산업연구소 선임연구원
      한국학술진흥재단 학문후속세대양성사업 책임연구원
      중앙대학교 대학원 의류학과 강사

• 주요논저 •

「서비스 품질 평가와 지각된 위험이 인터넷 쇼핑몰에서의 패션상품 구매의도에 미치는 영향 연구」
「인터넷 쇼핑에서의 플로우 경험과 실용적 가치 지각이 패션상품 구매의도에 미치는 영향 연구」
「기업 대 기업(B to B)간 섬유거래 웹 사이트 분석」
「인터넷 쇼핑몰 유형에 따른 패션 머천다이저의 업무 차이 분석」
「PC통신 및 인터넷 이용자의 통신판매를 통한 패션상품 구매특성 연구」
「The Effect of Well-being Disposition and Appearance Concern on Cosmetic Purchase
 Intention and Brand Loyalty for Elderly Women」
「패션 Self 스타일링 Women's Wear」(공저)
「패션 Self 스타일링 Men's Wear」(공저)
「인터넷 패션 소비자의 플로우 경험」(저서)

  외 다수

나윤규(羅允珪)

• 약력 •

중앙대학교 대학원 경영학과 경영학석사(마케팅전공)
중앙대학교 대학원 의류학과 박사과정(패션 마케팅전공)

• 주요논저 •

「인터넷 쇼핑의 편리성과 신뢰성이 소비자 만족도에 미치는 영향 연구」
「인터넷 쇼핑몰 패션상품 소비자의 쇼핑가치와 소비자 만족도의 결정요인 연구」
「의류 소비자의 제품속성, 가격속성 및 쇼핑가치가 인터넷 쇼핑 만족도에 미치는 영향 연구」
「기업 및 개별 브랜드 동일시와 소비자 재구매 의도 연구」
「CRM 특성 요인과 소비자 브랜드 태도 연구」
「인터넷 쇼핑몰 소비자 만족」(저서)

  외 다수

패션상품과 인터넷 유통

- 초판 인쇄   2007년 5월 31일
- 초판 발행   2007년 5월 31일

- 지 은 이   이은진 · 나윤규 공저
- 펴 낸 이   채종준
- 펴 낸 곳   한국학술정보㈜
            경기도 파주시 교하읍 문발리 526-2
            파주출판문화정보산업단지
            전화 031) 908-3181(대표) · 팩스 031) 908-3189
            홈페이지 http://www.kstudy.com
            e-mail(출판사업부) publish@kstudy.com
- 등   록   제일산-115호(2000. 6. 19)
- 가   격   35,000원

ISBN   978-89-534-6807-8 93590 (Paper Book)
        978-89-534-6808-5 98590 (e-Book)